国家职业资格培训教材
技能型人才培训用书

工程机械修理工
（汽车起重机）

国家职业资格培训教材编审委员会 组编
张明军 孟献群 主编

机械工业出版社

本书是依据《国家职业技能标准 工程机械修理工（试行）》对初级、中级和高级汽车起重机修理工的理论知识和技能要求，按照岗位培训需要的原则编写的。本书主要内容包括汽车起重机维护与保养、汽车起重机专用底盘维修、汽车起重机液压系统维修、汽车起重机电气与电子系统维修、汽车起重机工作装置维修及工程机械修理工（汽车起重机）模拟试卷样例。每章章前有培训学习目标，章末有复习思考题，以便于企业培训和读者自测。

本书既可作为相关行业各级职业技能鉴定培训机构、企业培训部门的考试培训教材，又可作为读者考前复习用书，以及职业技术学校、技工院校的专业课教材。

图书在版编目（CIP）数据

工程机械修理工：汽车起重机/张明军，孟献群主编. —北京：机械工业出版社，2017.10（2025.2 重印）

技能型人才培训用书 国家职业资格培训教材

ISBN 978-7-111-58409-4

Ⅰ.①工… Ⅱ.①张… ②孟… Ⅲ.①汽车起重机-机械维修-技术培训-教材 Ⅳ.①TH213.607

中国版本图书馆 CIP 数据核字（2017）第 270103 号

机械工业出版社（北京市百万庄大街 22 号 邮政编码 100037）
策划编辑：赵磊磊 责任编辑：赵磊磊 责任校对：王 延
封面设计：路恩中 责任印制：常天培
北京机工印刷厂有限公司印刷
2025 年 2 月第 1 版第 2 次印刷
169mm×239mm · 17.5 印张 · 327 千字
标准书号：ISBN 978-7-111-58409-4
定价：45.00 元

凡购本书，如有缺页、倒页、脱页，由本社发行部调换

电话服务
服务咨询热线：010-88379833
读者购书热线：010-88379649

网络服务
机 工 官 网：www.cmpbook.com
机 工 官 博：weibo.com/cmp1952
教育服务网：www.cmpedu.com
金 书 网：www.golden-book.com

国家职业资格培训教材（第2版）
编审委员会

本书主编　张明军　孟献群

本书副主编　杨　扬

本书参编　李　颜　黄小超

第 2 版序

在“十五”末期，为贯彻落实“全国职业教育工作会议”和“全国再就业会议”精神，加快培养一大批高素质的技能型人才，机械工业出版社精心策划了与原劳动和社会保障部《国家职业标准》配套的《国家职业资格培训教材》。这套教材涵盖 41 个职业工种，共 172 种，有十几个省、自治区、直辖市相关行业的 200 多名工程技术人员、教师、技师和高级技师等从事技能培训和鉴定的专家参加编写。教材出版后，以其兼顾岗位培训和鉴定培训需要，理论、技能、题库合一，便于自检自测的特点，受到全国各级培训、鉴定部门和广大技术工人的欢迎，基本满足了培训、鉴定和读者自学的需要，在“十一五”期间为培养技能人才发挥了重要作用，本套教材也因此成为国家职业资格鉴定考证培训及企业员工培训的品牌教材。

2010 年，《国家中长期人才发展规划纲要（2010—2020 年）》《国家中长期教育改革和发展规划纲要（2010—2020 年）》《关于加强职业培训促就业的意见》相继颁布和出台，2012 年 1 月，国务院批转了“七部委”联合制定的《促进就业规划（2011—2015 年）》，在这些规划和意见中，都重点阐述了加大职业技能培训力度、加快技能人才培养的重要意义，以及相应的配套政策和措施。为适应这一新形势，同时也鉴于第 1 版教材所涉及的许多知识、技术、工艺、标准等已发生了变化的实际情况，我们经过深入调研，并在充分听取了广大读者和业界专家意见的基础上，决定对已经出版的“国家职业资格培训教材”进行修订。本次修订，仍以原有的大部分作者为班底，并保持原有的“以技能为主线，理论、技能、题库合一”的编写模式，重点在以下几个方面进行了改进：

1. 新增紧缺职业工种——为满足社会需求，又开发了一批近几年比较紧缺的以及新增的职业工种教材，使本套教材覆盖的职业工种更加广泛。

2. 紧跟国家职业标准——按照最新颁布的《国家职业技能标准》（或《国家职业标准》）规定的工作内容和技能要求重新整合、补充和完善内容，涵盖职业标准中所要求的知识点和技能点。

3. 提炼重点知识技能——在内容的选择上，以“够用”为原则，提炼出应重点掌握的必需专业知识和技能，删减了不必要的理论知识，使内容更加精练。

4. 补充更新技术内容——紧密结合最新技术发展，删除了陈旧过时的内容，补充了新的技术内容。

5. 同步最新技术标准——对原教材中按旧技术标准编写的内容进行更新，所有内容均与最新的技术标准同步。

6. 精选技能鉴定题库——按鉴定要求精选了职业技能鉴定试题，试题贴近教材，贴近国家试题库的考点，更具典型性、代表性、通用性和实用性。

7. 配备免费电子教案——为方便培训教学，我们为本套教材开发了配套的电子教案，免费赠送给选用本套教材的机构和教师。

8. 配备操作实景光盘——根据读者需要，部分教材配备了操作实景光盘。

一言概之，经过精心修订，第 2 版教材在保留了第 1 版精华的同时，内容更加精练、可靠、实用，针对性更强，更能满足社会需求和读者需要。全套教材既可作为各级职业技能鉴定培训机构、企业培训部门的考前培训教材，又可作为读者考前复习和自测使用的复习用书，也可供职业技能鉴定部门在鉴定命题时参考，还可作为职业技术院校、技工院校、各种短训班的专业课教材。

在本套教材的调研、策划、编写过程中，得到了许多企业、鉴定培训机构有关领导、专家的大力支持和帮助，在此表示衷心的感谢！

虽然我们已经尽了最大努力，但是教材中仍难免存在不足之处，恳请专家和广大读者批评指正。

国家职业资格培训教材第 2 版编审委员会

第1版序一

当前和今后一个时期，是我国全面建设小康社会、开创中国特色社会主义事业新局面的重要战略机遇期。建设小康社会需要科技创新，离不开技能人才。“全国人才工作会议”、“全国职教工作会议”都强调要把“提高技术工人素质、培养高技能人才”作为重要任务来抓。当今世界，谁掌握了先进的科学技术并拥有大量技术娴熟、手艺高超的技能人才，谁就能生产出高质量的产品，创出自己的名牌；谁就能在激烈的市场竞争中立于不败之地。我国有近一亿技术工人，他们是社会物质财富的直接创造者。技术工人的劳动，是科技成果转化为生产力的关键环节，是经济发展的重要基础。

科学技术是财富，操作技能也是财富，而且是重要的财富。中华全国总工会始终把提高劳动者素质作为一项重要任务，在职工中开展的“当好主力军，建功‘十一五’，和谐奔小康”竞赛中，全国各级工会特别是各级工会职工技协组织注重加强职工技能开发，实施群众性经济技术创新工程，坚持从行业和企业实际出发，广泛开展岗位练兵、技术比赛、技术革新、技术协作等活动，不断提高职工的技术技能和操作水平，涌现出一大批掌握高超技能的能工巧匠。他们以自己的勤劳和智慧，在推动企业技术进步，促进产品更新换代和升级中发挥了积极的作用。

欣闻机械工业出版社配合新的《国家职业标准》为技术工人编写了这套涵盖41个职业的172种“国家职业资格培训教材”。这套教材由全国各地技能培训和考评专家编写，具有权威性和代表性；将理论与技能有机结合，并紧紧围绕《国家职业标准》的知识点和技能鉴定点编写，实用性、针对性强，既有必备的理论和技能知识，又有考核鉴定的理论和技能题库及答案，编排科学，便于培训和检测。

这套教材的出版非常及时，为培养技能型人才做了一件大好事，我相信这套教材一定会为我们培养更多更好的高技能人才做出贡献！

（李永安　中国职工技术协会常务副会长）

第1版序二

为贯彻“全国职业教育工作会议”和“全国再就业会议”精神，全面推进技能振兴计划和高技能人才培养工程，加快培养一大批高素质的技能型人才，我们精心策划了这套与劳动和社会保障部最新颁布的《国家职业标准》配套的《国家职业资格培训教材》。

进入21世纪，我国制造业在世界上所占的比重越来越大，随着我国逐渐成为“世界制造业中心”进程的加快，制造业的主力军——技能人才，尤其是高级技能人才的严重缺乏已成为制约我国制造业快速发展的瓶颈，高级蓝领出现断层的消息屡屡见诸报端。据统计，我国技术工人中高级以上技工只占3.5%，与发达国家40%的比例相去甚远。为此，国务院先后召开了“全国职业教育工作会议”和“全国再就业会议”，提出了“三年50万新技师的培养计划”，强调各地、各行业、各企业、各职业院校等要大力开展职业技术培训，以培训促就业，全面提高技术工人的素质。

技术工人密集的机械行业历来高度重视技术工人的职业技能培训工作，尤其是技术工人培训教材的基础建设工作，并在几十年的实践中积累了丰富的教材建设经验。作为机械行业的专业出版社，机械工业出版社在“七五”、“八五”、“九五”期间，先后组织编写出版了“机械工人技术理论培训教材”149种，“机械工人操作技能培训教材”85种，“机械工人职业技能培训教材”66种，“机械工业技师考评培训教材”22种，以及配套的习题集、试题库和各种辅导性教材约800种，基本满足了机械行业技术工人培训的需要。这些教材以其针对性、实用性强，覆盖面广，层次齐备，成龙配套等特点，受到全国各级培训、鉴定和考工部门和技术工人的欢迎。

2000年以来，我国相继颁布了《中华人民共和国职业分类大典》和新的《国家职业标准》，其中对我国职业技术工人的工种、等级、职业的活动范围、工作内容、技能要求和知识水平等根据实际需要进行了重新界定，将国家职业资格分为5个等级：初级（5级）、中级（4级）、高级（3级）、技师（2级）、高级技师（1级）。为与新的《国家职业标准》配套，更好地满足当前各级职业培训和技术工人考工取证的需要，我们精心策划编写了这套《国家职业资格培训教材》。

这套教材是依据劳动和社会保障部最新颁布的《国家职业标准》编写的，

为满足各级培训考工部门和广大读者的需要，这次共编写了41个职业的172种教材。在职业选择上，除机电行业通用职业外，还选择了建筑、汽车、家电等其他相近行业的热门职业。每个职业按《国家职业标准》规定的工作内容和技能要求编写初级、中级、高级、技师（含高级技师）四本教材，各等级合理衔接、步步提升，为高技能人才培养搭建了科学的阶梯型培训架构。为满足实际培训的需要，对多工种共同需求的基础知识我们还分别编写了《机械制图》、《机械基础》、《电工常识》、《电工基础》、《建筑装饰识图》等近20种公共基础教材。

在编写原则上，依据《国家职业标准》又不拘泥于《国家职业标准》是我们这套教材的创新。为满足沿海制造业发达地区对技能人才细分市场的需要，我们对模具、制冷、电梯等社会需求量大又已单独培训和考核的职业，从相应的职业标准中剥离出来单独编写了针对性较强的培训教材。

为满足培训、鉴定、考工和读者自学的需要，在编写时我们考虑了教材的配套性。教材的章首有培训要点、章末配复习思考题，书末有与之配套的试题库和答案，以及便于自检自测的理论和技能模拟试卷，同时还根据需求为20多种教材配制了VCD光盘。

为扩大教材的覆盖面和体现教材的权威性，我们组织了上海、江苏、广东、广西、北京、山东、吉林、河北、四川、内蒙古等地相关行业从事技能培训和考工的200多名专家、工程技术人员、教师、技师和高级技师参加编写。

这套教材在编写过程中力求突出“新”字，做到“知识新、工艺新、技术新、设备新、标准新”；增强实用性，重在教会读者掌握必需的专业知识和技能，是企业培训部门、各级职业技能鉴定培训机构、再就业和农民工培训机构的理想教材，也可作为技工学校、职业高中、各种短训班的专业课教材。

在这套教材的调研、策划、编写过程中，曾经得到广东省职业技能鉴定中心、上海市职业技能鉴定中心、江苏省机械工业联合会、中国第一汽车集团公司以及北京、上海、广东、广西、江苏、山东、河北、内蒙古等地许多企业和技工学校的有关领导、专家、工程技术人员、教师、技师和高级技师的大力支持和帮助，在此谨向为本套教材的策划、编写和出版付出艰辛劳动的全体人员表示衷心的感谢！

教材中难免存在不足之处，诚恳希望从事职业教育的专家和广大读者不吝赐教，批评指正。我们真诚希望与您携手，共同打造职业培训教材的精品。

国家职业资格培训教材编审委员会

前 言

工程机械是广泛用于建筑、水利、电力、道路、矿山、港口和国防等领域的建设施工机械。工程机械修理工是指使用相关检测仪器、检修机具和诊断设备等对工程机械主机、总成件及主要零部件进行诊断、维修和保养的人员。人力资源和社会保障部于2010年制定了《国家职业技能标准 工程机械修理工（试行）》（以下简称《标准》）。在《标准》中，对工程机械修理工这一职业的活动范围、工作内容、技能要求和知识水平都做了明确规定。本书正是依据《标准》中的理论知识和技能要求，按照岗位培训的原则编写的。本书在介绍汽车起重机维护与保养知识的基础上，着重讲解了中小吨位汽车起重机的维修，并通过图解的形式生动形象地介绍了故障排除思路和方法。

本书主要内容包括汽车起重机维护与保养、汽车起重机专用底盘维修、汽车起重机液压系统维修、汽车起重机电气与电子系统维修、汽车起重机工作装置维修及工程机械修理工（汽车起重机）模拟试卷样例。每章章前有培训学习目标，章末有复习思考题，以便于企业培训和读者自测。

本书既可作为相关行业各级职业技能鉴定培训机构、企业培训部门的考试培训教材，又可作为读者考前复习用书，以及职业技术学校、技工院校的专业课教材。

本书由张明军、孟献群任主编，杨扬任副主编，李颜、黄小超参加编写，张明军统稿。

本书在编写中得到了徐工起重机械事业部底盘分厂、总装分厂及客户与服务中心的技术支持和资助，特此致谢。

由于编者水平有限，书中错误、疏漏之处在所难免，敬请广大读者批评指正。

编 者

目　录

第1章

汽车起重机维护与保养

培训学习目标

1. 能选择汽车起重机维护与保养制度。
2. 能说出汽车起重机维护与保养的总体要求和特殊条件下汽车起重机维护与保养面临的问题和要求。
3. 能根据说明书的要求对油料和水料进行加注。
4. 能完成行车前的检查工作。
5. 能进行离合器操纵的检查与调整。
6. 能完成桥制动蹄片间隙的调整和后桥悬架骑马螺栓的紧固。
7. 能进行前桥前束调整和轮胎螺栓的检查及紧固。
8. 能完成伸缩机构细拉索的调整、伸臂滑块和垫片的调整、吊臂对中装置的调整、回转支承紧固螺栓的检查及紧固。
9. 能完成主副卷扬钢丝绳的检查和汽车起重机安全装置的检查。
10. 能进行液压油、齿轮油的检查、保养与更换。

1.1 汽车起重机维护与保养相关知识

相关知识

要保持汽车起重机的正常技术状态，除设计制造水平之外，主要还取决于日常维护与保养。

由于受到外界各种运行条件的影响，汽车起重机在行驶作业中，其内部机构必然会发生不同程度的变化，如零件逐渐出现不同程度的松动、磨损、变形、疲劳、蚀损、老化及积污结垢等现象；或因操作不当等原因，引起故障或机械损伤。如不及时进行维护，会使汽车起重机的性能逐步恶化，其动力性、经济性、可靠性必然随之下降，特别是在使用中可能会发生重大故障或严重事故，这就需要汽车起重机驾驶人员对汽车起重机进行及时、有效的维护和保养，并在行驶作业中采用眼看、耳听、手摸、鼻子闻及试车等简易可行的直观诊断手段进行故障分析诊断，并迅速、有效地排除、预防和消除汽车起重机的潜在问题或故障，保持其技术状态完好，提高运行效率及使用安全性，延长其使用寿命。因此，坚持对汽车起重机进行适度合理的保养是十分必要的。

1. 汽车起重机维护与保养制度的选择

当前，随着科学技术的不断发展，汽车起重机已经成为移动式工程起重机的主导产品。而且性能越来越先进，自动化程度越来越高，维护保养的要求也越来越高。前面曾提到适度合理的维护保养工作，是保证汽车起重机技术状态良好，完成起重装卸任务的关键手段和措施之一。那么什么是适度合理呢？这就涉及工作中制定或坚持什么样的维护保养制度。从维护保养制度来看，目前有计划保养、定期保养、定检保养或视情保养等。那么是采取定期保养还是定检保养或视情保养呢？要回答这个问题，需要充分考查汽车起重机的工作特点。汽车起重机通常由上车（工作装置）和下车（行走底盘）两大部分组成。一般情况下，当上车作业时，下车处于停止状态；下车行驶时，上车又处于停止状态。因此，作业台时和行驶千米都难以正确表示整机的运转台时或行驶千米，所以对汽车起重机采用传统的定期维护保养制度未必合适。实践证明，对于汽车起重机来讲，采用比较僵硬呆板的定期保养制有欠缺的地方，应结合实际，采用积极灵活的定检保养、视情维护制度更为适宜。因为定期维护会造成“过维护”或“欠维护”的弊端，而定期检查、视情维护保养制度是按日、月、年分级的，而且是否需要维护保养是视具体的检查情况灵活处置的，在执行中根据实际作业台时和行驶千米，可以适当缩短和延长维护月、年保养周期，但日维护保养是必不可少的。总之，长期执行的传统定期保养制已不能适应技术发展的要求，先进的定期检查、视情维护保养制正在逐步推行，当前正处于定期保养制向定检维护制过渡的阶段。有的单位已经采用定检维护保养制，有的单位仍在使用定期维护保养制。

2. 汽车起重机使用维护的总体要求

汽车起重机和其他起重机一样，要想用好，就需要维护保养得好。对汽车起重机的维护保养总体要求是采取具体有效的措施，严格认真地落实汽车起重机的各种保养规程，如日常保养规程、定期保养规程、换季保养规程、新机执行试运转等保养规程，以护促用，并视情进行必要的修理。除平时需加强维护保养外，繁忙施工中也需要处理好技术维护与施工进度的关系，使用兼顾维护，并以及时有效的维护来促进使用效率的提高。

3. 特殊条件下汽车起重机的维护保养面临的问题和要求

（1）严寒条件下汽车起重机使用维护面临的问题和要求

1）严寒条件下使用汽车起重机面临的主要问题。严寒条件下使用汽车起重机时，由于气温过低，将影响燃油的蒸发，并使发动机热量损失增加，传动机构和行走装置的润滑油和润滑脂黏度增大，轮胎与地面的附着情况不良，蓄电池工作能力降低等，其结果导致发动机起动困难、机件磨损加剧、燃油消耗增大、安全性能降低等。

2）严寒条件下汽车起重机使用维护的总体技术要求。

① 保持发动机的正常温度。

② 换用冬季润滑油与润滑脂。

③ 提高发电机充电电流，调整蓄电池电解液密度。

④ 加强液压系统的使用与保养。

⑤ 冬季施工要防止冷却系冻坏。要对发动机冷却系及时放水或加注防冻液。

⑥ 冬季可适当升高浮子室油面高度，使混合气适应低温工作需要。为便于低温起动，应适当增加电器触点闭合角度，调整触点间隙，以增强火花强度。

⑦ 发动机在起动前必须进行预热，预热可以减少曲轴转动阻力，改善燃油在冷发动机起动时的雾化和蒸发，形成良好的混合气，保持蓄电池有足够的容量和端电压，以便于起动。

⑧ 柴油机在冬季使用时，应使用凝固点低于季节最低温度 3～5℃ 的柴油，以保证在最低温度时，不致凝固而影响使用。

（2）炎热条件下汽车起重机使用维护面临的问题和要求

1）炎热条件下使用汽车起重机面临的主要问题。炎热高温下使用汽车起重机的特点：气温高、空气潮湿（特别是南方地区）、辐射性强，这些都会给汽车起重机的使用带来很多困难。例如发动机因冷却系散热不良，发动机温度容易过高，影响发动机充气系数，使功率下降。润滑油因受高温影响，会引起黏度降低，润滑性变差。汽车起重机离合器与制动装置的摩擦部分因高温而增加磨损。液压系统因工作液黏度变小而引起外部渗漏和内部泄漏，使传动效率降低。尤其是发动机在高温条件下运转时，由于发动机工作温度与周围温度差变小，会导致冷却系散热困难，发动机容易过热。当发动机温度过高，燃料在燃烧过程中生成过氧化物，进而因高温下过氧化物活性增强又容易发生爆燃，使发动机功率降低。

2）炎热条件下汽车起重机使用维护的总体技术要求。

① 加强冷却系的维护和保养。应经常检查和调整风扇传动带的紧度，使其松紧适度。定期更换冷却水，清洗散热器和水套内的水垢和沉积物。检查节温器和水温表的工作情况。

② 及时更换夏季润滑油及润滑脂。发动机换用黏度大的润滑油。变速器、主减速器和转向器等换用黏度大的齿轮油。轮毂轴承换用滴点较高的润滑脂。

③ 加强对发动机燃料系统的保养。柴油机在高温下工作时，一方面气缸的充气系数下降，另一方面夏季空气干燥时含尘量增加，因此，必须加强对进气系统及燃料供给系统的保养，特别是空气滤清器、油箱和燃油滤清器的保养，否则，会加速机件的磨损。

④ 加强对蓄电池的检查保养。检查和调整蓄电池电解液密度和液面高度，电解液密度比冬季要小些，由于外界气温高，需经常加注蒸馏水，并保持通气孔畅通。

⑤ 加强对轮胎的保养。夏季施工，外界气温高，由于汽车起重机轮胎上的负荷和运行速度变化大，容易引起轮胎负荷的骤增和骤减，因此，在施工中要特别注意轮胎的气压和温度，应经常检查和保持轮胎的标准气压。

(3) 高原条件下汽车起重机使用维护面临的问题和要求

1）高原条件下汽车起重机使用面临的主要问题。高原施工特点：地势高、空气密度低、温度变化大和坡道多。这些自然条件下使汽车起重机的工作能力下降，发动机过热，易于产生积炭和胶化、燃料消耗增加、轮胎气压相对增高等不良影响，给汽车起重机施工带来了一定的困难。

2）高原条件下汽车起重机使用维护的总体技术要求。

① 在海拔 2500m 以上地区作业的汽车起重机，应适当增大发动机点火（喷油）提前角。在可能的条件下，发动机应加装空气增压器。

② 为了使混合气成分正常，可以适当地调稀混合气，虽然会使火焰传播速度有所降低，发动机功率有所下降，但燃烧比较完全，热效率高，燃油消耗可以降低。

③ 加强冷却水的密封性，可以提高水的沸点，不致过早沸腾而溢出，减小损耗。

④ 蓄电池的电解液蒸发快，应及时补加蒸馏水。

⑤ 汽车起重机传动系统和控制操作系统要勤于检查和调整，以保证汽车起重机的安全使用。

⑥ 高原大气压力低，轮胎充气不可太足，一般只能充到标定气压的 40%~45%。

4. 油品

1）油品及冷却液是重要的设计因素，它们影响到车辆各部件的操作和使用寿命，应严格按照使用说明书规定的牌号进行加注。

2）可以使用的其他发动机及变速器用油牌号，可以通过联系其生产厂家服务中心，查询发动机及变速器维修服务产品明细表获得。

1.2 汽车起重机维护与保养技能训练

技能训练

技能训练1 行车前的检查工作

行车前的检查工作内容及注意事项见表1-1。

表1-1 行车前的检查工作内容及注意事项

序号	检查项目	检查内容	质量控制要点	安全注意事项
一	检查发动机润滑油	检查发动机润滑油面应在开机前或停机15min后检查,拉出油标尺,根据油标尺上油的位置及颜色进行检查	润滑油加注量在油标尺的上线与下线之间	拉出油标尺时防止身体部位,特别是手部被机体灼伤
二	检查冷却液面	打开膨胀水箱侧面加水口,液面应与加水口下沿平齐,达不到要求必须进行补充	液面应与加水口下沿平齐	在车架上检查应防止跌落摔伤
三	检查转向油	观察转向油的液面高度,达不到要求必须进行补充	转向油的液面高度在刻度线以上	在车架上检查应防止跌落摔伤
四	检查离合器操纵油液	观察油杯液面高度,达不到要求必须进行补充	油面高度需达到规定要求	1)车上作业应防止滑落跌伤 2)必须挂上作业警示牌
五	检查液压油液面	观察油箱油标尺刻度线,达不到要求必须补充	油面高度需达到规定要求	观察液压油面高度时,必须戴安全帽,防止碰伤头部或被车架凸出物刮伤
六	检查驾驶室仪表盘	检查驾驶室仪表盘各开关控制及灯光仪表工作是否正常可靠	各仪表盘工作正常可靠	必须在驻车制动状态下进行该项工作检查
七	转向机构检查	检查转向机构是否灵活可靠,转向顶杆处是否紧固可靠	1)转向机构灵活可靠 2)转向顶杆紧固可靠	1)上车进行转向调试前,检查周围有无危险源 2)下车调整时防止碰伤头部
八	传动机构检测	检查传动机构各个螺栓是否紧固可靠	紧固螺栓是否紧固可靠	1)车下作业应防止碰伤头部 2)该项检测须在熄火状态下进行

（续）

序号	检查项目	检查内容	质量控制要点	安全注意事项
九	轮胎气压检查	用气压表检查轮胎气压，轮胎气压为 0.77MPa±0.05MPa（子午线胎应为 0.84MPa±0.05MPa）	轮胎气压为 0.7MPa ±0.05MPa	气压检查时，注意周围行驶车辆
十	制动机构检查	1）检查制动机构，在整机检测线上检查转向轮的侧滑量及制动力 2）通过将汽车停在坡度为20%的斜坡上，拉下驻车制动手柄，检查制动效果；或者在平坦路面上拉下驻车制动手柄，使车低速起步，检查驻车制动效果是否可靠	1）转向轮的侧滑量应在±5m/km 2）驻车低速起动时，发动机应熄火	驻车制动车速不得高于 30km/h，防止侧滑和甩尾

技能训练 2　底盘部分的检查与调整

底盘部分的检查与调整工作内容及注意事项见表 1-2。

表 1-2　底盘部分的检查与调整工作内容及注意事项

序号	检查项目	检查与调整内容	质量控制要点	安全注意事项
一	离合器操纵的检查与调整	1. 离合器分泵的排气 1）在油杯内加入制动液，使液面高度是油杯的 4/5 左右，打开离合器分泵上的放气口橡胶盖，拧松放气口，离合器踏板踏到底，再拧紧放气帽，放松离合器踏板 2）重复进行以上程序的操作，直到通气孔中无气泡冒出为止 3）调整期间应注意油杯中的液面高度，并及时补充 4）制动液每隔 12 个月应更换一次，以后每个月检查油位并及时添加	1）排气前加入制动液，液面高度须达到油杯的 4/5 左右 2）制动液每隔 12 个月应更换一次 3）此项操作需两人配合进行	1）车架上行走及加注制动液时，防止跌落摔伤 2）装配线行走时不得进行作业
		2. 离合器总泵及推杆长度的调整 拧松离合器总泵推杆锁紧螺母，使推杆与总泵活塞相接触，然后将推杆回旋 3/4~1 转，保证推杆行程间隙为 1~1.5mm，调整好后，锁紧螺母	推杆行程间隙为 1~1.5mm	检查与调整前，检查发动机是否熄火并进行驻车制动

（续）

序号	检查项目	检查与调整内容	质量控制要点	安全注意事项
二	桥制动蹄片间隙的调整	调节调整螺钉到轮胎抱死状态，然后将螺钉回旋一转左右，保证摩擦蹄片与制动鼓间隙为0.25~0.5mm，这时用手转动轮胎，应灵活自如，制动踏板灵活可靠	摩擦蹄片与制动鼓间隙为0.25~0.5mm	车架下方作业必须悬挂正在作业的指示牌
三	前后悬架骑马螺栓的紧固	1）行车一个月应紧固U形螺栓，整车支起状态下，采用力矩扳手紧固U形螺栓，保证前桥拧紧力矩参考值为575~675N·m 2）以后应定期检查与调整，否则U形螺栓的松动会引起桥错位，造成吃胎	前桥拧紧力矩参考值为575~675N·m	使用力矩扳手检查U形螺栓拧紧力矩时防止打滑，伤人伤己
四	前桥前束调整	1）支起起重机，拆松前桥横向拉杆紧固螺栓，调整横拉杆，用卷尺测量两侧轮胎中心线的前后距离，所测量的前后距离差即为前束尺寸，此处的前束调整尺寸为8~12mm，前束调整达到技术要求后，必须拧紧锁紧螺栓 2）若是四桥产品，对于前两桥前束按同样方法进行调整 3）定期检查与调整，保证前束尺寸，否则会造成前桥吃胎、转向发抖或车辆跑偏等现象	1）前束调整尺寸为8~12mm 2）前束调整达到技术要求后，必须拧紧锁紧螺栓	1）为确保安全和作业方便，前束调整作业须在车架支起状态下进行 2）车架下方作业应防止被凸出物刮伤
五	轮胎螺栓的检查与紧固	1）采用力矩扳手对角紧固轮胎的螺栓，保证拧紧力矩参考值为600~660N·m 2）定期检查轮胎螺栓，发现松动应及时紧固，重新装轮胎后，车辆每行驶50km必须复紧一次，车辆每行驶1000km应进行轮胎的交叉换位，以保证轮胎的最大使用寿命	1）紧固轮胎的螺栓必须对角进行，且保证拧紧力矩参考值为600~660N·m 2）车辆每行驶1000km应进行轮胎的交叉换位	使用加长杆须卡套牢靠，防止打滑受伤

技能训练3　上车部分的检查与调整

上车部分的检查与调整工作内容及注意事项见表1-3。

表 1-3　上车部分的检查与调整工作内容及注意事项

序号	检查项目	检查与调整内容	质量控制要点	安全注意事项
一	伸缩机构细拉索的调整	1)汽车起重机使用两个月必须调整检查拉索一次,以后每三个月调整检查拉索一次,拉索的松动会造成拉索掉道、挤断等 2)细拉索调整方法:吊臂仰角至60°左右,使各节主臂伸出,然后缩到底,反复几次(缩回时先把二节臂缩回),将3、4、5节臂伸出一段距离,再把吊臂落下,将五节臂头盖板拆下,分别同步调整五节臂拉索的螺母,并同步调整四节臂细拉索的螺母 3)注意 ①调整时,如吊臂抖动,两吊臂间滑块接触面应涂抹润滑脂 ②涂抹吊臂时,严禁吊臂全伸落下,否则会造成起重机倾翻,涂抹润滑脂时,先伸出二节臂,涂抹后,全部收回,再伸出3、4、5节臂,涂抹后收回 4)友情提醒:当吊臂全部缩回时,如果出现吊臂头部臂与臂之间有大于1~2mm的间隙,请在臂头前加调整垫片,否则将影响液压缸和拉索的受力	1)使用两个月必须调整检查拉索一次,以后每三个月调整检查拉索一次 2)当吊臂全部缩回时,如果出现吊臂头部臂与臂之间有大于1~2mm的间隙,请在臂头前加调整垫片	1)由于吊臂太高,须站在梯子上进行作业时注意安全,防止从梯子上滑落摔伤 2)涂抹吊臂时,严禁吊臂全伸落下,否则会造成起重机倾翻 3)五节臂车型严禁伸臂全伸状态下落下
二	伸臂滑块垫片的调整	1)吊臂落下,调整臂头上滑块螺栓,直至滑块与吊臂之间间隙为2mm,各节臂调整方法相同 2)调整滑块时,上下滑块最好同时调整,避免吊臂旁弯,同时要注意控制适当间隙,在吊臂与滑块之间涂抹润滑脂,以防造成吊臂抖动	1)滑块与吊臂之间间隙为2mm 2)上下滑块须同时调整 3)在吊臂与滑块之间涂抹润滑脂,以防造成吊臂抖动	在梯子上作业必须挂安全带,防止跌落摔伤
三	吊臂对中装置的调整	新车使用一个月后,要进行吊臂对中装置的调整,方法如下:将吊臂落下,调整臂与臂之间对中装置的调整螺栓,把每节臂调整到中间位置,其目的是防止臂的扭转状态,以利于副臂的安装和拆卸,各节臂调整方法相同	使用一个月后,必须要进行吊臂对中装置的调整	吊臂对中装置的调整需在行驶状态下进行,不得进行登高作业

（续）

序号	检查项目	检查与调整内容	质量控制要点	安全注意事项
四	回转支承紧固螺栓的检查与紧固	1）新车使用一个月后，用力矩扳手测量螺栓拧紧力矩是否达到700~900N·m（50t级产品为1127N·m），若发现回转支承安装螺栓松动，必须用力矩扳手交叉进行紧固螺栓的紧固作业 2）以后再进行定期检查，安装螺栓松动容易造成螺栓损坏，作业时造成严重后果	1）新车使用一个月后，必须用力矩扳手测量螺栓拧紧力矩是否达到700~900N·m（50t级产品为1127N·m） 2）螺栓紧固时须按照对称、交叉、轮翻、逐次的顺序进行	1）车架上方作业应防止摔伤 2）套筒安装要牢靠，防止打滑，伤人伤己
五	主副吊钩的检查	吊钩出现下述情况之一时，必须报废（吊钩的缺陷不允许焊补），否则会出现重物在起吊过程中从高空坠落的危险 1）吊钩表面有裂纹及破口，吊钩的开口度见吊钩的标牌，其值超过所标尺寸的10% 2）危险截面磨损达到尺寸的10% 3）挂绳处截面磨损超过原钢的5% 4）吊钩扭转变形超过10°	1）吊钩表面不得有裂纹及破口，吊钩的开口度见吊钩的标牌，其值不得超过所标尺寸的10% 2）危险截面磨损不得达到尺寸的10% 3）挂绳处截面磨损不得超过原钢的5% 4）吊钩扭转变形不得超过10°	检查主副吊钩需在行驶状态或全落状态下进行，以防意外事故发生
六	主副卷扬钢丝绳的检查	1）钢丝绳直径磨损严重必须报废 2）在不影响整车钢丝绳用量的情况下，可将断丝部分裁剪，否则报废 3）钢丝绳变形、扭结必须报废，否则会造成重大安全事故。钢丝绳锈蚀严重，必须更换 4）检查钢丝绳锲套、锲子位置是否正确，锲套、销轴和锲子、绳夹有无磨损和裂纹，如有磨损、裂纹必须及时更换，否则会造成起落过程中重物脱落	1）钢丝绳直径磨损严重必须报废 2）钢丝绳变形、扭结必须报废	1）钢丝绳缠绕过程中防止手部挤伤 2）在车架上方作业，须配挂安全带，防止跌落摔伤 3）检查钢丝绳需戴手套进行，以防划伤手部
七	安全装置的检查	1）全自动力矩限制器动作情况是否正常，精度是否在±5%的误差范围内 2）高度限位器动作情况是否正常，重锤吊索是否损坏 3）卸荷阀的动作是否正常 4）三圈保护器动作是否正常 5）如发现以上装置的工作不正常，必须调整维修	1）全自动力矩限制器精度是否在±5%的误差范围内 2）高度限位器、卸荷阀及三圈保护器须工作正常	安全装置检查时必须严格按照起重机安全操作规程

（续）

序号	检查项目	检查与调整内容	质量控制要点	安全注意事项
八	液压油	1)新车交付使用三个月时，必须及时更换液压油，以防止初期使用时，各部分的磨耗杂质长期存在，加油量参考值为 660L 左右 2)在正常作业条件下，液压油必须每隔 6 个月进行一次过滤或换油，液压油使用时间不得超过 2 年 3)无论何时发现液压油污染严重，必须过滤或更换 4)在起重机行驶状态下，检查液压油油量，油位低于刻线时，必须及时补充 5)根据环境温度选择恰当的液压油 ①环境温度在 5℃ 以上：L-HM46 抗磨液压油 ②环境温度为 -15 ~ 5℃：L-HM32 抗磨液压油 ③环境温度为 -30 ~ -15℃：L-HV22 低温液压油 ④环境温度在 -30℃ 以下：10 号航空液压油	1)新车使用三个月时，必须更换液压油，加油量参考值为 660L 2)液压油必须每隔 6 个月进行一次过滤或换油，液压油使用时间不得超过 2 年 3)无论何时发现液压油污染严重，必须过滤或更换 4)更换液压油前，需用煤油对液压油箱进行清洗	1)在起重机行驶状态下，检查液压油油量，油位低于刻线时，必须及时补充 2)液压油加注或更换时，落放液压油箱盖时防止砸伤手部
		6)液压油过滤、更换及液压油箱的清洗 ①拆下上盖板，用气动扳手打开油箱盖 ②用液压油过滤器把液压油从油箱中吸到干净的油桶内 ③打开油箱放油口，把残油放出，堵上放油堵 ④倒入煤油或汽油，用丝巾进行清洗 ⑤打开油箱放油堵，把油放出，堵上放油堵 ⑥用液压油过滤器把液压油从油桶吸到油箱内或更换新油，观察油标，不够时应进行补充	1)用煤油清洗完毕后，加注液压油需将煤油放净 2)新油加注量需满足规定	1)在液压油箱下方拆卸放油堵时，防止碰伤头部 2)液压油及煤油附近严禁火源 3)使用气动扳手时，不得用手去扶紧固件

（续）

序号	检查项目	检查与调整内容	质量控制要点	安全注意事项
八	液压油	7)吸油和回油滤芯的更换 ①吸油和回油滤芯初期使用3个月进行更换，以后每使用12个月进行更换 ②回油滤芯的更换：把油箱内液压油全部抽出，拆下过滤器顶盖，取出过滤器组件，拧下后部螺栓，取出、更换滤芯，拧紧螺栓，使密封面均匀地接触滤芯后，拧紧螺母、安装顶盖 ③吸油滤芯的更换：把油箱内液压油全部抽出，拆下过滤器顶盖，更换滤芯、安装顶盖 ④液压油及滤芯不按以上规定进行更换或过滤，容易造成液压系统的故障及液压元件寿命的降低	1)吸油和回油滤芯初期使用3个月必须进行更换 2)更换滤芯必须把油箱内液压油全部抽出	车架下方作业时防止被车架凸出物碰伤
九	齿轮油	1)初期使用3个月时必须更换齿轮油，此后每隔一年更换 2)如发现齿轮油污染严重，即使不到换油周期也必须更换 3)经常检查油位高度，当油位低于规定值时，应予以补充 4)变速器及驱动桥选用的齿轮润滑油为L-CLD(GL-4)85W/90(参考型号)	1)初期使用3个月时必须更换齿轮油，此后每隔一年更换 2)变速器及驱动桥选用齿轮润滑油，其型号必须符合要求	1)变速器加油需在车架上方作业，打开发动机罩时防止挤伤手部 2)车架上方作业应防止跌落摔伤
		5)变速器润滑油的更换：将传动机构运行10～15min，打开变速器放油堵，将油放出，拧上放油堵，打开变速器上部加油口及侧面检测口，进行加油，直到从箱体侧面检测口冒出，加油量参考值为15L左右，取力器润滑油应同步更换，换油方法与变速器相同	1)在更换变速器润滑油之前，须先将传动机构运行10～15min 2)加油量参考值为15L左右 3)取力器润滑油须同步更换	传动机构运行必须符合车辆驻车安全要求或在车辆支起状态下进行
		6)中后驱动桥润滑油的更换：打开桥包下部放油堵，将油放出，拧上放油堵，打开桥包中部放油口，加油至与加油口下沿平齐，加油量参考值为12L左右，拧上加油口堵头	加油至与加油口下沿平齐，加油量参考值为12L左右，加油口堵头紧固牢靠	在车架下方作业应防止被车辆凸出物刮伤

（续）

序号	检查项目	检查与调整内容	质量控制要点	安全注意事项
九	齿轮油	7)两轮边减速器换油：打开轮边减速器端部油堵，旋转至下部将油放出，旋转减速器，使端面上箭头标志垂直向下，从油口处加油至与加油口下沿平齐，每个轮边减速器加油量参考值为3.5L左右	1)必须旋转减速器，使端面上箭头标志垂直向下 2)加油至与加油口下沿平齐，加油量参考值为3.5L左右	加油前确保车辆熄火并处于驻车制动状态
		8)回转机构润滑油的更换 ①将回转机构运转10~15min ②拆下放油堵头将油放出，拧上放油堵头，打开加油口进行加油，加油量参考值为4.5L左右	1)回转机构运转10~15min 2)加油量参考值为4.5L左右	1)车架上方作业应防止跌落 2)回转时观察周围应无危险
		9)起升机构润滑油的更换 ①将起升机构运转10~15min ②拆下放油堵将油放出，拧上放油堵头，打开加油口进行加油，加油到与油位检测口下沿平齐，加油量参考值为2L左右 ③齿轮润滑油不按以上规定进行更换，容易造成各机构的故障及降低使用寿命	1)起升机构运转10~15min 2)加油量参考值为2L左右	站在梯子上进行润滑油加注时，防止意外跌落摔伤
十	润滑脂加注	1)汽车起重机各部位必须定期加注润滑脂，加注前应先清洁润滑嘴及所需润滑部位，再加注润滑脂	各部位必须定期加注润滑脂，加注前应先清洁润滑嘴及所需润滑部位	各部位检查时，特别是车下检查须配戴安全帽
		2)起重机作业部分每周保养润滑点 ①主臂滑块处 ②回转机构齿轮及回转支承 ③滑轮和滑轮轴	各保养部位需加注足量润滑脂	主滑块保养须将吊臂落下，若需使用梯子，必须配戴安全带
		3)起重机作业部分每月保养润滑点 ①吊钩 ②全车钢丝绳 ③转台各铰点和轴销 ④卷扬支承座	各保养部位需加注足量润滑脂	1)车架上方作业应防止跌落摔伤 2)钢丝绳保养应防止挤伤手部
		4)底盘部分每周保养点 ①各个销轴 ②推力杆 ③传动轴 ④桥	不按规定加注润滑脂，将会造成各元件的工作不正常或因缺油而损坏	车架下方作业应防止被车架或其他部件、凸出物刮伤

复习思考题

1. 汽车起重机使用维护的整体要求有哪些？
2. 严寒条件下汽车起重机面临的问题和要求有哪些？
3. 发动机润滑油的检查内容及质量控制要点有哪些？
4. 制动机构的检查内容及安全注意事项有哪些？
5. 前桥前束的调整内容及质量控制要点有哪些？
6. 伸缩机构细拉索的调整内容及安全注意事项有哪些？
7. 吊臂对中装置的调整内容及质量控制要点有哪些？
8. 主副吊钩的检查内容及质量控制要点有哪些？
9. 主副卷扬钢丝绳的检查内容及安全注意事项有哪些？
10. 汽车起重机安装装置的检查内容及质量控制要点有哪些？

第2章

汽车起重机专用底盘维修

培训学习目标

1. 能描述动力系统、传动系统、行驶系统、转向系统、制动系统的结构组成及工作原理。

2. 能说出发动机常见故障现象及产生原因。

3. 能说出传动系统、行驶系统、转向系统、制动系统常见故障现象及产生原因。

4. 能排除发动机常见故障。

5. 能排除传动系统、行驶系统、转向系统及制动系统常见故障。

2.1 汽车起重机专用底盘维修相关知识

相关知识

2.1.1 动力系统的结构组成及工作原理

1. 发动机的构造及附件

(1) 发动的两大机构及作用　发动机的两大机构是曲柄连杆机构和配气机构。

1) 曲柄连杆机构的作用是将热能经机构由活塞的直线往复运动转变为曲轴旋转运动而对外输出动力。曲柄连杆机构组成如图 2-1 所示。

2) 配气机构的作用是定时地将进、排气门打开或关闭。配气机构组成如图 2-2 所示。

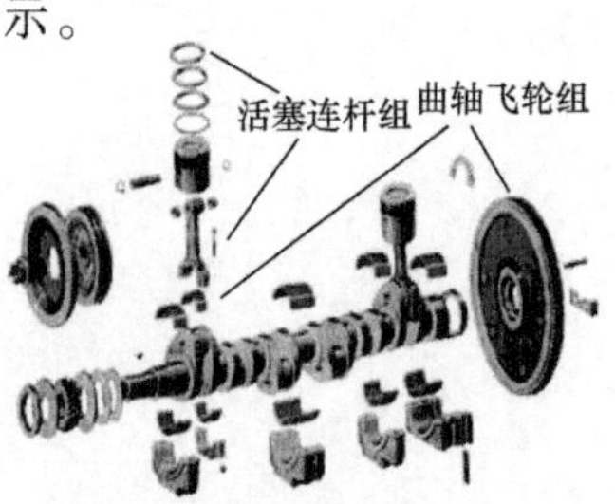

图 2-1　曲柄连杆机构组成

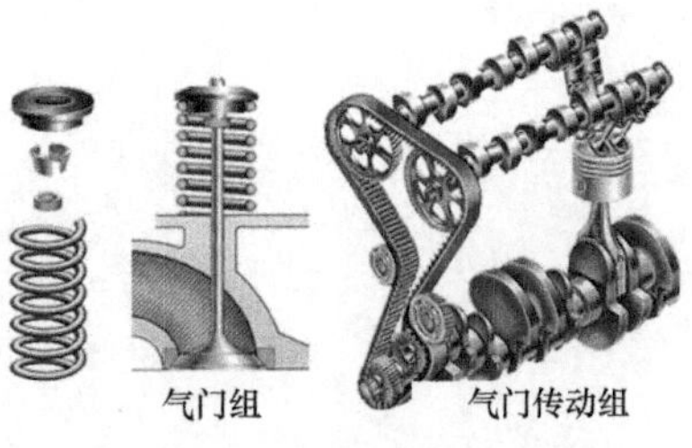

图 2-2　配气机构组成

（2）发动机附件　发动机附件系统主要由散热器、中冷器、空滤器、燃油箱和消音器五部分组成，如图 2-3 所示。

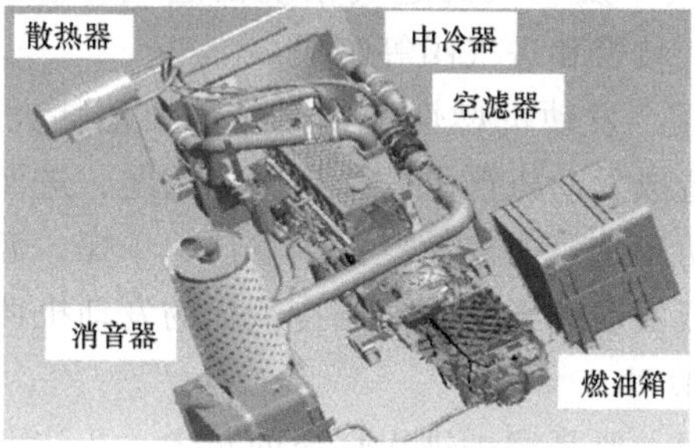

图 2-3　发动机附件组成

（3）发动机在动力传动系统中的作用（图 2-4）

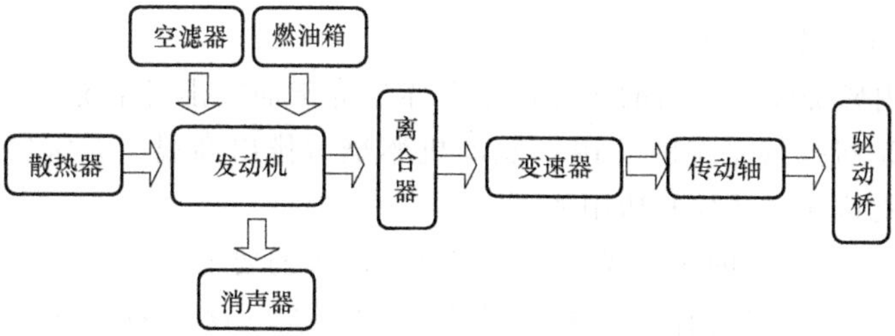

图 2-4　发动机在动力传动系统中的作用

（4）发动机三大循环系统（图 2-5）

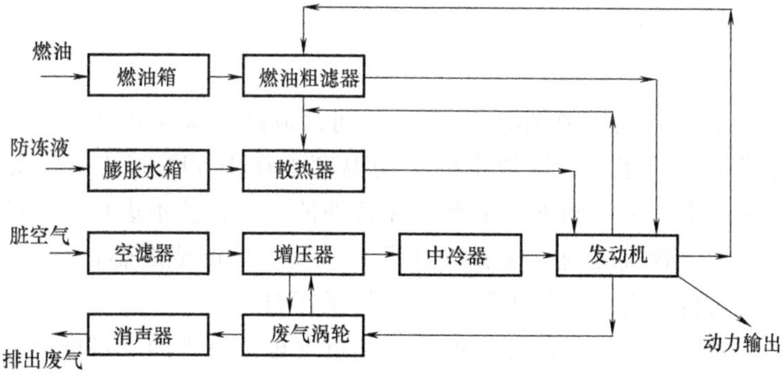

图 2-5　发动机三大循环系统

（5）发动机的四大系统　发动机的四大系统包括燃料供给系统、润滑系统、冷却系统和起动系统。

2. 进气系统组成及功用

（1）进气系统组成　发动机的进气系统由进气管总成、空气滤清器总成、增压器、中冷器、进气歧管和进气阀等组成。

（2）进气系统功用　发动机燃烧柴油时，需要消耗大量空气中的氧气。空气中的杂质、灰尘会造成发动机严重的早期磨损问题，进而引发柴油机的其他质量问题。进气系统的功用是：向发动机提供清洁、干燥、温度适当的空气进行燃烧，以最大限度地降低发动机磨损，并保持最佳的发动机性能。

3. 空气滤清器的功用

空气滤清器的功用主要是滤去进入缸内的灰尘，让洁净的空气进入气缸，以减少气缸和活塞的磨损。实践证明，发动机不安装空气滤清器，其寿命将缩短2/3，另外，灰尘还能堵塞喷油器孔，使其不能正常工作。空气滤清器也有消减进气噪声的作用。

4. 排气系统功用及组成

把气缸内燃烧废气导出的零部件集合体称为柴油机排气系统。

（1）发动机排气系统的功用　发动机燃烧后排出高温、有害气体并产生很大的噪声。故其排气系统的功用如下。

1）将发动机产生的排气噪声降低到满足法规的要求。

2）将燃烧后排出的有害气体（可吸入微粒物、CO、CO_2、NO_x 等）排到远离进气口的地方。

3）使排出废气远离发动机进气口和冷却、通风系统，以降低发动机工作温度并保证其性能。

（2）排气系统的组成　柴油机排气系统主要由排气管路及支架、消音器、排气尾管组及蝶阀组成。

5. 冷却系统

（1）冷却系统功用　在发动机工作期间，最高燃烧温度可能高达2500℃，即使在怠速或中等转速下，燃烧室的平均温度也在1000℃以上。因此，与高温燃气接触的发动机零件受到强烈加热。在这种情况下，若不进行适当的冷却，发动机将会过热，导致气缸内空气温度过高，易发生早燃或爆燃；润滑条件恶化；功率下降；金属材料力学性能下降，变形甚至开裂。

因此，柴油机必须进行冷却。但是冷却过度也是有害的。过度冷却或使发动机长时间在低温下工作，均会使摩擦损失增加、零件磨损加剧、发动机功率下降及耗油量增加。

综上所述，柴油机的温度过高或过低，都会影响发动机的动力性、经济性和使用寿命。实验证明，当冷却系水温在80～90℃时，柴油机的工况处在最佳状态。因此，冷却系统的功用就是及时地将零件所吸收的热量散走，以保持它们在 80~90℃范围内工作。

（2）柴油机冷却系组成　柴油机冷却系主要由膨胀水箱、水泵、散热器、风扇、水温表和放水开关组成。柴油机的冷却方式分为空气冷却和液体冷却两种，一般汽车起重机用柴油机多采用液体冷却。

（3）冷却液　长效防冻冷却液，是由一定比例的水和乙二醇组成的混合溶液，根据使用的环境温度而使用不同的配比。汽车起重机底盘的冷却液是含有 50%的水和 50%的乙二醇的溶液，防冻液除进行热交换外，还具有防冻和防沸的双重特性，同时还具有防腐蚀等功能。使用这种长效防冻防锈液，可以防止冷却器内腔结垢，减少散热器穴蚀和锈蚀。汽车起重机装配人员进行防冻液加注时，应注意以下三点。

1）乙二醇有毒，切勿用口吸。

2）乙二醇对橡胶有腐蚀作用。

3）易渗漏，要求冷却系统密封性好。

（4）散热器　散热器的作用是将循环水从发动机中吸收的热量散布到空气中，以降低防冻液的温度，以便再次循环对柴油机进行冷却。

散热器由上储水室、下储水室和散热器芯组成。上储水室的上部有加水口并装有散热器盖，后侧有进水管，用橡胶管与发动机上的出水管相连。下储水室的下部有放水开关，后侧有出水管，也用橡胶管与水泵的进水管相连。

（5）膨胀水箱　随着汽车工业的发展，对柴油机冷却系的散热能力的要求也越来越高，闭式冷却系已不能满足需要，这是因为闭式冷却系的水、气不能分离，造成冷却系中的零部件氧化腐蚀和冷却效果降低。为解决这个问题，在冷却系中增设了膨胀水箱，汽车起重机专用底盘动力系统当然也不例外。

膨胀水箱一般由三根细管组成，其上部由两根细管分别与最易产生蒸汽的两个部位相连，一个是气缸的出水管处，另一个是散热器上散热器盖蒸气阀。膨胀水箱底部用水管与发动机水泵进水口相连。当温度达到一定程度时，两处的空气和蒸汽都将被引至膨胀水箱里，进行水气分离。

对于汽车起重机专用底盘动力系统而言，其膨胀水箱的上部一般会有三条细管，多出来的一条是与发动机的排气口相连的，且膨胀水箱一般安装在吊臂支架上。图 2-6 所示是膨胀水箱水管的连接图。

6. 国Ⅳ发动机后处理系统

（1）基本组成　国Ⅳ发动机后处理系统主要由尿素罐、尿素泵、尿素喷嘴、催化消音器、尿素管路及控制单元等组成，如图 2-7 所示。

1）催化消音器（图 2-8）。催化消音器是一个集催化器和消音器于一体的催化消音装置。催化消音器内部有三个串联并相互独立的单元组成，包括氨扩散

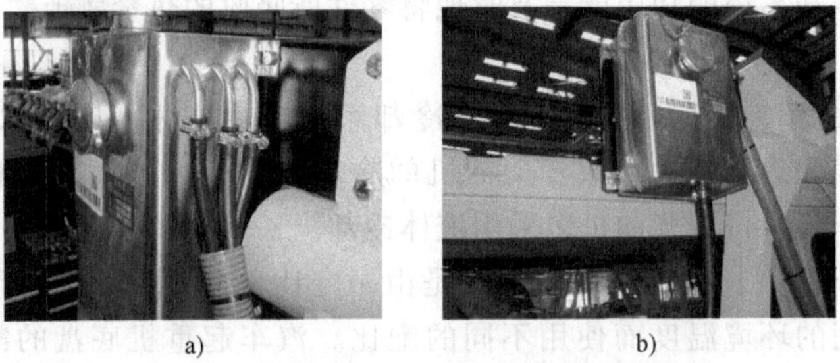

图 2-6　膨胀水箱水管的连接图

a）膨胀水箱上部水管连接　b）膨胀水箱底部水管连接

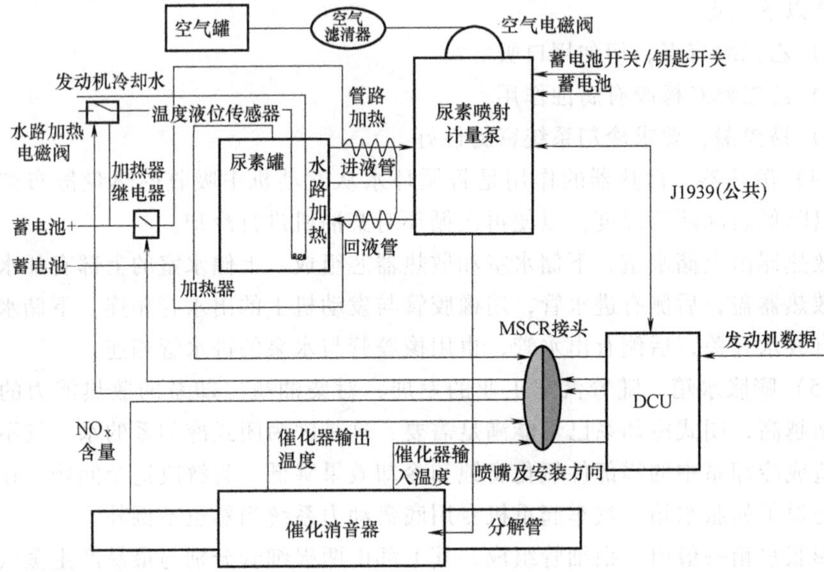

图 2-7　国Ⅳ发动机后处理系统组成

器、催化器和消音器。为了防止氨气腐蚀，催化消音器整体采用不锈钢材料制造，其内部催化器工作过程中需要表面最低温度达到 200℃。催化器入口必须位于距增压器出口 1～4m 的地方。催化器前后设有两个温度传感器，用于检测催化器前后温度，以此来判断催化器表面温度，确定 AdBlue（柴油机尾气处理

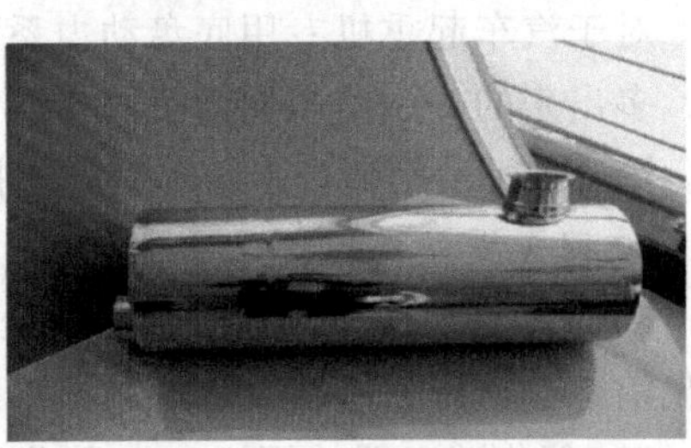

图 2-8　催化消音器外形图

液）的喷射量。

图 2-9 尿素罐总成外形图

2）尿素罐总成（图 2-9）。尿素罐采用聚四氟乙烯材料，具有坚实可靠、耐蚀性强、结构简单、使用方便等特点，理论容积 35L。SCR 系统所使用的是 32.5%的尿素水溶液，即尿素。尿素罐的体积由尿素用量决定，对于欧Ⅳ系统，用量相当于燃油消耗量的 5%，对于欧Ⅴ系统，用量是燃油消耗量的 7%。尿素在-11℃时开始结冰，结冰时体积将膨胀 9%，因此尿素罐内将提供 10%的膨胀容积。

3）计量泵（图 2-10）。计量泵内部由一个 24V 电动泵和计量系统组成，与来自车辆压缩空气系统的空气共同作用，将雾化的尿素通过喷嘴喷入催化器上游的排气系统内。计量泵需要从车辆系统获得 $6\sim12\times10^5$Pa 的供气压力。压力调节器（4.5×10^5Pa）和阀总成安装在计量泵上。空气电磁阀工作时温度较高，不应封闭起来或位于易受热量影响的底盘部件附近。为保护计量泵，使压缩空气系统中污染物不能进入，在所有配备 SCR 的车辆上都要求使用一个专用的滤清器。

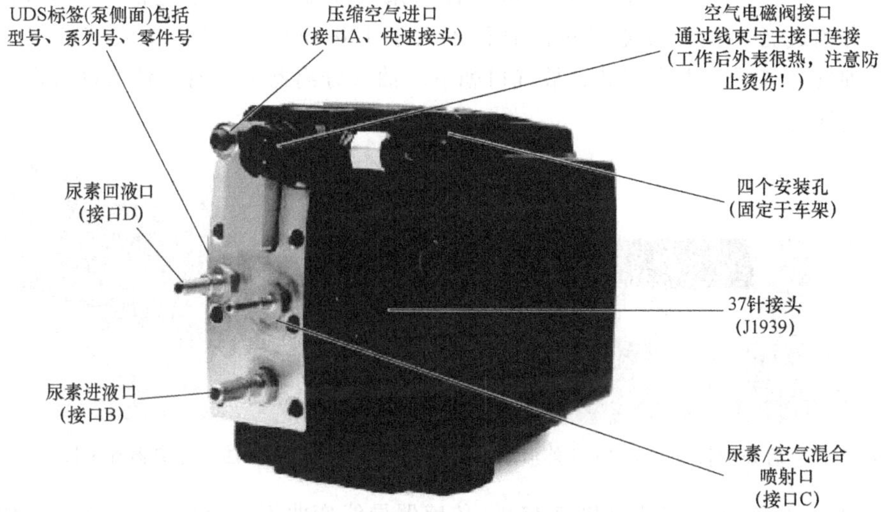

图 2-10 计量泵外形及结构组成图

4）喷嘴（图 2-11）。喷嘴在管内必须居中且最好安装在直的排气管上，但可以安装在与排气管中心线垂直的任意径向角度，喷嘴尖端的朝向应与排气流动方向一致。

喷嘴的安装点距催化消音器入口端不少于 450mm。喷嘴前至少有 100mm 的直管段，喷嘴后至少有 270mm 的直管段。

5）尿素罐加热电磁阀（图 2-12）。阀体上标有流动方向，安装时要求电磁阀朝上。

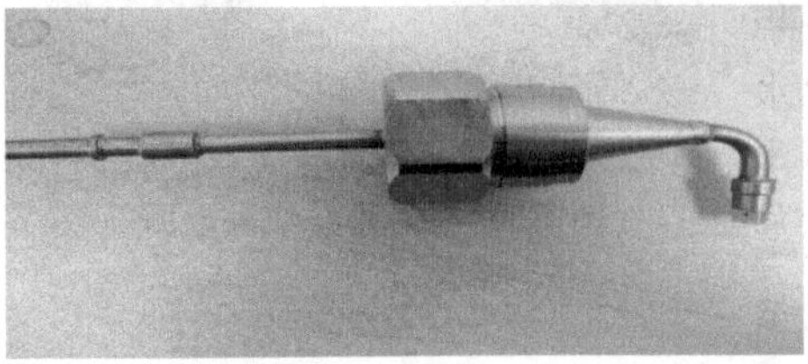

图 2-11　喷嘴外形图

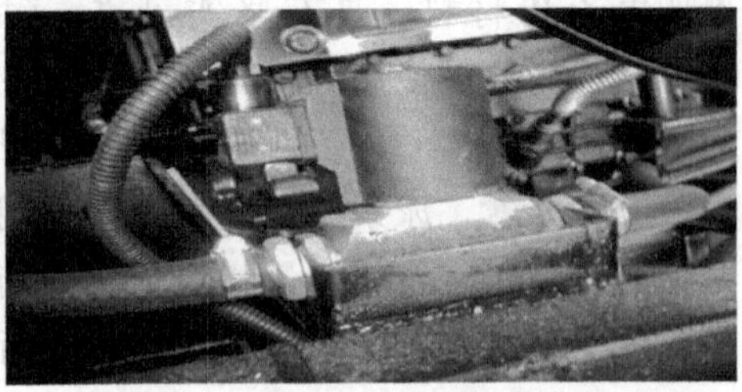

图 2-12　尿素罐加热电磁阀外形图

6）后处理控制单元 DCU（图 2-13）。DCU 的主要功能是通过对发动机的相关数据及后处理系统各传感器数据的采集和处理，来计算尿素喷射量、控制系统化及 OBD（车载自动诊断系统）功能的实现。系统的控制过程为：通过 CAN 总线和发动机 ECU 通信，获取发动机运行状态数据，同时采集催化器前后温度信号，根据事先标定好的各种脉谱，适时计算发动机实际工作情况下 SCR 系统的尿素喷射量，从而使发动机排气中的 NO_x 成分被精确还原。

7）油气分离器（图 2-14）。进入计量泵的压缩空气需经过油气分离过滤、水气分离过滤和颗粒过滤（过滤直径不大于 100μm），因此需要安装油气分离器。油气分离器应垂直安装，放气口朝下。油气分离器上标有气体流动方向，安装时请注意。

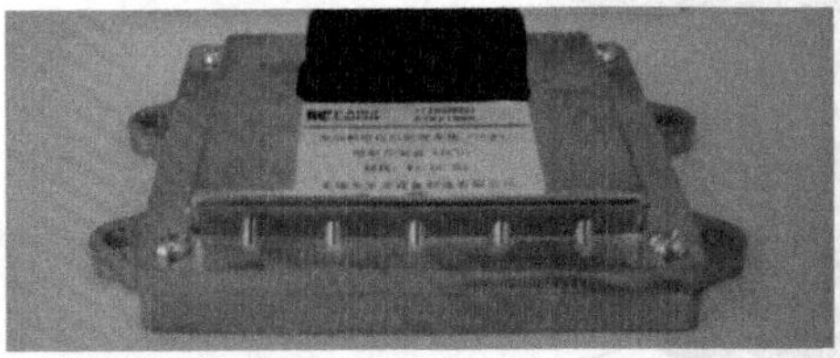

图 2-13　后处理控制单元 DCU 外形图

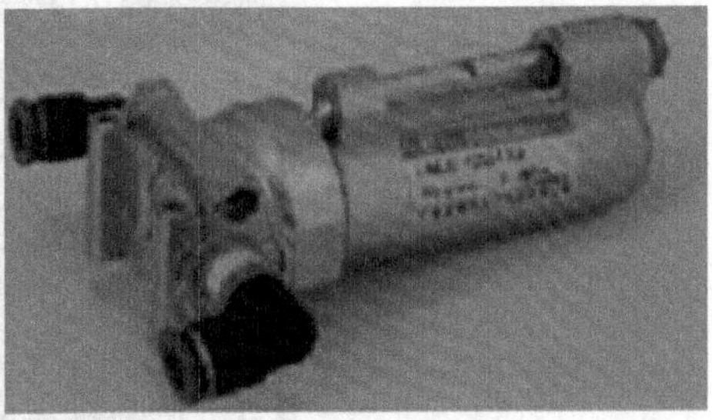

图 2-14　油气分离器外形图

8）排气温度传感器（图 2-15）。传感器导线弯曲不能超过 90°，在连接传感器尾部的导线曲率半径不能小于 25mm。

9）氮氧传感器（图 2-16）。氮氧传感器必须要以一种正确方式进行安装，应垂直于排气管在 -80°~80°之间，一定要保证在感应元件软管里面没有任何水分。

（2）工作原理　当国Ⅳ发动机后处理系统工作时，电控单元采集柴油机的转速和转矩信号、排气管中的排气温度信号、催化器温度信号后，电控单元根据

图 2-15　排气温度传感器外形图

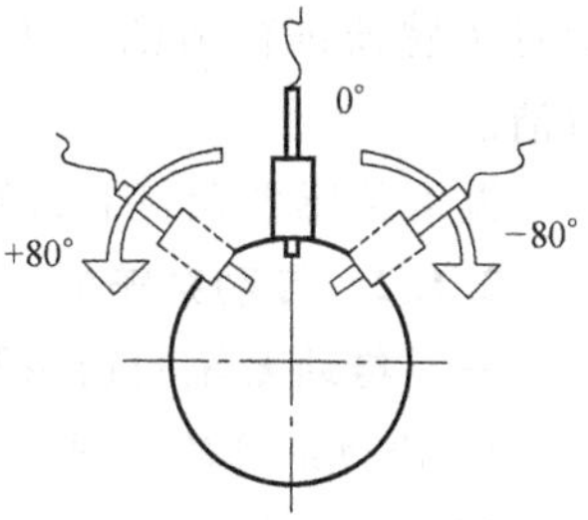

图 2-16　氮氧传感器

输入参数，查找存储的尿素喷射脉谱图，计算出此时所需的尿素量。经过驱动电路，转化为喷射脉冲信号，控制尿素泵动作。尿素泵将一定量的尿素从尿素罐中抽出，加压过滤后送到计量控制单元，形成具有一定压力的尿素待用。同时压缩空气接通，当发动机的排气温度达到要求时，计量控制单元将一定量的尿素喷出，并与压缩空气混合喷入国Ⅳ发动机后处理系统催化器入口前端。在排气管的混合区，尿素遇高温（≥200℃）分解成 NH_3 和 H_2O，与排气充分混合后进入 SCR 反应装置。在催化反应区（≥250℃才正常工作），NH_3 和 NO_x 反应生成 N_2 和 H_2O，排到大气中。

（3）国Ⅳ发动机后处理器的维修与保养

1）尿素罐的维修与保养。

① 尿素液添加：最高液位应添加尿素溶液至 100%，当尿素溶液消耗到 20% 时，需要添加尿素溶液。

② 不定期检查，如发现通气阀或加液口处出现白色结晶，可用清水冲洗，也可用湿布擦拭。

③ 不定期检查插件及管路接头是否良好。

④ 通气阀如发现堵塞，可旋下，用清水清洗或更换。

⑤ 每 12 个月对尿素罐清洗 1 次：打开尿素罐底部放水堵头进行清洗，放出罐内沉淀物。

⑥ 每隔 24 个月更换罐内滤网 1 次。

2）喷嘴的维修与保养。如发生喷嘴堵塞现象，可使用 50～60℃的纯净水进行浸泡。浸泡 6h 后仍不能排除故障，则需更换喷嘴。

3）油气分离器的维修与保养。油气分离器内部滤网一般是铜质的，正常不用更换，每 12 个月用煤油或汽油清洗 1 次，并晾干或用清洁压缩空气吹干。

4）温度传感器及氮氧传感器的维修与保养。国Ⅳ柴油机的碳烟排放极低，正常情况下不会有积炭现象发生，一般的积炭也不会影响温度传感器和氮氧传感器的性能。如果出现较严重的积炭现象，导致传感器工作不良，可以用软毛刷对传感器进行清洁，不允许用机械手段或者液体清洗等方式对传感器进行清洁。

温度传感器及氮氧传感器均不允许进行反复的装拆，以防止损坏该零件。

2.1.2 传动系统的结构组成及工作原理

一、传动系统的功用及组成

1. 传动系统的功用

（1）减速增矩 发动机输出的动力具有转速高、转矩小的特点，无法满足汽车行驶的基本需要，通过传动系统中桥的主减速器，可以达到减速增矩的目的，即传给驱动轮的动力比发动机输出的动力转速低、转矩大。

（2）变速变矩 发动机的最佳工作转速范围很小，但汽车行驶的速度和需要克服的阻力却在很大范围内变化，通过传动系统的变速器，可以在发动机工作范围变化不大的情况下，满足汽车行驶速度变化大和克服各种行驶阻力的需要。

（3）实现倒车 发动机不能反转，但汽车除了前进外还要倒车，在变速器中设置倒档，汽车就可以实现倒车。

（4）必要时中断传动系统的动力传递 起动发动机、换档过程中、行驶途中短时间停车（如等候交通信号灯）、汽车低速滑行等情况下，都需要中断传动系统的动力传递，利用变速器的空档可以中断动力传递。

（5）差速功能 在汽车转向等情况下，需要两驱动轮能以不同转速转动，通过变速驱动桥可以实现差速功能。

2. 传动系统的组成

机械式传动系统主要由离合器、变速器、万向传动装置和驱动桥组成。其中万向传动装置由万向节和传动轴组成，驱动桥由主减速器、轮边减速器和差速器组成。不同的功能部件分别满足传动系统不同的功能需求。

3. 传动系统的布置

1）汽车起重机传动系统的传动关系为发动机→离合器→变速器→万向传动装置→主减速器→差速器→半轴→轮边减速器→车轮。底盘传动系统布置图如图 2-17 所示。

2）汽车的驱动形式通常用汽车车轮总数×驱动车轮数（车轮数是指轮毂数）来表示。根据车轮总数不同，常见的驱动形式有 4×2、4×4、6×4、8×4、6×6。

徐州徐工起重机械事业部 25T、30T 汽车起重机底盘采用 6×4 驱动形式，50T 底盘采用 8×4 驱动形式。

三一集团生产的 17T、26T 汽车起重机底盘采用 6×4 驱动形式，52T 底盘采用 8×4 驱动形式。

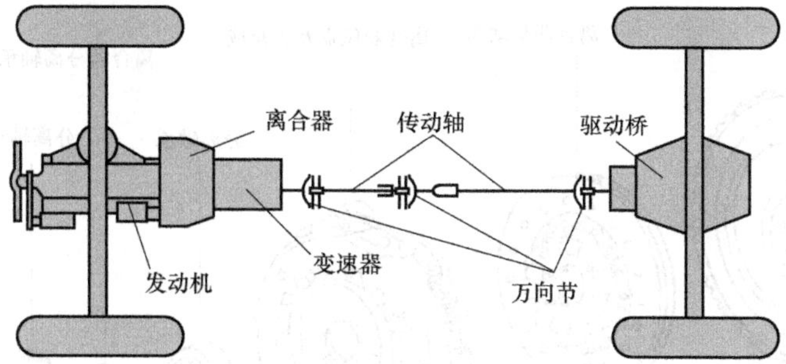

图 2-17　底盘传动系统布置图

二、离合器及离合器操纵

1. 离合器

离合器位于发动机之后、传动系统的始端，是汽车传动系统中直接与发动机相联系的部件。

（1）离合器的功用

1）保证汽车平稳起步。

2）保证传动系统换档时工作平顺。在汽车行驶过程中，为了适应不断变化的行驶条件，传动系统经常要换用不同档位工作。实现齿轮式变速器的换档，一般是通过拨动齿轮或其他挂档机构，使原用档位的某一齿轮副退出传动，再使另一档位的齿轮副进入工作。在换档前必须踩下离合器踏板，中断动力传递，便于使原用档位的啮合副脱开，同时有可能使新档位啮合副的啮合部位的速度逐渐趋向相等（同步），这样，进入啮合时的冲击可以大为减轻。

3）防止传动系统过载。所以，离合器的主动件与从动件之间不可采用刚性连接，而是借两者接触面之间的摩擦作用来传递转矩（摩擦离合器），或是利用液体作为传动的介质（液力耦合器），或是利用磁力传动（电磁离合器）。目前，汽车上采用比较广泛的是用弹簧压紧的摩擦离合器（通常简称为摩擦离合器）。

（2）摩擦离合器的类型　对于汽车起重机专用底盘而言，所使用的摩擦离合器有螺旋弹簧离合器和膜片弹簧离合器两种，螺旋弹簧离合器按弹簧在压盘上的布置又分为周布弹簧离合器和中央弹簧离合器，一般周布弹簧离合器应用较多。采用膜片弹簧作为压紧弹簧的称为膜片弹簧离合器。

1）膜片弹簧离合器的构造。膜片弹簧离合器由飞轮、离合器、压盘及盖总成等组成，如图 2-18 所示。

2）压紧装置与分离机构。压紧装置与分离机构由膜片弹簧、枢轴环、压力板、金属带及收缩弹簧等组成，如图 2-19 所示。膜片弹簧的形状像一个碟子，

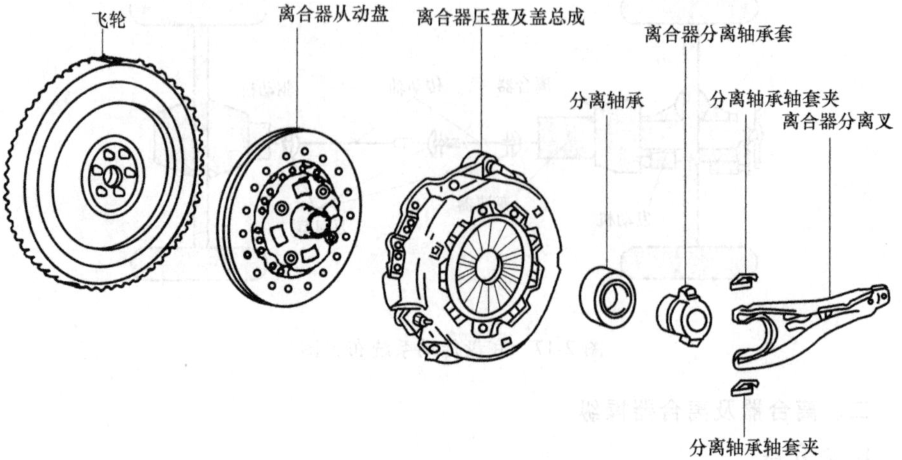

图 2-18　膜片弹簧离合器的构造

它是在一个具有锥形面的钢制圆盘上，开有许多径向切口，形成一排有弹性的杠杆。在切口的根部都钻有孔，以防止应力集中。

枢轴环装在膜片弹簧外侧，当膜片弹簧工作时，它作为枢轴而工作。收缩弹簧连接膜片弹簧和压力板，将膜片弹簧的运动传给压力板。

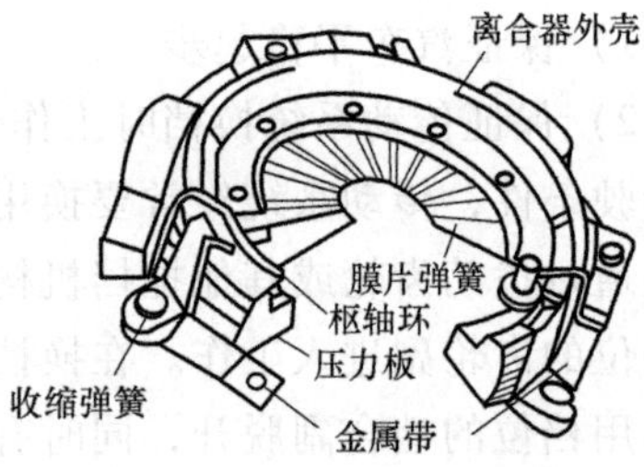

图 2-19　膜片弹簧离合器压紧装置与分离机构

3）从动部分（摩擦片、离合器片）。离合器从动部分的主要部件是从动盘。从动盘分为不带扭转减振器和带扭转减振器两种类型。在汽车起重机上主要采用带扭转减振器的从动盘，故主要介绍带扭转减振器的从动盘。带扭转减振器的从动盘的构造如图 2-20 所示。

① 由于发动机传到汽车起重机底盘传动系的转速和转矩是周期性地不断变化的，这就使传动系产生扭转振动；另一方面由于汽车底盘行驶在不平的道路上，使汽车底盘传动系出现角速度的突然变化，也会引起上述扭转振动。这些都会对传动系零件造成冲击载荷，使其寿命缩短，甚至会损坏零件。为了消除扭转振动和避免共振，防止传动系过载，多数离合器从动盘安装有扭转减振器。从动盘和从动盘毂通过弹簧弹性地连接在一起，构成减振器的缓冲机构。

② 当从动盘受转矩作用时，由摩擦衬片传来的转矩，首先传到从动盘钢片，

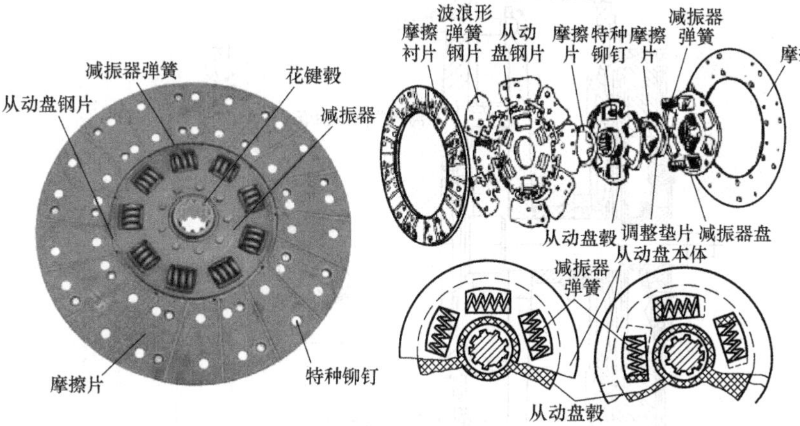

a) b)

图 2-20 带扭转减振器的从动盘的构造

再经弹簧传给毂，这时弹簧被进一步压缩，因而，由发动机曲轴传来的扭转振动所产生的冲击即被弹簧所缓和以及摩擦片所吸收，而不会传到变速器以后总成部件上；同样，汽车底盘行驶于不平路面上所引起传动系角速度的变化也不会影响发动机。离合器摩擦片所用的材料，有石棉基摩擦材料、粉末冶金摩擦材料和金属陶瓷摩擦材料。离合器从动盘在安装时，应具有方向性，以避免连接长度不足、摩擦片悬空、顶分离轴承等现象。

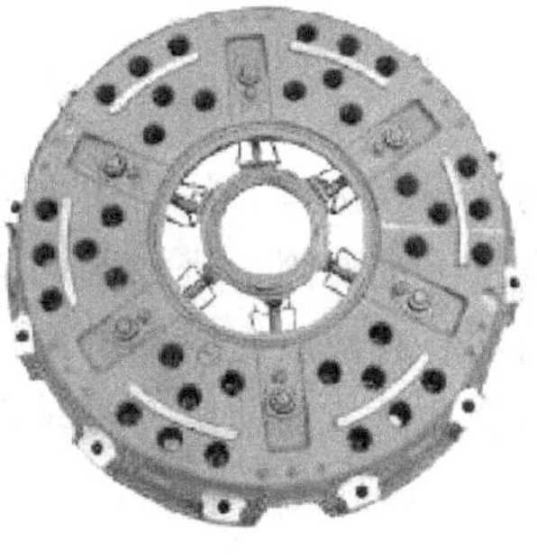

图 2-21 周布弹簧离合器压盘总成

4）周布弹簧离合器压盘总成。周布弹簧离合器压盘总成如图 2-21 所示。对于汽车起重机装配企业而言，离合器压盘由生产厂家直接提供，只需完成装配即可，在出厂前，压盘总成进行了静平衡；同时对压盘安装紧固后，压盘的预紧力按使用要求调整好，能满足离合器摩擦片的转矩传递需要。

2. 离合器操纵机构

目前，汽车离合器广泛采用机械式或液压式操纵机构，多数汽车起重机专用底盘均采用气压助力式液压操纵机构。

如图 2-22 所示，气压助力式液压操纵机构利用了汽车上的压缩空气装置。它由踏板、离合器总泵、离合器分泵、储气筒和管路等所组成。

（1）离合器总泵的组成和工作原理

1）如图 2-23 所示，缸体中部有与储油壶（一般在驾驶室左后侧）相通的

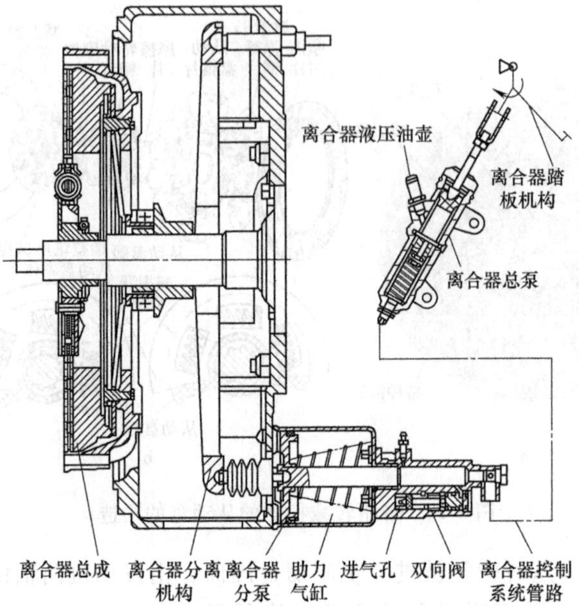

图 2-22　气压助力式液压操纵机构

制动液输入接口，活塞中部切有通槽，限位螺钉穿过通槽拧装在缸体上。活塞前部设置了进油阀，进油阀的阀杆后端穿在活塞的中心孔中，无配合关系；在阀杆的前端装有橡胶密封圈的阀门，阀门前端装有锥形复位弹簧；进油阀的复位弹簧座紧套在活塞的前端并被轴向定位，复位弹簧座上具有轴向中心孔和径向的槽。

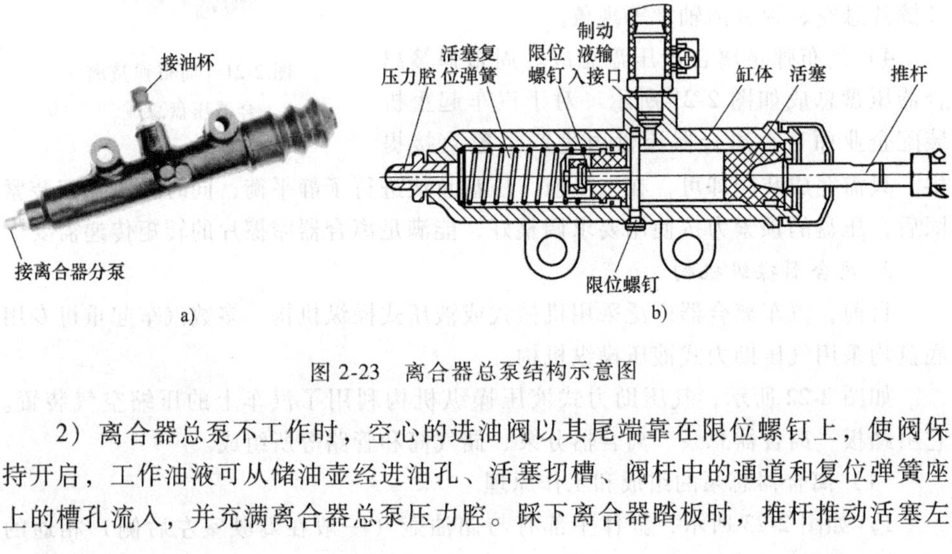

图 2-23　离合器总泵结构示意图

2）离合器总泵不工作时，空心的进油阀以其尾端靠在限位螺钉上，使阀保持开启，工作油液可从储油壶经进油孔、活塞切槽、阀杆中的通道和复位弹簧座上的槽孔流入，并充满离合器总泵压力腔。踩下离合器踏板时，推杆推动活塞左移，在压缩活塞复位弹簧的同时，锥形复位弹簧使杆端阀门压紧在活塞的前端，密封了主缸与储油罐之间的通孔；继续踩下离合器踏板，则缸内油液就在活塞及皮圈的作用下压力上升，并通过管路流向离合器分泵。

3）当抬起离合器踏板时，活塞复位弹簧使主泵活塞后移，活塞后移到位时，通过限位螺钉推动阀杆及杆端密封圈阀门，压缩锥形复位弹簧，使整个油路与离合器分泵相通，整个系统无压力。

（2）离合器分泵的组成和工作原理

1）如图 2-24 所示，离合器分泵是一个将液压缸、助力气缸和气压控制阀三者组合在一起的部件，其中的控制阀本身又受控于液压缸的压力。

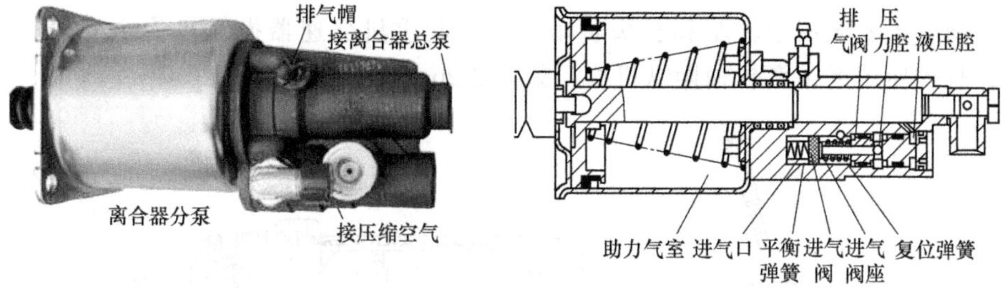

a)　　b)

图 2-24　离合器分泵结构示意图

2）在离合器接合状态时，在平衡弹簧的作用下进气阀将进气阀座上的进气孔关闭，切断了压缩空气从进气口通向助力气室的气路。而排气阀前端并未压紧进气阀前端，因此，分泵助力气室经排气阀的中心孔与大气接通。

3）当踩下踏板使离合器分离时，液压缸来的液压油进入液压腔，一方面作为工作压力作用在液压缸活塞上，另一方面又控制复位弹簧压缩，推动排气阀左移，使排气阀前端压紧进气阀前端，同时封闭排气阀的中心孔，切断助力气室与大气的通路。继续踩下踏板，使排气阀压下进气阀，进气阀座上的进气孔开启，使助力气室与压缩空气接通，离合器即被迅速分离。

三、变速器及变速操纵

1. 变速器

（1）变速器的功用

1）改变传动比，扩大汽车牵引力和速度的变化范围，以适应汽车不同条件的需要。

2）在发动机曲轴旋转方向不变的条件下，使汽车能够倒向行驶。

3）利用空档中断发动机向驱动轮的动力传递，以使发动机能够空载起动和怠速运转，并满足汽车暂时停车和滑行的需要。

4）利用变速器作为动力输出装置驱动其他机构，如汽车起重机上的液压泵驱动。

（2）变速器结构　图 2-25 所示为 RT11509C 型变速器外形图。

图 2-25　RT11509C 型变速器外形图

2. 变速器的操纵机构

（1）功用　变速器操纵机构的功用是保证驾驶人根据使用条件，将变速器换入某个实际需要档位。

（2）类型　汽车的变速操纵机构主要有直接操纵式和远距离操纵式两种类型，前者主要应用于轿车和长头货车，汽车起重机变速器操纵机构主要采用后者，且均使用远距离软轴操纵机构，如图 2-26 所示。

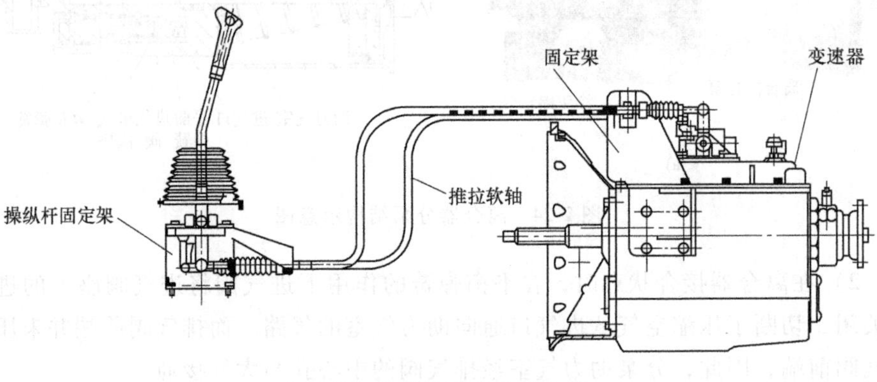

图 2-26　远距离软轴操纵机构

（3）变速器换档装置（换档拨叉机构）图 2-27 所示为六档变速器换档装置。变速杆的上部与软轴操纵机构直接相连，伸到驾驶室内，变速杆通过球节支承在变速器盖顶部的球座内，且能够以球节为支点前后左右摆动。变速杆的下端球头插在叉形拨杆的球座内。叉形拨杆由换档轴支承在变速器盖顶部支承座内，可随换档轴轴向前后滑动或绕轴线转动，其下端的球头则插到各个拨块的顶部凹槽中。各个拨块分别与相应的拨叉轴固定在一起，四根拨叉轴的两端支承在变速器盖上相应的孔中，可以轴向滑动；四个拨叉的上端通过螺钉固定在拨叉轴上，各拨叉下端的拨叉口则分别卡在相应档位的接合套（包括同步器的接合套，或滑动齿轮的环槽）内。图示位置变速器处于空档，各个拨叉轴和拨块都处于中间位置，变速杆及叉形拨杆均处于正中位置。变速器要换档时，驾驶人首先左右摆动变速杆，使叉形拨杆下端球头置于所选档位拨块的凹槽内，然后再向前或向后纵向摆动变速杆，使叉形拨杆下端球头通过拨块带动拨叉轴及拨叉向前或向后移动，从而可实现换档。

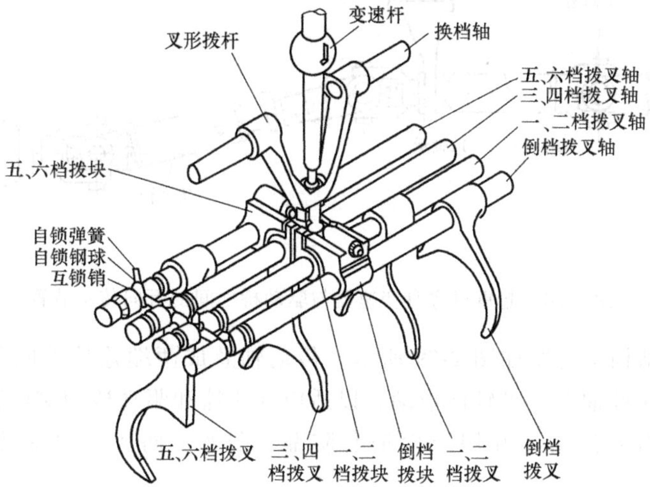

图 2-27　六档变速器换档装置

四、万向传动装置

1. 万向传动装置的功用、组成及应用

（1）功用　万向传动装置的功用是能在轴间夹角和相对位置经常变化的转轴之间传递动力。传动系中的万向传动装置在变速器之后，把变速器输出转矩传递到驱动桥。

（2）组成　万向传动装置一般由万向节和传动轴组成；对于传动距离较远的分段式传动轴，为了提高传动轴的刚度，还设置有中间支承。

（3）应用　在发动机前置、后轮驱动的汽车上，变速器常与发动机、离合器连成一体支承在车架上，而驱动桥则通过弹性悬架与车架连接。变速器输出轴轴线与驱动桥的输入轴轴线难以布置得重合，并且在汽车行驶过程中，由于不平路面的冲击等因素，弹性悬架系统产生振动，使两轴相对位置经常变化。故变速器的输出轴与驱动桥输入轴不可能采用刚性连接，而必须采用一般由两个万向节和一根传动轴组成的万向传动装置。国内多数汽车起重机底盘即是采用此种布置形式，其布置如图 2-28 所示。

在变速器与驱动桥距离较远的情况下，应将传动轴分成两段，即主传动轴、中间传动轴和后传动轴，且在中间传动轴后端设置了中间支承。

2. 传动轴

传动轴是万向传动装置中的主要传力部件。其结构有实心轴和空心轴之分，大多数情况下，传动轴多为空心轴，一般用厚度为 1.5~3mm 且厚薄均匀的钢板卷焊而成，超重型货车则直接采用无缝钢管。

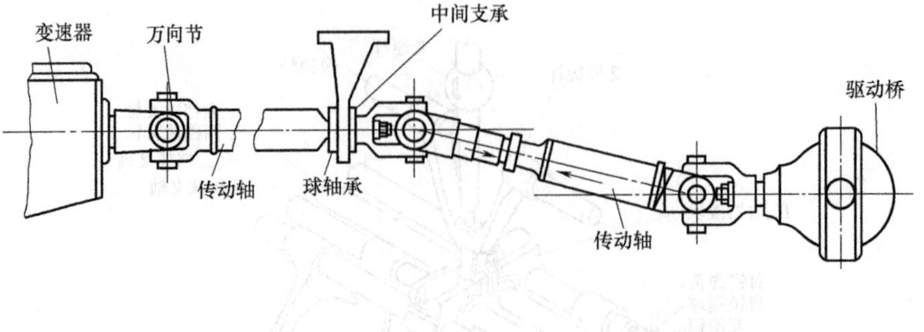

图 2-28　起重机底盘变速器与驱动桥之间的万向传动装置

传动轴结构示意图如图 2-29 所示。传动轴总成两端连接万向节，中间的滑动叉套装在花键轴上，可轴向滑动，以适应变速器和驱动桥相对位置的变化；滑动部位用润滑脂润滑，并用防尘护套防漏、防水、防尘，保证花键部位伸缩自如。

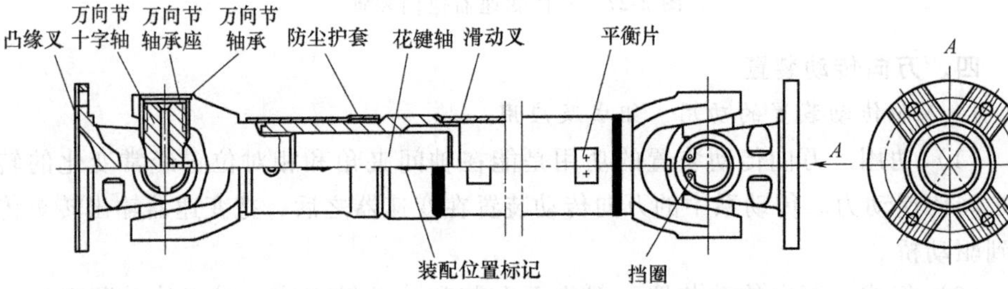

图 2-29　传动轴结构示意图

传动轴两端的连接件装好后，应进行动平衡试验。在质量轻的一侧补焊平衡片，使其不平衡量不超过规定值。为防止装错位置和破坏平衡，防尘护套、滑动叉上都应刻有装配位置标记。为保持平衡，万向节的螺钉、垫片等零件不应随意改换规格。为加注润滑脂方便，万向传动装置的滑脂嘴应在一条直线上，且万向节上的滑脂嘴应朝向传动轴。

2.1.3　行驶系统的结构组成及工作原理

一、行驶系统的功用及组成

1. 功用

1）接受发动机经传动系传来的转矩，并通过驱动轮与路面间附着作用，产生路面对汽车的牵引力，以保证整车正常行驶。

2）传递并支承路面作用于车轮上的各种反力及其所形成的力矩。

3）尽可能缓和不平路面对车身造成的冲击和振动，以保证汽车操纵稳定性，使汽车获得高速行驶的能力。

2. 组成

汽车起重机行驶系由车架、悬架、转向桥、驱动桥、车轮及驾驶室组成。

二、车架

1. 功用

车架是汽车起重机专用底盘的基体部件，也是汽车起重机三大结构件中的一个重要部件。其功用是支承、连接、固定汽车的各功能部件总成，使各功能部件总成保持相对正确的位置，它不仅承受着起重机的自身载荷，还传递着路面的支承力和冲击力，使用工况极为复杂。特别是对于汽车起重机专用底盘车架而言，除含通用汽车车架的各项功能外，还应满足起重机各项作业功能的承载，需根据起重吨位的大小来专门设计。

2. 组成

汽车起重机专用底盘车架由车架前段、车架后段、前固定支腿箱总成、后固定支腿箱总成等拼焊而成，如图2-30所示。

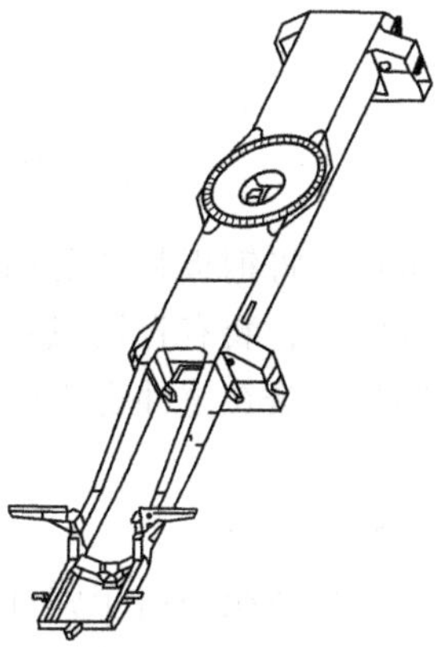

图2-30 汽车起重机专用底盘车架结构图

三、悬架装置

1. 悬架的组成

悬架是车架与车桥之间一切传力连接装置的统称。其基本组成有弹性元件、导向装置和减振器三部分。

2. 悬架的作用

1）把路面作用于车轮上的垂直反力、纵向反力和侧向反力以及这些反力所造成的力矩传递到车架上，保证汽车的正常行驶，即传力作用。

2）利用弹性元件和减振器起到缓冲减振的作用。

3）利用悬架的传力构件使车轮按一定轨迹相对于车架或车身跳动，即起导向作用。

3. 悬架的类型

悬架主要有独立悬架和非独立悬架两种，汽车起重机多采用非独立悬架，因为非独立悬架具有结构简单和工作可靠的优点。而非独立悬架又有钢板弹簧式悬架和钢板弹簧加纵置平衡梁半刚性悬架两种。图2-31是汽车起重机常用的钢板弹簧式悬架结构图。

4. 钢板弹簧

钢板弹簧被用作非独立悬架的弹性元件，是由于它兼起导向机构的作用，使得悬架系统大为简化，其结构如图2-32所示。这种悬架广泛用于汽车起重机的前、后悬架中。它的中部一般用U形螺栓将钢板弹簧固定在车桥上。它由钢板

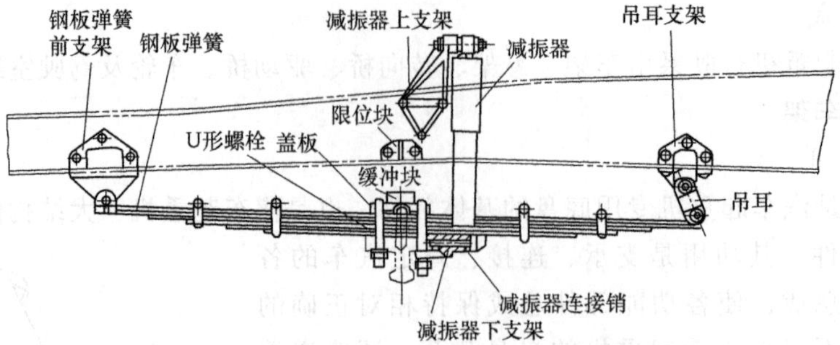

图 2-31　汽车起重机常用的钢板弹簧式悬架结构图

弹簧销钉将钢板弹簧前端卷耳部与钢板弹簧前支架连接在一起，前端卷耳孔中为减少摩损，装有青铜或塑料、橡胶、粉末冶金制成的衬套。另一端成自由状，以便钢板弹簧在重冲击力时可伸缩。当车架受到冲击时，其钢板簧长度将发生循环变化。

5. 减振器

悬架系统中由于弹性元件受冲击产生振动，为改善汽车起重机行驶的平顺性，在悬架中与弹性元件并联安装减振器。汽车悬架系统中采用的减振器多是液力减振器，其工作原理是当车架和车桥间受振动出现相对运动时，减振器内的活塞上下往复移动，减振器腔内的油液便反复地从一个腔经过不同的孔隙流入另一个腔内。此时孔壁与油液间的摩擦和油液分子间的内摩擦对振动形成阻尼力，使汽车振动能量转化为油液热能，再由减振器吸收散发到大气中。在油液通道截面等因素不变时，阻尼力随车架与车桥（或车轮）之间的相对运动速度增减，并与油液黏度有关，减振器结构如图 2-33 所示。

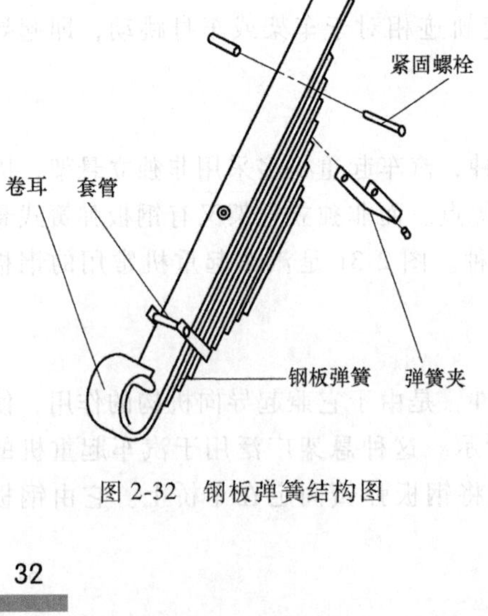

图 2-32　钢板弹簧结构图

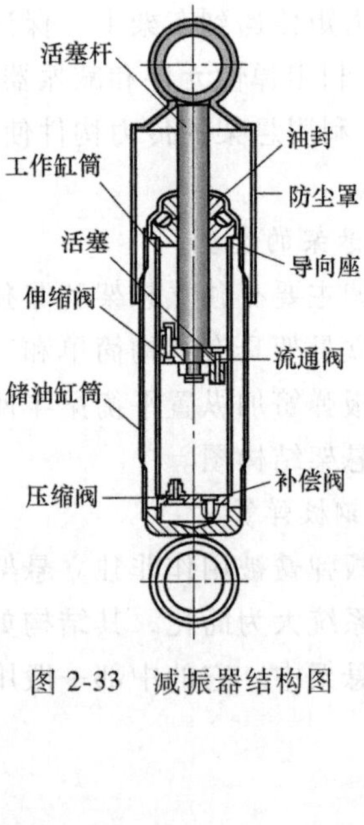

图 2-33　减振器结构图

四、车桥

1. 车桥的作用

车桥（也称车轴）通过悬架与车架相连接，两端安装汽车车轮，车架所受的垂直载荷通过车桥传到车轮；车轮上的滚动阻力、驱动力、制动力和侧向力及其弯矩、转矩又通过车桥传递给悬架和车架，故车桥的作用是传递车架与车轮之间各个方向的作用力及其所产生的弯矩和转矩。

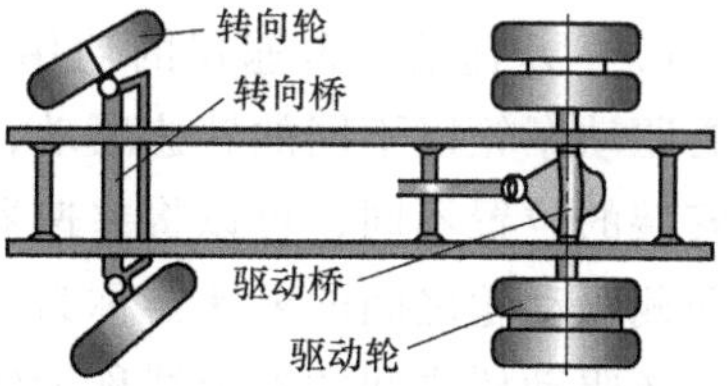

图 2-34　转向桥和驱动桥

车桥可分为转向桥、驱动桥、转向驱动桥和支持桥四种类型。其中转向桥和支持桥属于从动桥。一般汽车的前桥多为转向桥，后桥或中后桥多为驱动桥和支持桥（图 2-34）。

2. 驱动桥功用及结构组成

（1）驱动桥的功用

1）将万向传动装置传来的发动机动力（转矩）通过主减速器、差速器、半轴等传递到驱动车轮，实现减速增矩的功用。

2）通过主减速器锥齿轮副改变转矩的传递方向。

3）通过差速器实现两侧车轮的差速作用，保证内、外侧车轮以不同转速转向。

4）驱动桥具有一定的承载能力。

（2）驱动桥类型、组成及工作原理　驱动桥的类型有断开式驱动桥和非断开式驱动桥两种。汽车起重机专用底盘采用的是非断开式驱动桥，非断开式驱动桥由主减速器（减速主、从动锥齿轮）、差速器、半轴和驱动桥壳等部分组成，其工作原理如图 2-35 所示。

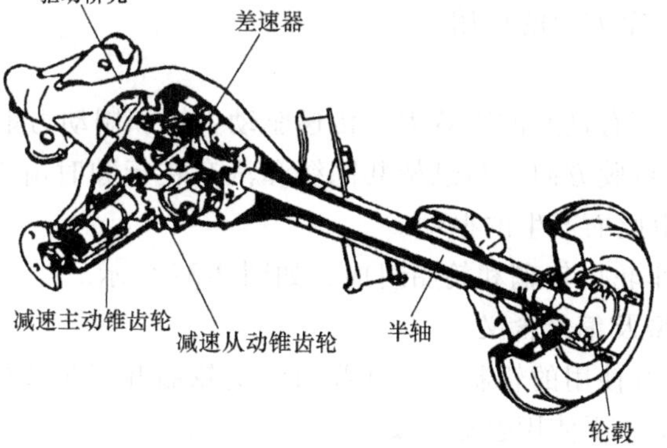

图 2-35　非断开式驱动桥工作原理

动力从变速器→传动轴→主减速器→差速器→左、右半轴（外端凸缘盘法兰）→轮毂（轮毂在半轴套管上转动）→轮胎轮辋（钢圈）。驱动桥通过悬架系统与车架连接，由于半轴与桥壳是刚性连成一体的，因此半轴和驱动轮不能在横向平面运动。故称这种驱动桥为非断开式驱动桥，也称整体式驱动桥。

（3）差速器　差速器的功用是当汽车转弯行驶或在不平路面上行驶时，使左右驱动车轮以不同的转速滚动，即保证两侧驱动车轮做纯滚动运动。根据差速器安装的位置不同，可以将差速器分为轮间差速和轴间差速两种。装在同一驱动桥两侧驱动轮之间的差速器称为轮间差速器；对于多轴驱动的汽车起重机而言，装在各驱动桥之间的差速器称为轴间差速器。图 2-36 是齿轮式差速器构造图。

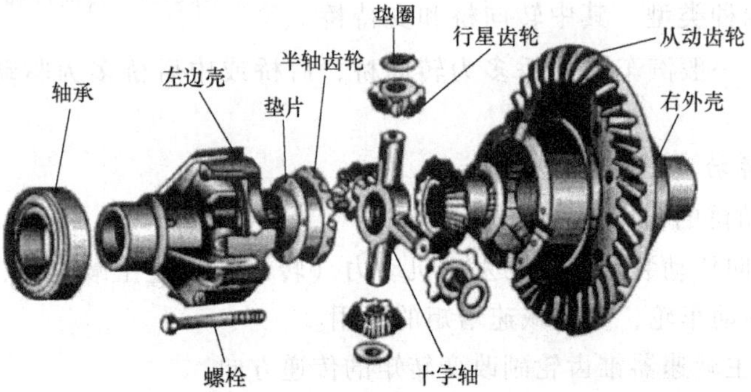

图 2-36　齿轮式差速器构造图

当汽车起重机左右车轮受力相等时，差速器不起差速作用，行星齿轮只公转不自转，左右车轮转速相同；当汽车起重机转弯行驶或在不平坦的路面上行驶时，左右两车轮受力不等，差速器起差速作用，即行星齿轮既公转又自转，左右车轮转速不等。

五、车轮

（1）功用　轮胎是执行汽车的行驶、转弯及停止这些基本运动性能的重要部件，共有以下三个方面的作用。

1）支承车重。

2）保证与路面有良好的附着力，传递驱动力矩和制动力矩。

3）确定汽车行驶方向，与悬架共同缓和汽车在行驶时由于不平路面所受到的冲击，并衰减由此而产生的振动。

（2）组成　车轮由轮辋和轮胎组成，如图 2-37 所示。

（3）轮胎类型及编号含义

1）汽车上普遍使用的轮胎主要有普通斜交轮胎和子午线轮胎。目前，国内生产的汽车起重机主要使用普通斜交轮胎，只有在客户特殊要求的情况下才选用子午线轮胎。

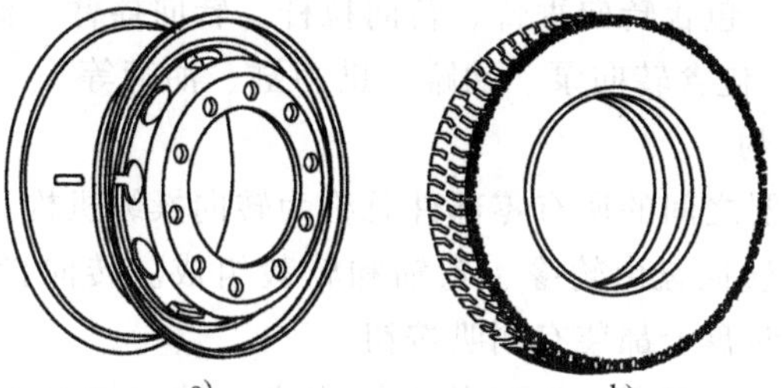

a) b)

图 2-37 轮辋和轮胎

2）汽车起重机普通斜交轮胎型号为 11.00-20，其中 11.00 表示轮胎公称断面宽度 *B*；20 表示轮辋公称直径 *d*；汽车起重机普通子午线轮胎型号为 11.00R20，其中 R 表示子午线结构代号（Radial），其余表示相同。

2.1.4 转向系统的结构组成及工作原理

一、转向系统的功用及组成

1. 转向系统的含义

转向系统是一套用来改变或恢复汽车行驶方向的专设机构，在汽车转向行驶时，保证各转向轮之间有协调的转角关系，即称为转向系统。

2. 转向系统的功用

转向系统的功用：保证汽车能按驾驶人的意志而进行转向行驶。

3. 转向系统的分类

转向系统根据其转向能源的不同，可以分为机械转向系和动力转向系。根据助力能源形式的不同又可以分为液压助力、气压助力和电动机助力三种类型。其中液压助力转向系统应用较为普遍，以下重点介绍其类型及典型零部件。国内多数汽车起重机专用底盘的转向系统主要采用机械液压助力动力转向系统。

二、动力转向系统的组成

动力转向系统一般由四个部分组成（图 2-38）：转向操纵机构，包含转向盘、转向管柱总成，即转向机以上部分；转向器，为循环球式加液压内助力转向

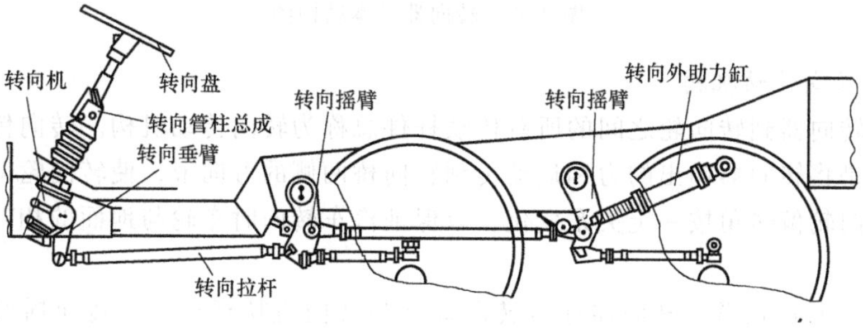

图 2-38 动力转向系统的组成

器；转向传动机构，包含转向垂臂、转向拉杆、转向摇臂、梯形臂等；转向加力（液压助力）装置，包含转向泵、油罐、助力缸、油管等。

1. 转向操纵机构

转向盘到转向器之间的所有零部件总称为转向操纵机构。

（1）转向盘　转向盘由轮缘、轮辐和轮毂组成。转向盘轮毂的细牙内花键与转向轴连接，转向盘上都装有喇叭按钮。

（2）转向轴、转向管柱、万向传动轴构成　转向轴是连接转向盘和万向传动轴再连接转向器的传动件，转向管柱固定在车身上，转向轴从转向管柱中穿过，支承在管柱内的轴承和衬套上。万向传动轴可进行长度调节，有利于装配，还起到汽车受冲击时对转向盘的缓冲保护。

2. 转向器

图 2-39 是转向器基本结构图，转向器通过蜗杆副带动扇形齿摆动实现线性运动，液压助力通过转向控制阀，分配液压油至上下腔实现液压助力。通过上下腔可外接助力缸。

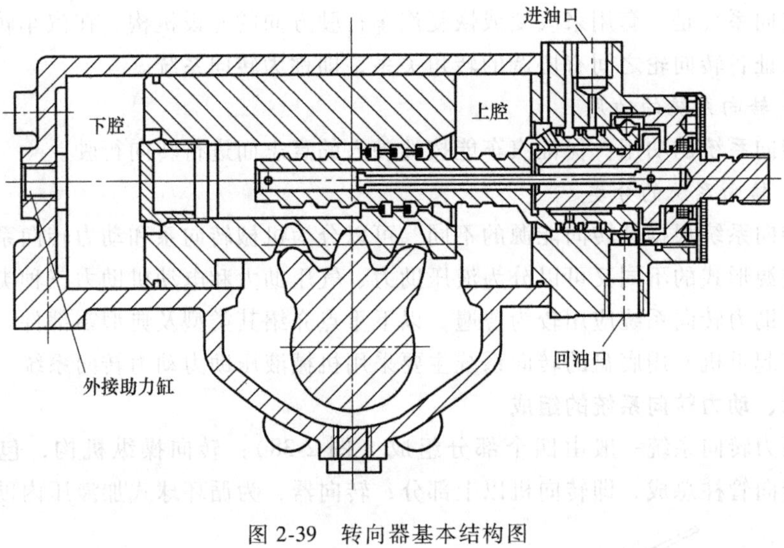

图 2-39　转向器基本结构图

3. 转向传动机构

从转向器到转向轮之间的所有传动杆件总称为转向传动机构。转向传动机构的功用是将转向器输出的力和运动传到转向桥两侧的万向节，使转向轮偏转，并使两转向轮偏转角按一定关系变化，以保证汽车转向时车轮与地面的相对滑动尽可能小。

（1）转向摇臂　转向器通过转向摇臂与转向直拉杆相连。转向摇臂的大端用带锥度的三角形齿形花键与转向器中摇臂轴的外端连接，小端通过球头销与转向直拉杆做空间铰链连接，如图 2-40 所示。

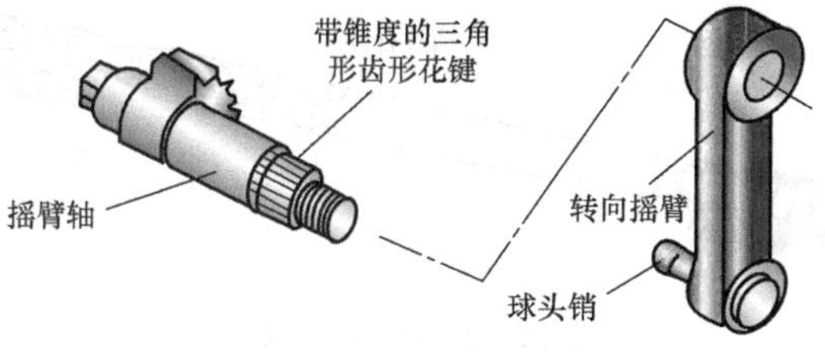

图 2-40　转向摇臂

（2）转向直拉杆　转向直拉杆是转向摇臂与转向节臂之间的传动杆件，具有传力和缓冲作用。在转向轮偏转且因悬架弹性变形而相对于车架跳动时，转向直拉杆与转向摇臂及转向节臂的相对运动都是空间运动，为了不发生运动干涉，三者之间的连接件都是球形铰链，如图 2-41 所示。

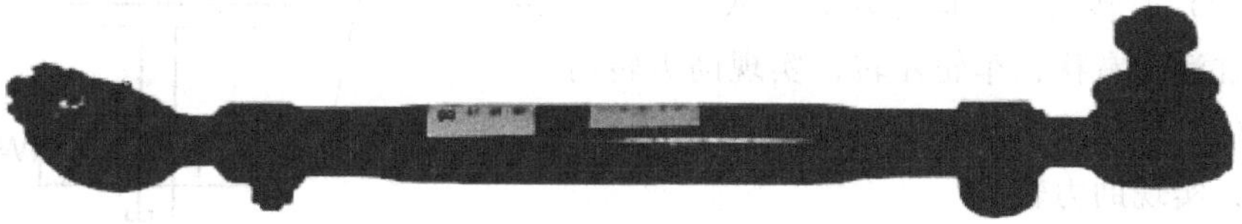

a)

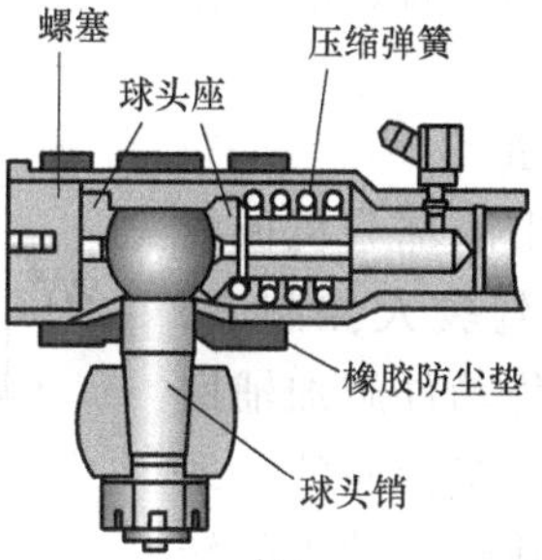

b)

图 2-41　转向直拉杆

（3）转向臂　转向臂是由于转向桥距转向器较远，或因车架等部件限制条件而设计的中间过渡支承，它可增强转向杆系的强度，同时根据转向拉杆安装位置变化，满足车轮的不同转向角度，如图 2-42 所示。

（4）转向横拉杆　转向横拉杆是转向梯形机构的底边，由横拉杆体和旋装在两端的横拉杆接头组成。其特点是长度可调，通过调整横拉杆的长度可以调整前轮前束，如图 2-43 所示。

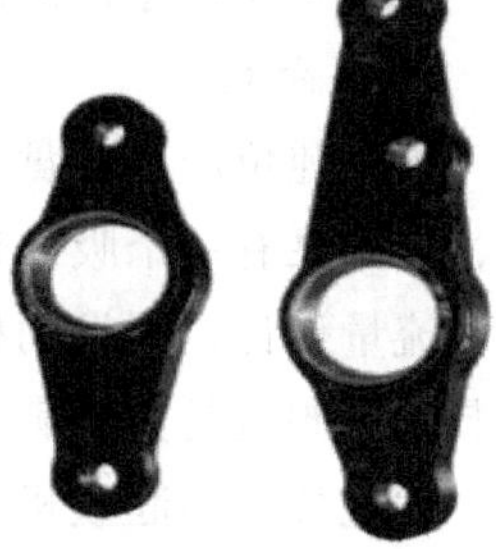

图 2-42　转向臂

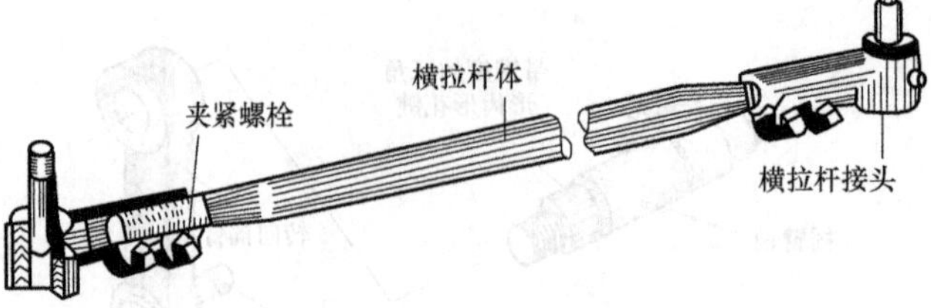

图 2-43　转向横拉杆

三、转向液压系统

1. 转向液压系统工作原理（图 2-44）

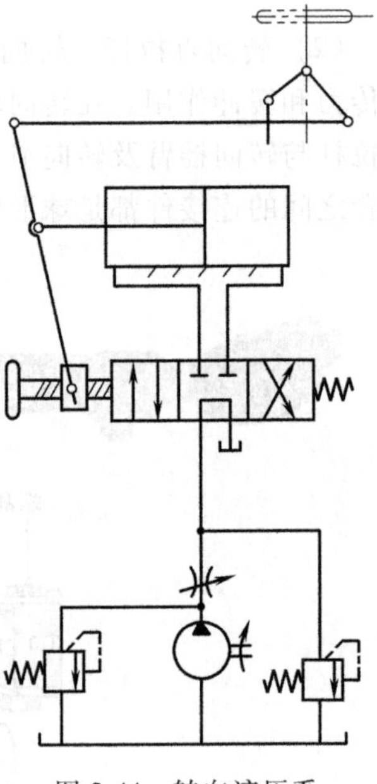

图 2-44　转向液压系统工作原理

（1）直线行驶　转向盘不动，阀在中位，泵卸荷；液压缸油路闭锁，处于平衡状态，不起助力作用。

（2）左转向　转向盘左转，阀在左位，泵工作，缸活塞右移，车轮左转，实现助力转向。

（3）右转向　转向盘右转，阀在右位，车轮右转，实现助力转向。

（4）放松转向盘　阀恢复中间位置，助力作用消失。

2. 转向加力（液压助力）装置

转向加力装置是将发动机输出的部分机械能转化为压力能（或电能），并在驾驶人控制下，对转向传动机构或转向器中某一传动件施加辅助作用力，使转向轮偏摆，以实现汽车转向的一系列装置。采用动力转向系统可以减轻驾驶人的转向操纵力。

汽车起重机专用底盘中采用的是常流式液压助力转向系统，其特点是转向泵始终处于工作状态，但液压助力系统不工作时，基本处于空转状态。

3. 转向泵

中小吨位产品底盘转向泵通常由叶片泵和溢流阀组合在一起，如图 2-45 所示，转向泵有一个吸油口、一个压油口、一个泄油口。泵按发动机怠速时满足转向用流量设计，当发动机加速运转时，该泵提供的液体会远远超过实际的需要，加装溢流阀就是为了满足发动机高速运转时的需要。

大吨位汽车起重机采用多桥转向，转向助力缸较多，标准的转向泵排量不能满足要求时，常采用大排量齿轮泵和限流阀配套使用。

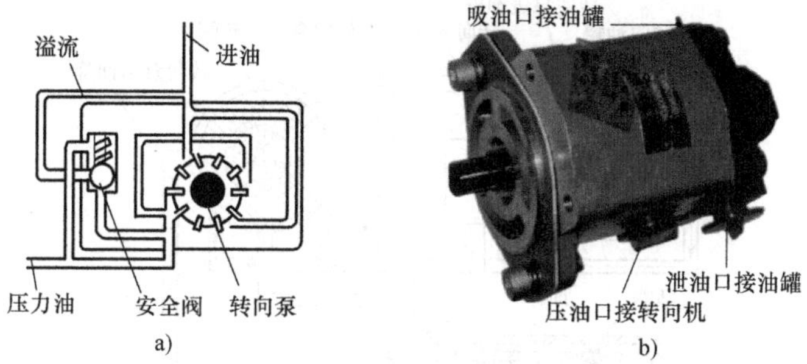

图 2-45　转向泵

4. 转向油罐

转向油罐用来存储转向液压系统用油，下部设有吸油口、回油口各一，内有滤网，上部设有油标尺、透气盖，如图 2-46 所示。

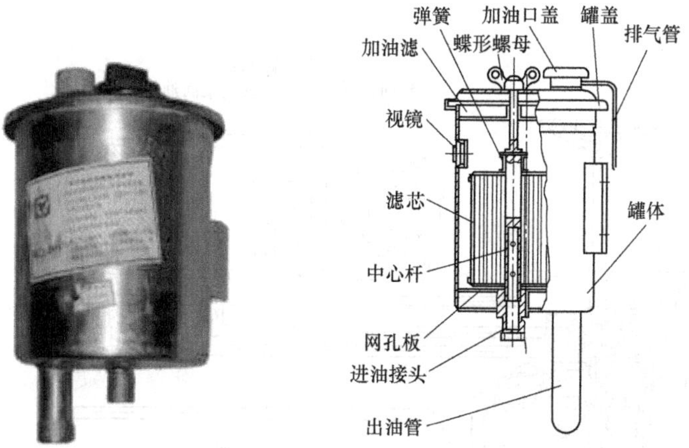

图 2-46　转向油罐

四、液压常流转阀式转向系统基本工作原理

图 2-47 所示为液压常流转阀式转向系统工作原理。

1. 液压常流转阀式转向系统基本组成

液压常流转阀式转向系统主要由转向泵、动力转向器、转向油灌、油管等组成。转阀集成在动力转向器内（如图 2-48 中箭头）。动力转向泵内集成了流量控制阀及压力控制阀。转向泵借助发动机的动力，产生高压油，转动转向盘可带动转阀动作，高压油进入动力转向器的上腔或下腔，推动活塞向上腔或向下腔运动，活塞上加工有齿条，齿条与转向臂轴上的齿扇相配合，带动转向臂轴旋转，将力传给转向传动机构。

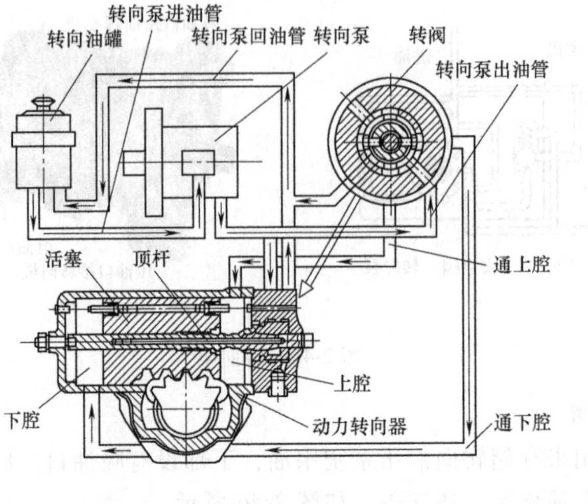

图 2-47　液压常流转阀式转向系统工作原理

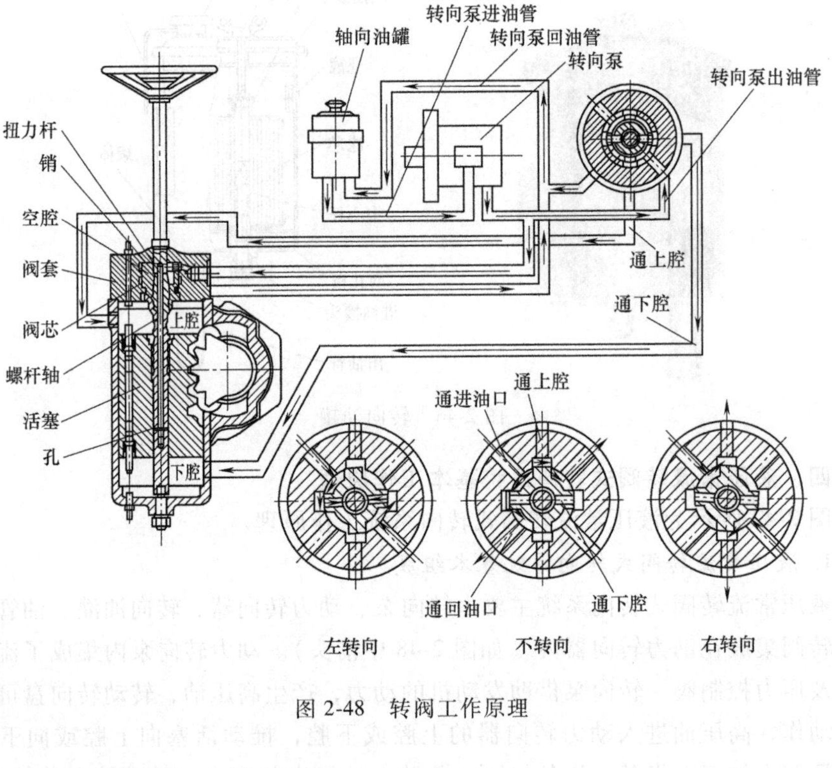

图 2-48　转阀工作原理

2. 转阀工作原理

1）汽车直线行驶。当汽车直线行驶时，转阀处于中间位置，来自转向泵的工作油液向阀套的2个进油口同时进油，油液通过预开隙进入阀芯的凹槽，再通过阀芯的回油孔进入阀芯与扭力杆间空腔，再经过阀套的回油孔通过回油管流回转向油罐，形成油路循环。另一回路是转向泵压入阀套的油经过预开隙进入阀套左右两侧的出油孔，其中一路进入转向器上腔，另一路进入转向器的下腔。由于转向器上下腔均进油，且油压相等，更由于油路连通回油管道而不能建立高压，因此动力转向器不起助力作用。

2）汽车左转弯。当汽车左转弯时，转向盘带动转向轴转动并带动扭力杆，扭力杆端头与阀芯用销连接，因而带动阀芯转动一个角度，这时阀套的进油口一侧的预开隙被关闭，另一侧的预开隙开度打开，液压油经扭力杆与螺杆轴的间隙，通过孔和螺杆轴与活塞的间隙通到转向器下腔，活塞向上移动，也就是说转向臂轴顺时针旋转，带动转向垂臂前摆，起到助力作用，汽车向左转弯。活塞上腔的油液被压出，通过阀套与阀芯间间隙流回转向油罐。

3）汽车右转弯。当汽车右转弯时，转向盘带动转向轴转动并带动扭力杆，扭力杆端头与阀芯用销连接，因而带动阀芯转动一个角度，这时阀套的进油口一侧的预开隙被关闭，另一侧的预开隙开度打开，液压油通过阀套与阀芯间间隙压入上腔，活塞向下移动，也就是说转向臂轴逆时针转，带动转向垂臂后摆，起到助力作用，汽车向右转弯。活塞下腔的油液通过螺杆轴与活塞的间隙和孔，再通过阀芯与扭力杆间空腔进入回油孔，流回转向油罐。

4）当转向盘停在某一位置不再继续转向时，阀芯在液力和扭力杆的作用下，沿转向盘转动方向旋转一个角度，使其与阀套相对角位移量减小，上、下腔油压差减小，但仍有一定的助力作用。此时的助力转矩与车轮的回正力矩相平衡，使车轮维持在某一转向位置上。

5）在转向过程中，如果转向盘转动速度也加快，阀套与阀芯的相对角位移量也大，上、下腔的油压差也相应加大，前轮偏转的速度也加快，如转向盘转动得慢，前轮偏转得也慢，或转向盘转在某一位置不变，对应着前轮也在某一位置上不变。此即称“渐进随动作用”。

6）如果驾驶人放松转向盘，阀芯回到中间位置，失去了助力作用，转向轮在回正力矩的作用下自动回位。

7）一旦液压助力装置失效，该动力转向器即变为机械转向器。此时转向盘转动，带动阀芯转动，阀芯下端边缘有缺口，转过一定角度后，带动螺杆轴转动，而活塞上加工有螺纹槽，通过钢球与螺杆轴形成运动副，实现纯机械转向操作。

五、转向及车轮定位调整

转向系统与车轮定位调整是一个系统性的调整，调整得好坏直接影响驾驶人对车辆操纵的安全性、舒适性。

1. 转向系统调整的要求

1）转向盘转动应灵活、操纵轻便、无阻滞现象。车轮转到极限位置时，不得与其他部件有干涉现象。

2）转向轮转向后应有自动回正能力，以保持稳定地直线行驶。

3）转向盘的最大自由转动量从中间位置向左、右各不得超过15°。

4）在平坦、硬实、干燥和清洁的道路上行驶，其转向盘不得有摆动、路感不灵或其他异常现象。

5）万向节、转向节臂、转向横、直拉杆及球头销应无裂纹和损伤，并且球头销不得松旷，横、直拉杆不得拼焊。

6）当转向助力器失效后，应有转向盘控制底盘转向的能力。

7）最小转弯直径（前轮轨迹中心）小于24m。

2. 调整前的检查

1）支起液压支腿，轮胎离地，怠速状态下。

2）左右转动转向盘，转向盘转动灵活、操纵轻便、无阻滞现象。转至极限位置时转向摇臂不得与转向器支架、第一横梁、软管及其他部件干涉。

3）转向摇臂、转向横拉杆、转向直拉杆、桥上拉力杆等球头销连接处不得松旷，球头销螺母应锁固完好。

4）转向液压系统转向助力正常、无渗漏。如发现有松旷现象和不合格的装配部位，应及时整改，符合技术要求后，进入下一工步的调整。

3. 转向系统调整（在JOSAM车桥定位检测仪辅助下调整）

(1) 前束调整　根据定位检测仪显示数据，按前束值8~12mm标准判定，如超出范围，可调整横拉杆长度，逐一进行调整、修正。其他参数调整在车辆落下工况进行。以一桥为基准调整每个车轮，即一桥调整完成后，一桥在中位定位工况下，调整其他各转向桥。

(2) 一桥转向角调整　一桥左右轮胎在直行状态下，向左转转向盘至极限位置，一桥左侧轮胎转角不小于42°±1°，再向右转转向盘至极限位置，一桥右侧轮胎转角不小于42°±1°，如两边转角不均，可通过调整转向器与一桥连接拉杆长短进行修正，使得两侧轮胎转角接近相等。

(3) 其他转向桥转向角调整　一桥调整完毕后，转动转向盘，将一桥定位在直行方向锁定状态下，通过调整各转向拉杆，依次调整其他转向桥至直行方向，如图2-49所示。

(4) 转向盘辐条调整　转向轮在直行方向上，转向盘辐条应左右对称，不遮挡各仪表视线。调整可通过取下转向盘，再将转向盘按需要角度重新安装；或通过转向器上部连接花键传动轴取下，转动转向盘至需要角度，再将连接花键传动轴重新连接安装。转向及车轮定位调整无论采用何种操作手段，应达到各车桥

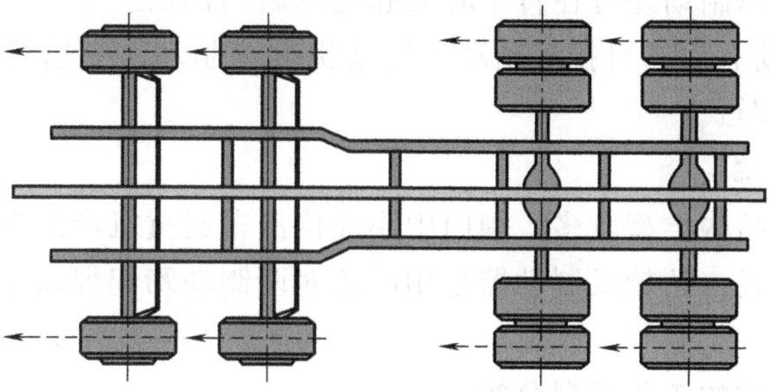

图 2-49　转向系统调整

轴线与车架纵轴线垂直（推进角为 0°），同时在车辆直行状态，同一车轴上左右轮胎角度状态应对称。

4. 转向系统检查

调整完成后，应对所有车桥推力杆、转向拉杆上抱箍检查、紧固，保证系统行驶安全、可靠。所有推力杆、转向拉杆检查完毕后，对已调整的各转向角度进行复验合格后，方可结束工作。

2.1.5　制动系统的结构组成及工作原理

一、制动系统的概念、功用及组成

1. 制动系统的含义

驾驶人能根据道路和交通情况，利用装在汽车上的一系列专门装置，迫使路面在汽车车轮上施加一定的、与汽车行驶方向相反的外力，对汽车进行一定程度的强制制动。这种可控制的对汽车进行制动的外力称为制动力，用于产生制动力的一系列专门装置称为制动系统。

2. 制动系统的功能

1）汽车高速或转向行驶的制动安全措施。

2）强制行驶中的汽车减速或停车。

3）使下坡行驶的汽车车速保持稳定。

4）使已停驶的汽车在原地（包括在斜坡上）驻留不动。

3. 制动系统的分类

按照制动能量的传输方式，制动系统可分为机械式、液压式、气压式和电磁式等。同时采用两种传输方式的制动系统可称为组合式制动系统，如气顶液制动系统。国内大部分的汽车起重机生产公司生产的起重机专用底盘制动系统主要由行车制动、驻车制动和辅助制动组成。

1）行车制动由压缩空气驱动，作用于所有轴的车轮上。制动供气管路为双回路，两回路各自独立，分别作用于不同的车轴。

2）驻车制动为放气弹簧制动，作用于部分或全部轴的车轮上，与行车制动

共用制动器。驻车制动还可在行车时兼起应急制动作用。

3）辅助制动有发动机排气制动、发动机缓速制动、变速器缓速制动、电涡流缓速制动几种形式。

4. 鼓式制动器

鼓式制动器结构类型较多，国内中小吨位汽车起重机产品常用的鼓式制动器采用凸轮制动形式，凸轮式制动器是用凸轮对两制动蹄起促动作用，通常利用气压使凸轮转动。

二、气路系统的工作原理分析

1. 底盘气路控制原理（图 2-50）

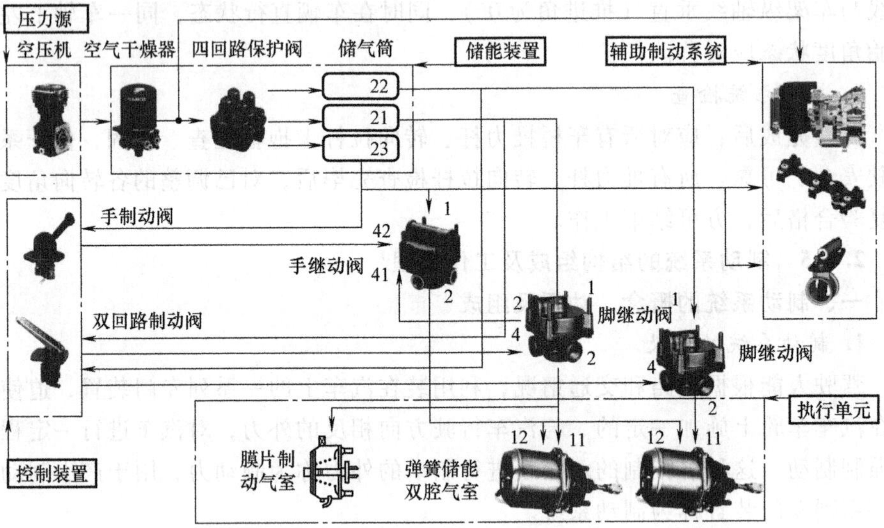

图 2-50　底盘气路控制原理

（1）气源　由压缩机提供的压缩空气通过空气干燥器进行系统压力设定脱水处理后，进入四回路保护阀，通过四回路保护阀将气源分三个出气口，分别输入到 21 回路储气筒、22 回路储气筒、23 回路储气筒。

（2）21 回路　通过 21 回路储气筒供气，完成前桥行车制动功能。

（3）22 回路　通过 22 回路储气筒供气，完成中、后桥行车制动功能。

（4）23 回路　通过 23 回路储气筒供气，完成驻车制动的释放及其差速气缸、取力气缸、排气制动气缸、离合器助力分泵等多项辅助功能的用气。在 23 回路储气筒与 21 回路储气筒间增加一个单向阀连接，目的是当行车中制动应用频繁，21 回路供气量不足时，23 回路储气筒可单向向 21 回路储气筒补气。23 回路储气筒还安装有气压信号灯开关。

2. 装配注意事项

1）单向阀使 23 回路给 21 回路供气，安装时注意箭头方向，禁止接反。

2）气压低于 0.45MPa 时低气压报警开关报警。

3）四回路保护阀中，21、22 口接行车回路，23 口接驻车制动，24 口接辅助用气。

三、气路元件介绍

1. 气路阀接口和原理图中数字代码说明

1）第 1 位“1”代表进气口。

2）第 1 位“2”代表出气口。

3）第 1 位“3”代表排气口。

4）第 1 位“4”代表控制口。

5）第 2 位“1、2、3、4”分别代表相同功能、不同用途的接口；相同数字的代表相通接口。

2. 空气压缩机

（1）用途　产生压缩空气，为制动系统及其他用气系统提供能量（如座椅、离合器助力气缸、取力气缸、废气制动气缸等）。

（2）进气　自然吸气、增压吸气。

3. 空气干燥器

（1）空气干燥器的功用　空气干燥器能自动控制制动系统的工作压力，并且通过干燥桶内的干燥剂对压缩空气中的水分进行干燥，延长制动系统的使用寿命。

（2）空气干燥器的压力调整　国内某公司生产的汽车起重机底盘产品中使用的空气干燥器如图 2-51 所示。根据不同的产品使用要求，空气干燥器调定的

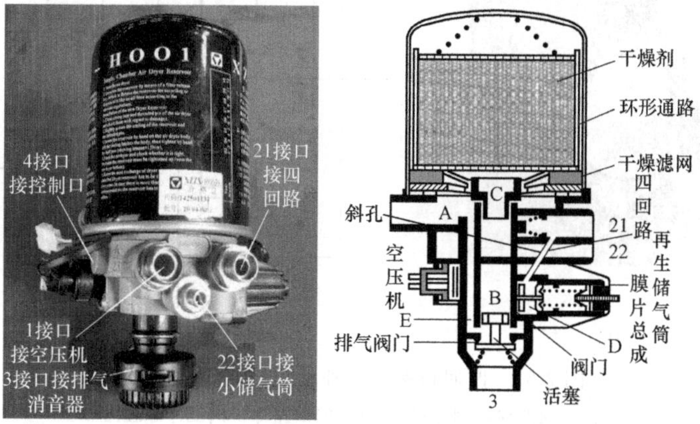

a)　　b)

图 2-51　空气干燥器

a）空气干燥器外形图　b）空气干燥器工作原理图

压力也有所不同，正常压力调定在 0.81MPa±0.02MPa，个别配 ZF 变速器的产品调定在 0.9MPa±0.02MPa。

（3）空气干燥器工作原理

1）压缩空气经 1 口进入 A 腔，通过干燥滤网、环形通路到达干燥器的上部，气流经干燥剂时，水分被干燥剂吸附并滞留其表面上，干燥气流经过通道 C 后，一部分经 22 口流到再生储气筒，一部分经单向阀流到 21 口，同时部分压缩空气从斜孔进入 D 腔，作用在膜片总成上，当系统气压超过弹簧预紧压力时，膜片总成带动阀门向右移动，打开阀门，压缩空气进入 B 腔，推动活塞往下移动，打开排气阀门，空压机卸荷。

2）在空压机卸荷的同时，再生储气筒内的压缩空气经过通道 C、干燥剂、环形通路、干燥滤网、通路 E、排气阀门从排气口排出，从而将干燥剂吸附的水分通过反吹气流排出。

3）当 21 口的压力下降了 60～130kPa 时，由于 D 腔压力下降，膜片总成左移，阀门关闭，B 腔压缩空气从小孔排出，在弹簧的作用下，活塞上移将排气阀门 E 关闭，空压机恢复向系统供气，整个干燥过程重新开始。

4）加热器可防止阀门等元件被冻住，从而能避免工作故障发生。

4. 四回路保护阀

四回路保护阀外形图与工作原理图如图 2-52 所示。

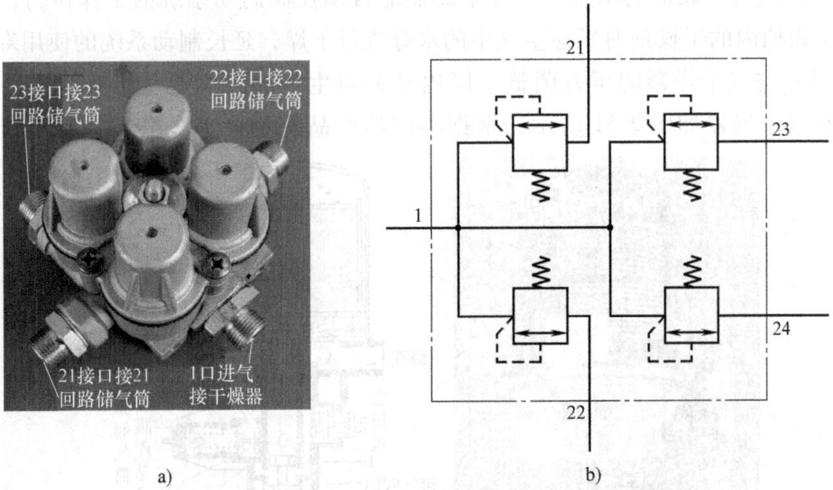

图 2-52　四回路保护阀外形图与工作原理图

a）四回路保护阀外形图　b）四回路保护阀工作原理图

四回路保护阀用于将空压机出来的压缩空气分向四条彼此独立的管路，且当其中一条或几条管路失效时，使其余管路仍能维持制动时所需的最低工作压力。

其供气顺序：21→22→23→24。

国内多数中小吨位汽车起重机专用底盘产品采用 3 回路气路布置，较大吨位产品采用 4 回路气路布置。

5. 气制动总阀

气制动总阀外形图与工作原理图如图 2-53 所示。

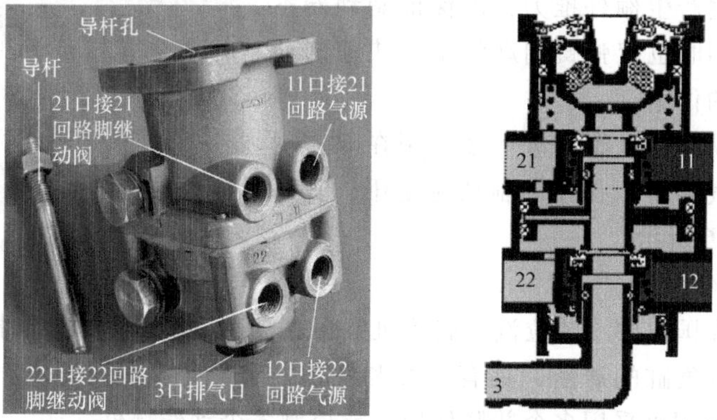

图 2-53　气制动总阀外形图与工作原理图

a）气制动总阀外形图　b）气制动总阀工作原理图

气制动总阀是一种串联式双腔气制动阀，用于控制前、后桥两条相互独立的行车制动管路。

在采用生产流水线的汽车起重机现场装配中，气制动总阀是由驾驶室制造单位装配好，并将气路接口连接延伸到驾驶室地板外侧，只要把气路连接上即可。

气制动总阀主要由上腔活塞、下腔活塞、推杆、滚轮、平衡弹簧、回位弹簧（上下腔）、上腔阀门、下腔阀门、进气口、出气口、排气口、通气孔组成。

6. 脚继动阀

如图 2-54 所示，脚继动阀用于缩短制动系统的制动反应时间和解除制动时间，起弹簧制动气室加速阀和快放阀的作用。

一般情况下，一个脚继动阀控制 2~4 个制动气室，控制制动气室过多，易产生制动反应时间加长和解除制动缓慢，最常见的解除制动缓慢现象是轮毂发热。

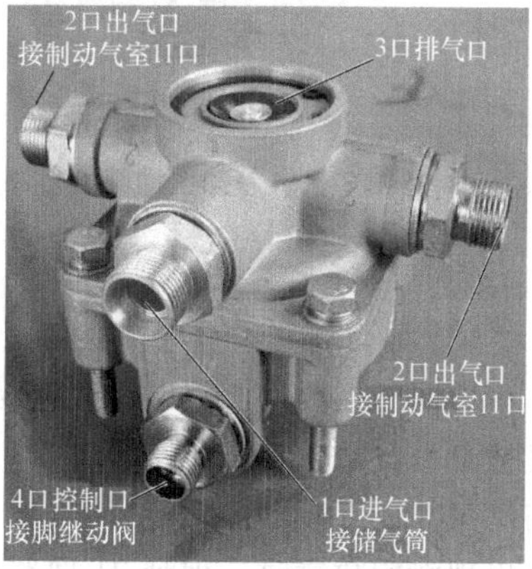

图 2-54　脚继动阀外形图

7. 手制动阀

如图 2-55 所示，手制动阀主要用于控制汽车后桥上的弹簧制动室而实施驻车制动。

在现场装配中，手制动阀是由驾驶室制造单位装配好，气路接口延伸到驾驶室地板外侧，只要把气路连接上即可。

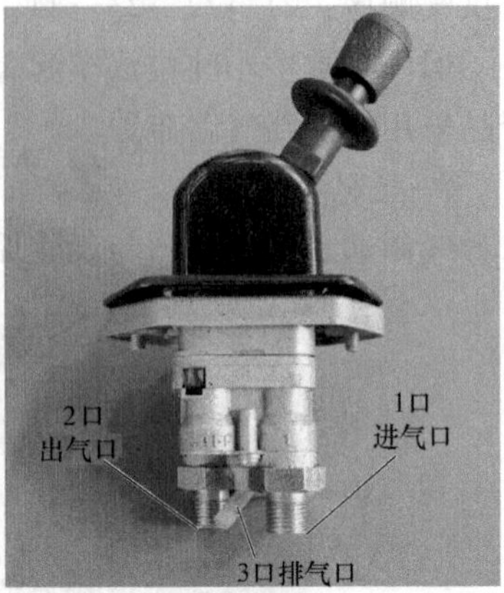

图 2-55 手制动阀外形图

8. 差动继动阀

差动继动阀用于防止行车制动和驻车制动同时操纵气室产生额外推力，以保证制动器不至于过载，同时也起弹簧制动气室的快速制动和解除制动的作用。

差动继动阀在汽车底盘上多使用在双作用气室的制动气路中，在驻车制动时使用，其外形图如图 2-56 所示。

9. 电磁阀

电磁阀在国内中小吨位汽车起重机专用底盘产品中多用于控制桥差速、排气制动、取力等气缸的通断，具有常开和常闭之分，是常见的电控气路元件。图 2-57 所示电磁阀可采用多个并联使用，能控制多个动作部件。

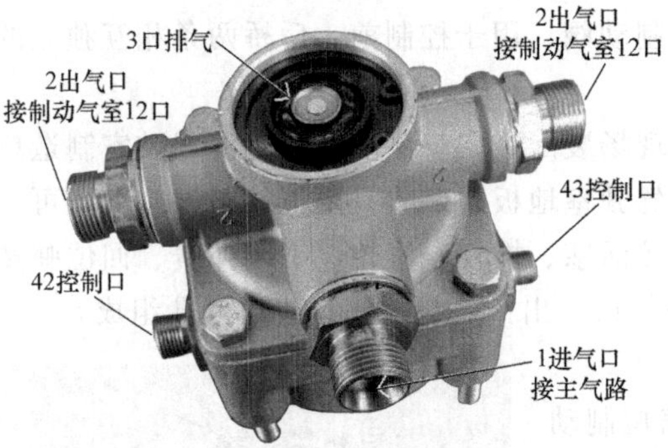

图 2-56 差动继动阀外形图

图 2-57 电磁阀外形图

10. 单向阀

单向阀主要用于气制动管路阻止气体倒流，从而防止出气口管路内的压缩空气被意外排放。产品上多用于 21 回路与 23 回路之间连接的单向隔断。当 21 回路储气量不足时，23 回路储气筒通过单向阀可向 21 回路供气；反之，当 23 回路出现泄漏故障时，保证 21 回路有足够的储气量，用于制动。图 2-58 即为单向阀外形图。

11. 气压信号灯开关

气压信号灯开关用来连接驾驶室里的警告灯或蜂鸣器，向驾驶人指示制动系统中某一部位气压偏低的情况，其外形图如图 2-59 所示。

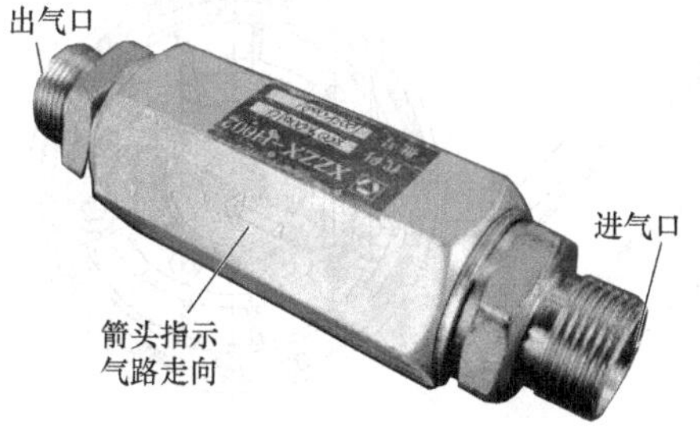

图 2-58　单向阀外形图

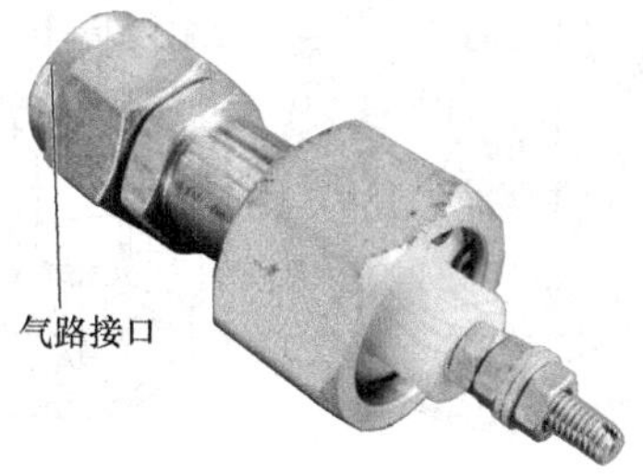

图 2-59　气压信号灯开关外形图

12. 压力继电器

压力继电器用于汽车制动时将气压转变成电信号，控制接通制动灯，其外形图如图 2-60 所示。

13. 再生储气筒

再生储气筒连接在空气干燥器上，当空气干燥器排气时，同时经过干燥筒排除储气筒内的压缩空气，用来吹掉干燥桶内干燥颗粒所吸附的水分，起到干燥颗粒再生的作用，其外形图如图 2-61 所示。

四、鼓轮式制动器介绍

1. 制动器分类

制动器是制动系统中产生阻止车辆运动或运动趋势的力的机构，以摩擦产生制动力矩的制动器称为摩擦制动器。摩擦制动器有鼓式和盘式两大类。鼓式制动器有内张型和外束型两种。盘式制动器有钳盘式和全盘式两种。专用起重机系列底盘通常安装的制动器为凸轮式鼓式制动器，其结构如图 2-62 所示。

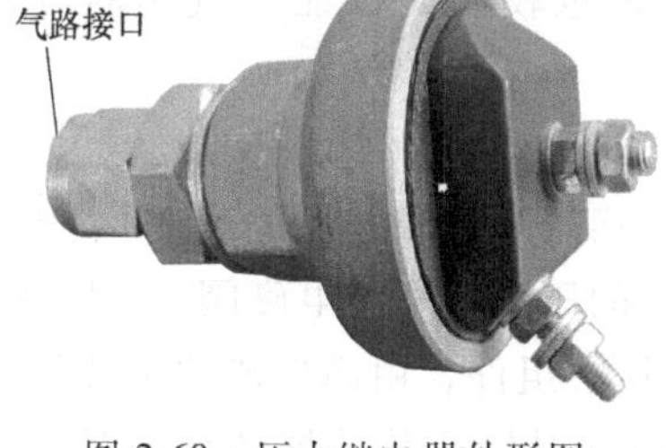

图 2-60　压力继电器外形图

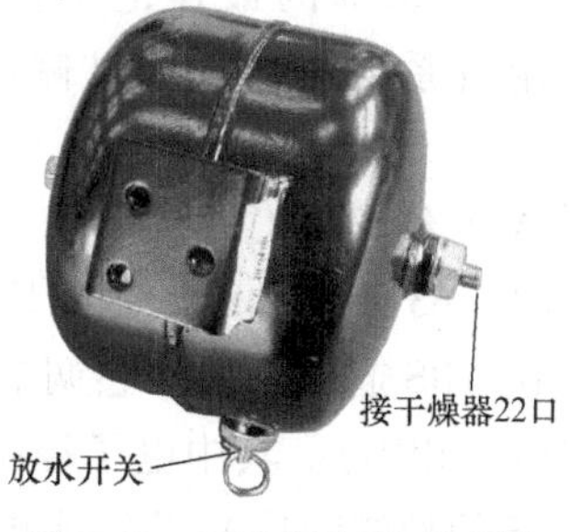

图 2-61　再生储气筒外形图

2. 凸轮式制动器工作原理

凸轮促动的气压制动器制动时，制动调整臂在制动气室推杆推动下，使凸轮

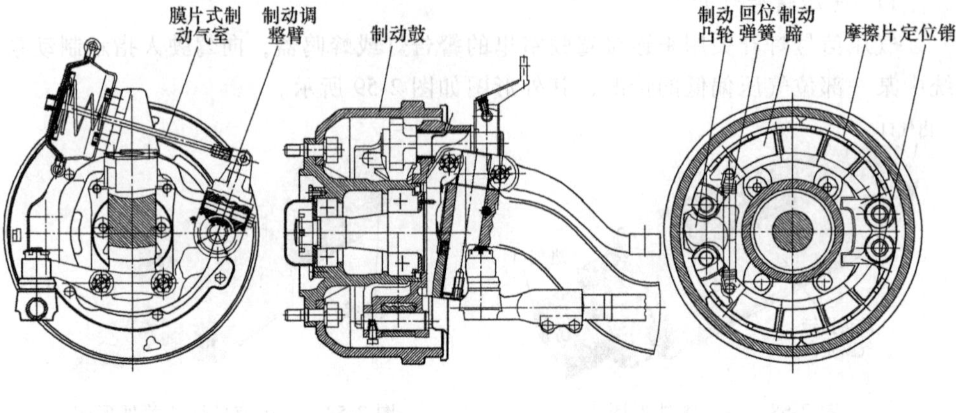

图 2-62　凸轮式鼓式制动器

轴转动，凸轮推动两制动蹄张开，压紧在制动鼓上，制动鼓与摩擦片之间产生制动力，使汽车减速。

解除制动，压缩空气从气管回到制动控制阀，排入大气。制动蹄在回位弹簧拉动下离开制动鼓，车轮又可转动。

五、汽车防滑控制系统——ESP 与 ABS、ASR

1. 汽车防滑控制系统的含义

汽车防滑控制系统是防止汽车在制动过程中车轮被抱死滑移和汽车在驱动过程中（特别是起步、加速、转弯等）驱动轮发生滑转现象的控制系统。

汽车在制动过程中，车轮的运动可以划分为三个阶段：纯滚动、边滚边滑、完全拖滑。

汽车防滑控制系统就是在汽车驱动状态下，将驱动轮滑转率控制在 5%~15%的最佳范围内。制动防抱死系统是在汽车制动状态下，将车轮滑动率控制在 8%~35%的最佳范围内。在上述最佳范围内，不仅车轮和地面之间的纵向附着系数较大，而且侧向附着系数的值也较大，保证了汽车的方向稳定性。

2. ABS 组成

如图 2-63 所示，ABS 主要原件包括轮速传感器（记录车轮的速度）、压力调节器（在 ABS 起作用时，它调节车轮制动气室的压力，又称电磁阀）、齿圈、电子控制器（ECU）。其中电子控制器是 ABS 的核心组件，由高性能的单片机（存储有 ABS 的控制程序）及集成电路组成，它根据对轮速传感器的信号处理来控制压力调节器，进而控制车轮的制动力矩。

3. ABS 电磁阀（调节器）

ABS 电磁阀是防抱制动系统中的执行原件，通过电子控制器 ECU 不断给予

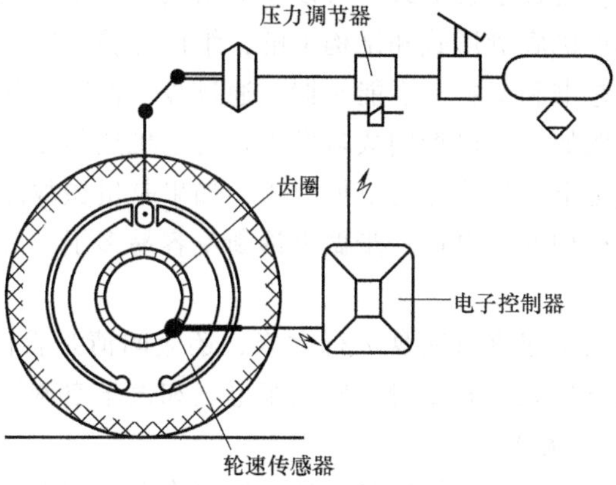

图 2-63　ABS 系统组成示意图

的电控信号调节制动系统压力，使车轮一直处于最佳制动状态并有效地利用地面附着力。图 2-64 即为 ABS 电磁阀外形图。

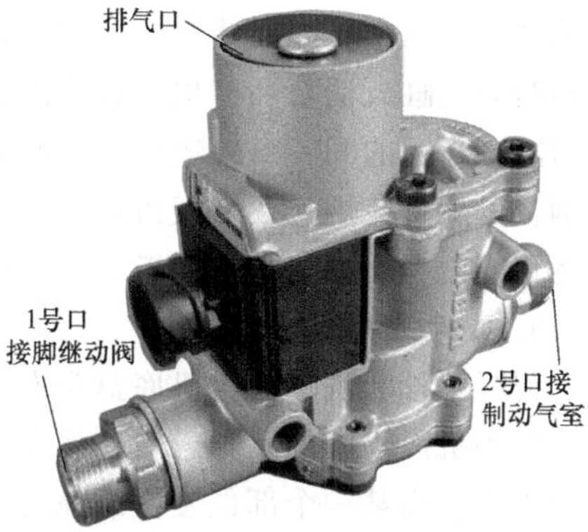

图 2-64　ABS 电磁阀外形图

2.1.6　汽车起重机底盘故障的诊断方法

汽车起重机底盘故障千变万化、千奇百怪、种类繁多，但是故障诊断的方法和步骤都是一定的，只要基本方法正确、思路清晰，故障诊断也是容易进行的。故障诊断的方法基本上可以归纳为 11 种：望问法、观察法、听觉法、试验法、触摸法、嗅觉法、替换法、仪表法、度量法、分段检查法和局部拆装法，下面介绍几种常用的故障诊断方法。

1. 用望问法诊断故障

医生看病需要“望闻问切”，汽车起重机底盘故障诊断也一样，其中望和问是快速诊断故障的有效方法。汽车起重机底盘发生故障需要诊断，修理人员第一眼看到汽车起重机底盘时，就应做出汽车起重机底盘形式和使用年限的初步判断，从外观上即可了解汽车起重机底盘的形式，这是非常重要的；从外观观察发动机，即可做出使用年限的判断，有经验的维修人员，甚至可以做出汽车起重机底盘故障的判断。一辆汽车起重机底盘需要修理，维修人员一定要向使用者和车主询问，其中包括汽车起重机底盘型号、使用年限、修理情况、使用情况、发生故障的部位和现象，以及发生故障后做了哪些检查和修理，尽可能深入了解故障，这是一个捷径。通过了解形式，可以反应出汽车起重机底盘的基本构造和性能，如果对汽车起重机底盘形式和结构了解，维修经验丰富，诊断就较容易；如果了解不够，查一查书和资料，也能掌握。通过深入询问，基本上可以了解到故障所发生的部位。例如，可以询问故障发生在发动机还是变速器；如果是发动机还能进一步了解到是电气故障还是机械故障；如果是机械故障还能了解到是曲柄连杆机构还是配气机构等，再进一步做出诊断就容易多了。故障确定后，排除与维修就容易了。

如果用户要对汽车起重机底盘进行大修，还应问清是否修发动机动力总成，修汽车底盘，修汽车驾驶室和车身，修汽车电气和汽车空调等。

2. 用观察法诊断故障

所谓观察法就是汽车起重机底盘修理工按照汽车使用者指出的故障发生的部位仔细观察故障现象，而后对故障做出判断，这是一种应用最多的、最基本的、也是最有效的故障诊断法。例如对发机排气管冒蓝色烟雾的故障，可以通过冒蓝烟的现象来判断，如在使用过程中长期冒蓝烟，发动机使用里程又很长，一般可以判断为气缸或活塞环磨损，致使配合间隙过大，由于油底壳中的机油通过活塞环与缸壁之间的间隙窜入燃烧室引起的；如果只是在发动机刚一发动时冒出一股蓝烟，以后冒蓝烟又逐渐变得比较轻微，一般可以判断为发动机气门杆上的挡油罩老化或内孔磨损使挡油功能失效，而有少量机油沿着气门杆漏入气缸引起的。

3. 用听觉法诊断故障

用听觉诊断汽车起重机底盘和发动机故障是常用和简便的方法。当汽车运行时，发动机以不同的工况运转，汽车和发动机这个整体发出一种嘈杂但是又有规律的声音。当某一个部位发生故障时就会出现异常响声，有经验者可以根据发出的异常响声，立即判断汽车故障。例如发动机曲轴和连杆机构响、主传动器响、传动轴响，都可以轻易地判断出来。对于一个好的驾驶人应在行车中锻炼听觉，听清汽车起重机底盘各部位发出的声音，并从中判断出异响和故障。汽车起重机底盘和发动机出现故障送修时，汽车维修人员往往在停车状态下起动发动机，让发动机以不同的转速运转，以听觉检查和诊断发动机的故障；对于底盘和传动器的故障，往往以道路试验的方法，让汽车以不同工况行驶，检查和听诊汽车故障；对于发动机的疑难故障，还可以借助于简单的器具进行听诊，如可用一个长杆听诊棒听诊曲轴和连杆机构的响声，可以听到配气机构的响声；可用一个胶管，插进量油尺孔中，下端在油底壳油面之上可听清曲轴响声，可以听到活塞环对口处的窜气的响声。在停车状态检查制动器，可在发动机熄火时踏一脚制动踏板，明显可以听到制动器抱死的声音；抬起制动踏板可以听到制动蹄恢复原位的声音。因此，训练有素的驾驶人在行车中用了制动踏板，除了根据汽车起重机底盘减速的反应外，还可以听到制动器工作的声音，这样就能综合评价制动器工作是否正常。因此，汽车起重机底盘和发动机只要运转就有响声，首先应有好的听觉，在汽车起重机底盘运行过程中随时监听各部位发出的声音，随着车速的变化，各处噪声各有不同，能够听清正常的声音，在正常声音中判断出异响，在异响中判断出故障，当然要有理论和经验做指导。

4. 用试验法诊断故障

用试验法诊断汽车起重机底盘和发动机故障是常用方法之一，可用试验法在汽车起重机底盘不解体或少解体的情况下检查其功能，以达到诊断故障的目的。所谓试验，就是以试来验证。判断不清就来试一试。例如车主报告说汽车制动系统不灵，可在汽车停放位置踏下一脚制动踏板，制动系统立即发出一套制动动作，试验者可以根据各制动器发出的响声判断制动系统的故障；如果一时还判断不清，还可进行道路试验，在一定速度下踏下一脚制动踏板，制动系统工作，试验者可以根据汽车制动后的反应和各制动器发出的响声等情况综合判断制动系统的故障。同样，对于转向系统的故障，试验者可在原地转一转转向盘，由转向盘到车轮转动的一套转向动作可以判断转向系统的故障。如果判断不清，可把汽车开走进行道路试验，有意识地在弯道上转动转向盘，转向系统工作，试验者可以根据转向的反应和某处发生的异响判断转向系统的故障。对于发动机的故障，就要检查发动机的运转情况，试验者以不同的转速或加减速运转发动机，凭经验来观察发动机的运转情况，凭经验来听诊发动机的响声，一般可以找到故障。当某个照灯不亮，怀疑电路无电时，可用一根导线对地端短路试划火检查，有火时可以判断为电路有电，无火再查。但是线路上多装有熔体和继电器，试火要慎重。汽车和发动机正常运转有一定规律，不正常就是发生了故障，是可以试验出来的，对于正常与不正常的判断，要有理论和经验做指导。

5. 用触摸法诊断故障

人的手脚都是灵敏的感觉器官，可凭感觉来诊断汽车起重机底盘和发动机故障，就像中医切脉一样。以汽车起重机底盘传到人体上的感觉来判断。汽车起重机底盘要上公路或高速行驶，通常驾驶人都要检查四个车轮，用脚踹车轮轮胎，可凭轮胎的弹力判断出轮胎的气压，可凭轮胎的偏斜和摆振情况判断轮毂轴承的紧固情况，就是典型的用脚触摸法。汽车起重机底盘在高速公路上行驶后，驾驶人可用手摸一摸轮胎的温度，如是夏季轮胎磨得很热，就要当心。可用手摸制动鼓，试一试制动鼓的温度；或以水淋在制动鼓上，看一看水的蒸发情况，就可以判断制动鼓是否拖滞。当发现发动机过热而冷却系统中有冷却液时，可用手摸一摸散热器的上部和下部，可以判断是节温器损坏还是散热器进水口堵塞；摸一摸水泵出水口胶管可以感到水流压力波动，说明水泵工作正常。用手指的压力检查带的松紧度，用手指感觉燃油泵的工作，以及用手摸检查高压油管的供油情况等，都是经常遇到的。在维修中，用手摸检查摩擦面的磨损情况；用手感觉摩擦副配合的松紧度等，都是无处不在、无处不用的。总之，手是人体的重要器官，活是用手干的，在干活中就有感觉，而这个感觉就是故障诊断的最佳器具。

2.2 汽车起重机专用底盘维修技能训练

技能训练

技能训练1 动力系统的常见故障诊断与排除

汽车起重机动力系统常见故障分析与排除见表2-1。

表2-1 汽车起重机动力系统常见故障分析与排除

序号	故障内容	现象描述	原因分析	排除方法
一	发动机排烟	1)发动机排黑烟	1)柴油质量问题 2)空气滤芯问题 3)气门间隙问题 4)气缸压缩压力不足 5)喷油泵供油量太大 6)喷油提前角度不对 7)柱塞出油阀磨损 8)喷油器故障(雾化不良或滴油) 9)调速器故障	1)更换高品质柴油 2)拆掉空气滤芯,起动发动机,观察带负荷作业时柴油机烟色,如果黑烟减小,则说明需要保养或更换空气滤芯 3)打开气门室盖,用手感或塞尺检查气门间隙并调整 4)调整活塞顶间隙;检查气门密封;观察气门座圈是否凹入太深;检查活塞环或缸套磨损情况 5)检查喷油器的喷油压力;确定标准高压油管的内径尺寸 6)检查供油提前角 7)拆掉柴油机的排气管,起动柴油机低速运转,仔细观察柴油机各个排气口的排烟情况,找出排烟大的气缸,更换该缸的喷油器;起动柴油机低速运转,逐缸断油并观察排气管出口烟度的变化情况,如果某缸断油后,柴油机烟度减小,则说明该缸供油系统存在问题;互换喷油器后,该缸不再冒黑烟而另一缸冒黑烟,则该喷油器有问题 8)调速器调速弹簧弹力不足时,将导致调速器与油门控制机构之间的不平衡,柴油机从起动开始就会严重冒黑烟

（续）

序号	故障内容	现象描述	原因分析	排除方法
一	发动机排烟	2）发动机排蓝烟	1）缸套、活塞环磨损严重 2）吸湿器故障 3）机油油量太多 4）增压器故障 5）配气机构因素 6）空压机故障	1）更换缸套、活塞环 2）柴油机严重冒蓝烟且动力性能不变，应该认真检查吸湿器 3）如果机油加油量太多，油面太高，也将导致曲轴箱内废气压力增大，其结果与吸湿器故障一样 4）如果增压器压气机侧浮动轴承损坏，导致大量机油通过压气机进入柴油机进气管，并进入气缸参与燃烧，导致柴油机作业时严重冒蓝烟；如果此时拆下进气管或排气管，看到缸盖进气道内有大量机油，排气口湿润并有机油痕迹，就可以证明气门导管或气门油封已磨损 5）如果空压机出现故障，如活塞环磨损、减压阀失灵等，都可能导致压力空气内窜曲轴箱，使柴油机的“下排气”增大而导致机油经过吸湿器进入进气管参加燃烧
		3）发动机排白烟	1）柴油中有水 2）气缸盖螺栓松动或气缸垫烧损 3）气缸体、气缸套、气缸盖冷却水套破裂 4）喷油量过小	1）仔细检查在排气管消音器出口是否有水珠滴落，若有水珠，可以确定有水进入气缸 2）检查气缸盖螺栓是否松动，若有松动的螺栓，拧紧后再检查是否有漏水处；拔出机油标尺，检查油底壳是否进水 3）如果机油中进水，在发动机起动后在加水处有气泡冒出来，说明水已经进入气缸 4）检查喷油泵凸轮和柱塞是否有磨损，增大喷油提前角
二	柴油机动力不足	1）进气系统故障	空气滤清器堵塞造成进气阻力增加，从而造成进入气缸的空气量减少，致使柴油燃烧不完全，最后出现发动机动力不足	无论空气滤清器是采用湿式还是干式，都应经常清洗空气滤清器滤芯或清除纸质滤芯上的灰尘，必要时更换新滤芯，以保持空气滤清器清洁

（续）

序号	故障内容	现象描述	原因分析	排除方法
二	柴油机动力不足	2)供油系统故障	1)供油提前角失准：供油提前角过大或过小，会造成喷油时间过早或过晚，使柴油燃烧不够充分、柴油机输出功率降低	出现此类故障时应该松开高压泵传动轴上的联轴器紧固螺钉，按照要求重新调整供油提前角，并拧紧螺钉即可
			2)柴油滤清器阻塞：柴油滤清器阻塞造成柴油流动阻力增大，进入高压泵的油量减少，喷入气缸的柴油数量也相应减少，造成柴油机输出动力不足	经常检查、清洗柴油滤芯，必要时予以更换，以保证柴油滤清器经常性清洁
			3)低压油路阻塞或柴油管路打死弯：低压油路阻塞或柴油管路打死弯造成油路不畅通，柴油流动阻力非正常增大	出现打死弯时应该检查并重新安装低压柴油管路，必要时予以更换，以保证柴油管路畅通
			4)油路中有空气：油路中有空气造成喷油压力波动太大或者出现大的脉动	用输油泵上的手油泵排除低压油路中的空气，消除密封不严的现象，如拧紧油管接头等
			5)喷油器偶件损坏、咬死或雾化不良：喷油器偶件损坏、咬死或雾化不良时会导致个别缸不工作和发动机动力不足	及时清洗、研磨或更换新喷油器偶件，用喷油器试验台校验、调整喷油器的喷油压力和雾化质量
			6)高压泵供油不足或供油量不均匀：此时会造成各缸可燃混合气的数量、成分和质量的不一致，从而导致柴油机动力不足	及时检查、修理高压泵，并在高压泵试验台上重新调整喷油泵供油性能参数
			7)最大供油量限制螺钉调整不当，或高压泵操纵臂转不到最大供油量位置，由此会造成柴油机负荷增加时循环供油量不足，进而使柴油机动力下降	调整高速限制螺钉或高压泵操纵臂
			8)输油泵供油不足，喷入气缸的柴油量减少	及时检修或更换输油泵柱塞，更换输油泵带

（续）

序号	故障内容	现象描述	原因分析	排除方法
二	柴油机动力不足	3）活塞环、活塞与缸套磨损	活塞环磨损严重、结胶卡死或活塞、缸套磨损过度、亦或活塞与缸套拉伤严重等均会造成气缸密封失效，致使压缩无力、柴油机输出功率下降	及时更换缸套、活塞和活塞环
		4）缸盖故障	1）进、排气门密封不严，引起压缩漏气、压缩效果降低，导致着火困难，柴油燃烧不充分，柴油机功率下降	及时铰修、研磨气门与气门座圈的配合面，提高其密封性能，必要时更换气门和气门座圈
			2）气门间隙失准：气门间隙失准而漏气，造成气缸压缩效果下降，燃烧条件恶化，着火困难，使柴油机动力输出下降	及时调整气门间隙，使其达到规定值
三	柴油机过热	1）各运动机件润滑不良	机油量少，机油黏度过低，或机油压力过低，造成机件润滑不良	检查润滑系统，调整好机油压力，使用符合要求的机油
		2）燃油燃烧不完全	供油时间过迟，使燃烧不完全	校正供油提前角
		3）负荷过重，超过允许的范围	长时间超负荷运转，使机件温度升高	减轻负荷，按照使用要求运行发动机
		4）运动件摩擦发热	各运动机件间隙过小、装配过紧，导致运转时摩擦发热	重新拆装机件，按照要求调整间隙
		5）气门间隙大小不当	气门间隙不对，导致排气不畅，发动机温度升高	调整气门间隙
		6）导热不良	燃烧室内积炭过多，没有及时清除，导致散热不良，并增大了压缩比	拆下气缸盖，清除积炭
		7）水冷柴油机的冷却系统有故障	1）冷却水泵的传动带过松或损坏 2）散热器或水套内冷却水过少，或水垢太多、水质不干净 3）节温器故障（安装不好或已损坏） 4）水泵工作有问题，供水量不足 5）机油散热器堵塞，导致机油散热不足 6）闭式散热器有空气	1）调整或更换传动带 2）清洗散热器或水道并加水 3）检查节温器，酌情更换 4）检查水泵，酌情更换 5）清洗机油散热器 6）排除散热器内空气

（续）

序号	故障内容	现象描述	原因分析	排除方法
三	柴油机过热	8）风冷柴油机的冷却系统有故障	1）机油散热器内部短路，造成散热不良 2）风道或气缸盖、气缸套散热片太脏 3）导风罩未扣严，漏风 4）冷却风扇故障（如风扇带松、叶片损坏或耦合器故障） 5）热风短路循环	1）清洁机油散热器 2）清除各散热表面上的尘土或积尘 3）扣好导风罩 4）检查风扇、风扇带和各耦合器等，酌情处理 5）防止热风循环（增加引导板等）
四	发动机烧机油	1）冷车烧机油：在早晨第一次起动发动机时，后排气管会有比较浓的蓝烟排出，过一段时间蓝烟逐渐消失，当停车时间过长时，再起动发动机仍会出现上述情况	由于气门油封和气门导管长时间使用，导致气门油封老化，气门导管磨损严重，以至无法达到良好的密封效果，机油沿气门油封及气门导管流入气缸，气缸内的机油在高温高压的作用下就会燃烧出大量的蓝色烟雾	更换已老化的气门油封及磨损严重的气门导管
		2）加速时烧机油：在车辆行驶时驾驶人猛踩加速踏板或原地猛踩加速踏板时，从排气管排出大量的蓝烟，严重时车辆行驶中驾驶人猛踩加速踏板时，驾驶人会从排气管侧的后视镜中看到大量的蓝烟冒出	由于发动机活塞上的活塞环与气缸壁密封不严，在加速时机油直接从曲轴箱串到气缸内，导致烧机油	更换活塞环、活塞，有必要时更换缸套

（续）

序号	故障内容	现象描述	原因分析	排除方法
四	发动机烧机油	3）任何工况下都烧机油	1）外输油管道漏油、机油油面太高、机油级别与气候条件不符、涡轮增压器和空压机出现技术问题、油浴式空滤中机油太多等	1）检测发动机外部是否有漏油点，更换漏油点密封垫及漏油管道 2）检查机油尺所示的油面高度，排掉过量的机油；检查机油的技术规格，更换符合气候条件的同等级机油 3）检查涡轮增压器是否损坏，转动是否灵活，上下前后推动涡轮叶片，观察涡轮轴的间隙是否偏大，更换涡轮增压器；检查涡轮增压器回油管是否堵塞，疏通回油管并更换 4）检查空压机及气路系统，如果气路系统存在机油时，就必须检修空压机（空压机内窜气会使下排气增大，也会出现烧机油现象） 5）油浴式空滤中的机油太多，也会造成发动机烧机油现象
			2）发动机缸体和端盖磨损严重或损坏。缸体烧机油：缸筒磨损过大、活塞磨损过大、活塞环失效。缸盖烧机油是因为气门导管偏磨形成缝隙，机油漏进燃烧室，气门油封老化、密封度下降，导致机油沿气门油封及导管流入燃烧室。在烧机油轻微时，可以通过观察排气管来判断故障部位；冷车烧机油多半是由于缸盖上的气门油封老化及气门管磨损或折断，热车烧机油多半是由于活塞缸套组合件磨损	更换磨损严重的气门导管和老化的气门油封；更换缸套活塞四组合等

技能训练 2 传动系统的常见故障诊断与排除

汽车起重机传动系统故障分析与排除见表 2-2。

表 2-2 汽车起重机传动系统故障分析与排除

序号	故障内容	现象描述	原因分析	排除方法
一	变速器打滑	车辆起步时，踩下加速踏板，发动机转速升高快，但车速升高缓慢；车辆行驶中踩下加速踏板加速时，发动机转速升高但车速没有同步提高；车辆平路行驶基本正常，但上坡缓慢、无力	1）自动变速器油油平面太低 2）自动变速器油油平面太高，运转中被行星齿轮机构剧烈搅动后产生大量气泡 3）离合器或制动器摩擦片、制动带磨损过度或烧焦 4）油泵磨损过甚或主油路泄漏，造成油路油压过低 5）单向超越离合器打滑 6）离合器或制动器活塞密封圈损坏，导致漏油 7）减震器活塞密封圈损坏，导致漏油	1）对于出现打滑现象的自动变速器，应先检查油面高度和品质。若油面过高或过低，应先调整至正常后再做检查；若油面调整至正常后自动变速器不再打滑，可不必拆修自动变速器 2）检查自动变速器油的品质。若油呈棕黑色或有烧焦味，说明离合器或制动器的摩擦片或制动带有烧焦，应拆检修理 3）进行道路试验，以确定自动变速器是否打滑，并检查出现打滑的档位和打滑的程度。将换档操纵手柄手动拨入不同的位置，让汽车行驶。若自动变速器升至某一档位时发动机转速突然升高，但车速没有相应地提高，即说明该档位有打滑。打滑时发动机的转速升得越高，说明打滑越严重 4）对于有打滑故障的自动变速器，在拆卸分解之前，应先检查主油路油压，以找出造成打滑的原因。自动变速器不论前进档或倒档均打滑，其原因往往是主油路油压过低。若主油路油压正常，则只要更换磨损或烧焦的摩擦元件即可。若主油路油压不正常，则在拆卸自动变速器的过程中，应根据主油路油压，相应地对油泵及阀板进行检修，并更换自动变速器的所有密封圈及密封环
二	变速器发热	车辆行驶一段路程后，用手触摸变速器时，有烫手的感觉	1）轴承装配过紧 2）齿轮啮合间隙过小 3）缺少齿轮油或齿轮油黏度太小	应结合发热部位，逐项检查、予以排除

（续）

序号	故障内容	现象描述	原因分析	排除方法
三	变速器挂档困难	挂档时，不能顺利挂入档位，常发生齿轮撞击声	1）变速叉轴弯曲变形 2）自锁或互锁钢球破裂、毛糙卡滞 3）变速连接杆调整不当或损坏 4）同步器耗损或有缺陷 5）变速器轴弯曲变形或花键损坏 6）接合套的配合面是否间隙过大，是否有损伤 7）除了变速器故障外，离合器分离不彻底、齿轮油规格不符，也会造成挂档困难	1）检查变速叉轴是否弯曲变形，自锁和互锁钢球是否损坏，弹簧是否过硬 2）检查操纵机构是否处于合适位置、变形或卡滞 3）如上述检查正常，应检查同步器是否损坏，主要检查同步器是否散架，同步器锥环内锥面螺纹是否磨损，滑块是否磨损，弹簧弹力是否过软 4）如是接合套，需检查接合套的配合是否正常，是否有裂纹或打齿问题 5）如同步器、接合套正常，应进而检查变速器第一轴是否弯曲，其花键是否耗损
四	变速器漏油	变速器内的齿轮油从轴承盖或接合部位渗漏出来	1）变速器各部密封衬垫密封不良、油封损坏，或紧固螺栓松动 2）变速器壳有裂纹 3）齿轮油过多 4）变速器放油螺塞未拧紧，通气孔堵塞	可根据油迹部位来诊断漏油原因并有针对性地处理
五	变速器乱档	汽车起步挂档或行驶中换档，所挂档与要求的档位不符，或虽然挂入所需档位但退档困难、不能退回空档或一次挂入两个档位	1）换档杆与换档杆拨动端松旷、损坏或换档拨动端内孔磨损过大 2）变速控制器弹簧压缩量达不到规定的要求 3）换档滑杆互锁销与小互锁销磨损过大，失去互锁作用	1）变速换档杆如能任意摆动，且能打圈，则为夹箍销钉折断或失落所致 2）挂档时，变速换档杆稍偏离预定位置，就会挂上不需要的档位，这是换档杆拨动端工作面磨损过大导致的 3）如同时能挂上两个档位，这是互锁机构失效所致的
六	变速器跳档	车辆行驶中，变速杆自动跳入空档位置（一般多在中、高速负荷时突然变化或车辆行驶在剧烈振动的路面）	1）变速器齿轮或齿套磨损过量，沿齿长方向磨成锥形 2）变速叉轴凹槽及定位球磨损，以及定位弹簧过软或折断，使自锁装置失效 3）变速器轴、轴承磨损松旷或轴向间隙过大，使轴转动时齿轮啮合不好，发生跳动和轴向窜动 4）操纵机构变形松旷，使齿轮在齿宽位置啮合不足	1）发现某档跳档时，仍将变速杆挂入该档，然后拆下变速器盖察看齿轮啮合情况，如啮合良好，应检查换档机构 2）用手推动变速杆，如无阻力或阻力甚小，说明自锁装置失效，应检查自锁钢球和变速叉轴上的凹槽是否磨损过甚，自锁钢球弹簧是否过软、折断，如果是，应予以更换 3）如齿轮未完全啮合，应检查换档拨叉是否磨损或变形，如果弯曲，应校正 4）如换档机构良好，应检查齿轮是否磨成锥形，轴承是否松旷，必要时应拆下修理或更换

（续）

序号	故障内容	现象描述	原因分析	排除方法
七	变速器在挂档时和行车期间出现异常声响	1）变速器入档位后发响 2）当汽车以40km/h以上车速行驶时，发出一种不正常声响，且车速越高，声响越大，而当滑行或低速时响声减小或消失	1）中间轴或二轴弯曲变形，轴的花键与滑动齿轮毂配合松旷 2）齿轮啮合不当，或轴承松旷 3）操纵机构各连接处松动，变速拨叉变形 4）主、从动齿轮配合间隙过大	1）变速器各档均有声响，多为轴、齿轮、花键磨损使几何误差超差 2）挂入某档、声响严重，则说明该档齿轮磨损严重 3）起动后尚未挂档就发响，且在汽车运行中车速变化时声响严重，说明输出轴前后轴承响
八	变速器在空档时的异常声响	发动机怠速运转，变速器处于空档位置有异响，踏下离合器踏板时响声消失	1）变速器与发动机安装时曲轴与变速器第一轴中心线不同心，或变速器壳变形 2）第二轴前轴承存在磨损、污垢、起毛 3）变速器常啮齿轮磨损，齿侧间隙过大，或个别齿轮轮齿折断 4）常啮齿轮未成对更换，啮合不良 5）轴承松旷、损坏、齿轮轴向间隙大 6）拨叉与接合套间隙过大	发动机怠速运转，变速器空档有异响，踩下离合器踏板后声响消失，多为常啮齿轮啮合不良，应维修或更换
九	传动轴产生异响	传动轴在车辆起步产生撞击声和滑行异响	1）万向节产生磨损或损伤 2）变速器输出轴，驱动轴、输入轴花键磨损 3）滑动叉轴花键磨损或损伤 4）传动轴连接部位松动	1）修复或更换万向节磨损或损伤的零件 2）对变速器输出轴、驱动轴、输入轴花键磨损部位，应酌情修理或更换相关零件 3）滑动叉轴花键磨损或损伤，应更换零件 4）拧紧传动轴连接部位螺栓即可消除故障

（续）

序号	故障内容	现象描述	原因分析	排除方法
十	传动轴振动和噪声	车辆在行驶过程中，传动轴产生振动并传递给车身，从而引起车身振动和噪声。其振动一般与车速成正比例关系	1）万向节严重磨损 2）传动轴产生弯曲或扭转变形 3）传动轴的动平衡被破坏，或连接部件松动 4）变速器输出轴花键齿磨损 5）中间支承松动 6）驱动轴、输入轴花键齿磨损	1）首先检查万向节磨损情况，如果磨损严重，对于普通十字轴万向节，应更换十字轴及轴承；对于等速万向节，应整个更换 2）传动轴弯曲和扭转变形也常常引起振动和噪声，在高速行驶时还有可能造成花键脱落的危险，检查传动轴直线度误差，如果超差，应更换或校正 3）在排除上述故障后，传动轴工作仍不正常，应对传动轴进行平衡检验，重新对平衡进行调整 4）如果由于传动轴连接部件松动引起振动，只需拧紧安装螺母 5）检查花键齿磨损情况，超过规定极限时，应更换相关部件 6）中间支承轴承磨损、缓冲橡胶垫损坏时，应予以更换。如果安装松动，需按规定力矩拧紧
十一	离合器打滑	1）当车辆起步时，完全放松离合器踏板后，不加油或少加油时，发动机转速下降不明显，车速上升缓慢 2）车辆加速时，车速不能随发动机转速上升而同步提高，感觉行驶无力 3）当车辆上坡时，离合器打滑明显，发动机加速时能闻到离合器片散发的焦糊味	1）离合器踏板自由行程太小或没有，分离轴承经常压在离合器分离杠杆上，使压盘处于半分离状态 2）压盘弹簧过软或折断 3）摩擦片磨损、变薄、硬化，铆钉外露或黏有油污 4）离合器和飞轮连接螺钉松动	1）拉紧驻车制动，挂上低速档，慢慢放松离合器踏板并慢慢加大油门，若汽车没有前冲或后退的趋势，发动机仍继续运转而不熄火，说明离合器打滑 2）检查离合器踏板自由行程和工作行程，如不符规定，应予以调整 3）若行程正常，应拆下离合器底盖，检查离合器与飞轮紧固螺栓是否松动，如松动、应拧紧 4）经上述检查排除后仍然打滑时，应拆下离合器，检查摩擦片的工作状况。若表面有油污，一般应拆下用汽油清洗并烘干，然后找出油污来源，并设法排除。若摩擦片磨损过薄或多数铆钉头外露，应更换摩擦片，如摩擦片磨损较轻，仅个别铆钉头外露，可加深铆钉孔，重新铆合使用 5）如摩擦片完好，则应分解离合器，检查压盘弹簧弹力和尺寸。若弹力稍有减少，可在弹簧下面加垫圈继续使用，若弹簧过弱或折断、弹簧强度和正常要求相差较大时，应予以更换

（续）

序号	故障内容	现象描述	原因分析	排除方法
十二	离合器分离不彻底	1)当汽车起步时,将离合器踏到底而仍感挂档困难,虽强行挂入,但不抬踏板汽车就向前驶动或造成发动机熄火 2)变速器挂档困难或挂不进档,并从变速器端发出齿轮撞击声	1)离合器踏板自由行程过大 2)分离杠杆内端不在同一平面上,个别分离杠杆或调整螺钉折断 3)离合器从动盘翘曲,铆钉松脱或新换的摩擦片过厚 4)从动盘毂键槽与变速器第一轴键齿锈蚀,使从动盘移动困难 5)车辆长时间不工作,摩擦片受潮黏在飞轮或压盘上 6)静压油操纵系统缺油或系统进空气	1)将变速杆放到空档位置,踏下离合器踏板,从观察口用螺钉旋具推动离合器从动盘。若能轻推动,说明离合器能分离开;若推不动,说明离合器分不开 2)检查调整离合器踏板自由行程,如自由行程过大,则要重新调整 3)检查分离杠杆高低是否一致以及分离杠杆调整螺栓是否松动,必要时进行调整或拧紧 4)如新换摩擦片过厚,可在离合器盖与飞轮间增加适当厚度的垫片予以调整,但各垫片厚度应一致 5)按第一条要求检查,压盘的一侧有间隙,另一侧没有,且用螺钉旋具不能推从动盘转动就属于黏连,应拆下离合器清理从动盘黏连处,必要时更换从动盘 6)静压油杯缺油,应补加。如总泵的行程大于分泵的行程,说明静压油管中进入空气,需要排除 7)如经上述检查调整仍无效时,应将离合器拆下分解,检查各机件的技术状况,必要时予以修理或换件
十三	离合器异响	在离合器工作时,有不正常的响声产生	1)分离轴承磨损严重或缺油,轴承复位弹簧过软、折断或脱落 2)分离杠杆支承销孔磨损松旷 3)从动钢片铆钉松动,钢片碎裂或减振弹簧折断 4)踏板复位弹簧过软、脱落或折断 5)从动盘毂与变速器第一轴配合花键磨损严重	1)少许踩下离合器踏板,使分离杠杆与分离轴承接触,听到有“沙沙”的响声,为分离轴承响。如加润滑油后仍响,为轴承磨损松旷或损坏。检查分离轴承,如损坏或磨损过大,应更换 2)踩下、放松离合器踏板时,如出现间断的撞击声,为分离轴承前后滑动响,应检查分离轴承复位弹簧,如失效、应更换 3)连踩踏板,在离合器刚接触或分开时响,应检查分离杠杆或支架销与孔磨损是否松旷,或铆钉松动和摩擦片铆钉外露,如有则更换 4)发动机一起动就有响声,将踏板提起后响声消失,为踏板复位弹簧失效,则应更换压紧弹簧(注意:所有弹簧同时更换)

（续）

序号	故障内容	现象描述	原因分析	排除方法
十四	驱动轴发热	当车辆行驶一段时间后，用手触摸驱动轴主减速器、轮边时有烫手的感觉	1）轴承装配过紧 2）齿轮啮合间隙过小 3）齿轮油太少或黏度不对	应结合发热部位，逐项检查、予以排除。轮毂轴承过紧时，常伴有起步费力、行驶发沉，滑行不良、油耗增高等现象
十五	驱动轴漏油	齿轮油从输入轴、输出轴接合面、配合面等处渗漏	1）主减速器油封损坏 2）半轴油封损坏 3）输入轴、输出轴油封损坏 4）与油封接触的轴颈磨损，表面有沟槽 5）衬垫损坏或紧固螺栓松动 6）齿轮油加注过多 7）通气塞堵塞	1）检查通气塞是否正常工作，应清理或更换 2）检查油封处凸缘周围渗漏，油封损坏，需更换油封 3）检查油封处轴颈的磨损，如轴颈表面磨损、产生沟槽，则需修理或更换相应零件 4）其他部位漏油可根据油迹查明原因
十六	驱动轴异响	当车辆以较高的速度行驶时，驱动轴会发生一种不正常的响声，且车速越高响声越大，而当滑行时或低速行驶时响声减小或消失	1）齿轮或支承轴承严重磨损或损坏 2）主、从动齿轮配合间隙过大 3）从动齿轮螺栓松动 4）差速器齿轮、半轴内端或半轴齿轮花键磨损松旷	1）停车检查，发现驱动轴有不正常的响声时，可将车辆支起，起动发动机并挂上档，然后急剧改变车速，判断驱动轴响声来源，以查明故障所在部位。随即熄火并挂入空档，在传动轴停止转动后，用手转动传动轴凸缘，若有松旷感觉，则为啮合间隙过大；如感到一点活动量都没有，则说明啮合间隙过小。此时应调整啮合间隙 2）汽车在行驶中，如车速越高则响声越大，而滑行时减小或消失，一般是轴承磨损松旷或齿轮啮合间隙失常；如急速改变车速或上坡时发响，则为齿轮啮合间隙过大，应予以调整 3）汽车在转弯时发响，多为差速器行星齿轮啮合间隙过大或半轴齿轮及键槽磨损，应拆下修理或更换零件 4）在行驶中听到驱动桥突然有响声，多为齿轮损坏，应立即停车检查。如继续行驶，将打坏齿轮或破坏其他部位

（续）

序号	故障内容	现象描述	原因分析	排除方法
十七	取力器发热	起重作业一段时间后，用手触摸取力器时有烫手的感觉	1）轴承装配过紧 2）齿轮啮合间隙过小 3）缺少齿轮油、齿轮油黏度太小或齿轮油失效	应结合发热部位，逐项检查、予以排除
十八	取力器工作不正常	当需要取力器工作时挂不上档，或需要切断动力时脱不开档	1）取力气缸接头漏气或没有气进入 2）控制取力操纵的弹簧失效 3）拨叉或轴变形	1）换档控制气路是否存在漏气 2）取力电磁阀是否不工作 3）控制拨叉回位的弹簧是否工作正常 4）拨叉、轴是否变形 5）啮合齿轮的齿形是否正确，滑动面是否存在磨损
十九	取力器漏油	取力器内的齿轮油从轴承盖或接合部位渗漏出来	1）取力器各部密封衬垫密封不良、油封损坏，或紧固螺栓松动 2）取力器壳有裂纹 3）取力器加注的齿轮油过多 4）取力器放油堵头（如有）未拧紧，通气孔堵塞	可根据油迹部位来诊断漏油原因并有针对性地处理
二十	自动变速器传动油容易变质	更换后的变速器传动油在短时间里就容易变质，或者油温过高，有烧焦味，有的甚至从加油口可以看到冒烟	1）使用不当造成油温过高而导致变速器传动油过早变质。例如：过于频繁地急加速，经常超负荷行驶，经常超速行驶 2）变速器油质量不佳或受到污染，使变速器油达不到规定的使用期限 3）变速器至变速器油散热器通道阻塞，使变速器油得不到及时冷却而使油温过高 4）变速器中离合器或制动器的间隙过小，不工作时依然相互摩擦，起离合或制动作用，造成油温升高过快而引起变质 5）主油路的油压过低，使得离合器和制动器在工作时压不到位而打滑，造成油温过高	1）首先，使车辆以中、低速行驶5~10min，当自动变速器达到正常工作温度时，在发动机运转的情况下，检查自动变速器油散热器的温度，如果散热器温度过低，说明变速器至变速器油散热器通道有阻塞，应检修其相通的油管、散热器等；如果散热器的温度过高，说明离合器或制动器的间隙过小，需要拆检自动变速器；如果散热器的温度正常，则需要检测主油路的压力是否正常 2）若上述检查均正常，则可能是自动变速器使用不当或变速器油质量有问题。应该将变速器油全部放出、清洗干净后，加入规定牌号和级别的变速器传动油

（续）

序号	故障内容	现象描述	原因分析	排除方法
二十一	自动变速器换档时冲击较大	在车辆起步时，由停车档（P 位）或空档（N 位）挂入倒档（R 位）或前进档（D 位）时，汽车振动较严重；在车辆行驶过程中，在自动变速器升档的瞬间，车辆有较明显的抖动	1）发动机怠速过高 2）油门位置传感器调整不当，使主油路油压过高 3）升档过迟 4）主油路调压阀有故障，使主油路油压过高 5）减震器活塞卡住，不能起减振作用 6）单向阀钢球漏装，换档执行元件（离合器或制动器）接合过快 7）换档执行元件打滑 8）油压电磁阀不工作 9）ECU 有故障	1）检查发动机怠速。装自动变速器的汽车发动机的怠速正常为 550～650r/min。如果怠速过高，应按标准重新调整 2）检查油门传感器的工作情况。如果工作不正常，应该重新调整 3）进行道路试验。如果升档过迟，则说明换档冲击大的故障是该档造成的；如果在升档之前发动机转速异常升高，使得在升档的瞬间产生较大冲击，则说明自动变速器中的离合器或制动器打滑，两种问题都应该分解变速器进行修理 4）检测主油路油压。怠速工况时，如果主油路油压过高，说明主油路调压阀有故障，可能是调压弹簧的预紧力过大或阀芯卡滞所致；如果主油路油压正常，但是起步进档时有较大冲击，说明前进离合器或倒档及高档离合器的进油单向阀阀球损坏或漏装。为此，应该拆卸阀体，对阀体上的控制油路、控制阀进行检查并修理 5）检查电子控制系统和电磁阀。先检查油压电磁阀的线路以及电磁阀工作是否正常，ECU 是否在换档瞬间向电磁阀发出控制信号。如果线路有故障，应该进行修复；如果电磁阀损坏，应该更换电磁阀；如果在换档瞬间电磁阀没有收到控制信号，说明 ECU 有故障，应该予以更换
二十二	自动变速器跳档频繁	车辆在前进档行驶中，即使加速踏板保持不动，自动变速器仍然会经常突然降档；降档后发动机转速异常升高，并产生换档冲击	1）油门传感器有故障 2）车速传感器有故障 3）控制系统电路搭铁不良 4）换档电磁阀接触不良 5）ECU 有故障	1）对于电控自动变速器，应先进行故障自诊断。如有故障码出现，则按显示的故障码查找故障原因 2）测量油门传感器，如有异常，则予以更换 3）测量车速传感器，如有异常，则予以更换 4）检查控制系统电路各接地线的接地状态，如搭铁不良，应予以修复 5）拆下自动变速器油底壳，检查各个换档电磁阀线束接头的连接情况，如有松动，应予以修复 6）检查控制系统电路各接线脚的工作电压，如有异常，应修复或更换 7）换一个新的阀板或电子控制单元试一下，如果故障消失，则说明原阀板或电子控制单元损坏，应更换 8）更换控制系统所有线束

（续）

序号	故障内容	现象描述	原因分析	排除方法
二十三	自动变速器无前进档	车辆倒档行驶正常，在前进档时不能行驶，换档操纵手柄在D位时车辆不能起步，在1位、2位（限定档位）时可以起步	1）前进离合器严重打滑 2）前进单向超越离合器打滑或装反 3）前进离合器严重泄漏 4）换档操纵手柄调整不当	1）检查换档操纵手柄的工作情况。如有异常，应按规定程序调整 2）测量前进档主油路油压。若油压过低，则说明主油路严重泄漏，应拆检自动变速器，更换前进档油路上各处的密封圈和密封环 3）若前进档的主油路油压正常，应拆检前进档离合器。如摩擦片表面粉末冶金层烧焦或磨损过甚，应更换摩擦片 4）若主油路油压和前进离合器均正常，则应拆检前进档单向超越离合器，如果装反，应重新安装；如有打滑，应更换新件

技能训练3　行驶系统的常见故障诊断与排除

汽车起重机行驶系统故障分析与排除见表2-3。

表2-3　汽车起重机行驶系统故障分析与排除

序号	故障内容	现象描述	原因分析	排除方法
一	车辆不能行驶	无论换档操纵手柄位于倒档、前进档或前进低档，车辆都不能行驶；车辆起动行驶很短路程后，但稍微热车就不能行驶	1）自动变速器油底壳损坏，自动变速器传动油漏光 2）换档操纵手柄至控制阀之间的线路或连杆等损坏，控制阀保持在空档或停车档位置 3）油泵进油滤网堵塞 4）主油路严重泄漏 5）油泵损坏	1）拔出自动变速器的油尺，检查油面高度。若油尺上没有油印迹，则说明油液已全部漏光。对此，应检查油底壳、自动变速器油散热器、油管等处有无破损而导致漏油。查找和修复漏点后重新加油 2）检查换档操纵手柄至控制阀之间的线路或连杆等有无失控或松脱。如有，应予以修复 3）拆下主油路测压孔上的堵头，起动发动机，将换档操纵手柄拨至前进档或倒档位置，检查测压孔内有无油液漏出 4）若主油路测压孔内没有油液流出，应打开油底壳，检查控制阀工作状态。若控制阀工作正常，则说明油泵损坏。对此，应拆卸自动变速器，更换油泵 5）若主油路测压孔内只有少量油液流出，油压很低或基本上没有油压，应打开油底壳，检查油泵进油滤网有无堵塞。如无堵塞，说明油泵损坏或主油路严重泄漏。对此，应拆卸自动变速器，予以修理 6）若冷车起动时主油路有一定的油压、但热车后油压即明显下降，则说明油泵磨损过甚。对此，应更换油泵 7）若测压孔内有大量油液喷出，说明主油路油压正常，故障出在自动变速器的输入轴、行星齿轮机构或输出轴。对此，应拆检自动变速器

（续）

序号	故障内容	现象描述	原因分析	排除方法
二	车辆起步时发抖	车辆起步时，离合器经常不能平稳接合，造成车身发生抖动	1）分离杠杆内端高低不一 2）压盘或从动盘翘曲，或从动盘铆钉松动 3）压紧弹簧力不均 4）变速器与飞轮固定螺钉松动	1）让发动机怠速运转，挂上低速档，慢慢松离合器踏板并加大加速踏板起步，如车身有明显抖动，为离合器发抖 2）检查变速器与飞轮壳、离合器盖、飞轮固定螺钉是否松动，有松动则紧固；如正常，检查分离杠杆高度 3）拆开离合器盖测量各分离杠杆高度是否一致，如不一致则调整 4）如上述良好，拆下离合器，分别检查压盘、从动盘是否变形，如变形、则更换；从动盘铆钉是否松动，各压紧弹簧的弹力是否在允许范围之内
三	钢板弹簧移位	行驶中的车辆，走直线时后端出现甩尾现象，即直线行驶时，后轮不能对称压到前轮的花纹上	1）左右车轴对称点至钢板弹簧卷耳销距离差值过大 2）骑马螺栓松动 3）钢板弹簧销、衬套之间磨损过量	1）检查支架、车架、车轴等是否存在变形，若是应修理或更换 2）检查钢板弹簧销、衬套是否松旷，若松旷，应修理或更换 3）检查骑马螺栓是否松动，不符合的应按力矩要求进行紧固
四	钢板弹簧折断	1）静止停放在平整的地面上，车身向一边倾斜 2）行驶时车辆跑偏	1）超速在工地行驶 2）骑马螺栓松动 3）更换的钢板弹簧片与原来的要求不同 4）紧急制动过于频繁 5）钢板弹簧销、衬套之间磨损过量	1）清除钢板弹簧表面污物，检查裂纹和断片情况，若有应更换 2）检查钢板弹簧销、衬套是否松旷，若松旷，应修理或更换 3）检查曾经更换的钢板弹簧片是否符合要求 4）检查骑马螺栓是否松动，不符合的应按力矩要求进行紧固
五	减震器失效	行驶在不平路面中的车辆，车身有强烈的震感	1）减震器与所连接的支架脱落，缓冲的橡胶垫损坏 2）减震器的油量缺乏 3）减震器阻尼阀损坏 4）减震器活塞与缸筒壁配合间隙超差	1）检查所连接的支架是否脱落，缓冲的橡胶垫是否损坏，若是应修理或更换 2）检查是否存在漏油点，筒身等是否有裂纹等缺陷，若有应修理或更换 3）拆下减震器，手工推拉减震器两端，若有发卡的感觉，应进行修理或更换
六	轮胎胎冠波浪状磨损	行驶一段时间后，轮胎周圈呈现断续磨损，类似波浪状态	轮胎的动平衡量不符合要求	对车轮总成进行动平衡检查

（续）

序号	故障内容	现象描述	原因分析	排除方法
七	轮胎胎冠呈锯齿状磨损	车辆在行驶一段时间后，轮胎单边呈锯齿形磨损，或向内（下图）、或向外	通常是由于前束调整不当造成的，如下图是前束过大，反之则前束过小	将前束调整至规定值
			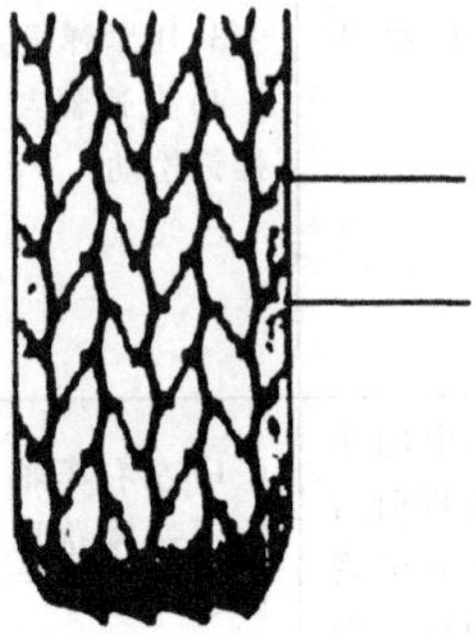	
八	轮胎胎冠单边磨损	车辆在行驶一段时间后，车轮的内侧或外侧出现单边花纹磨损	1）车轮的外倾角定位参数不对。外倾角过大会造成外侧花纹磨损；外倾角过小会造成内侧花纹磨损 2）轴管弯曲 3）轴荷变化过大	1）对于一、二条应使用车轮定位检查仪测量轮胎的外倾角、轴管是否符合要求，必要时应通过检修和更换零部件解决 2）减小轴荷至规定值
九	轮胎胎冠两肩磨损	车辆行驶时，两侧花纹磨损较快，而中部花纹保持完好，如下图所示	通常由于气压过低造成	将轮胎气压充至规定值
		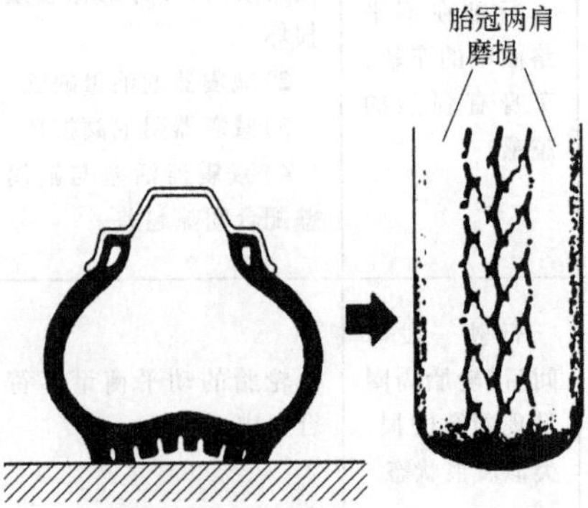		

（续）

序号	故障内容	现象描述	原因分析	排除方法
十	轮胎胎冠中部磨损	车辆行驶时，中部花纹磨损较快，而两侧花纹保持完好，如下图所示	通常由于气压过高造成	将轮胎气压放至规定值
		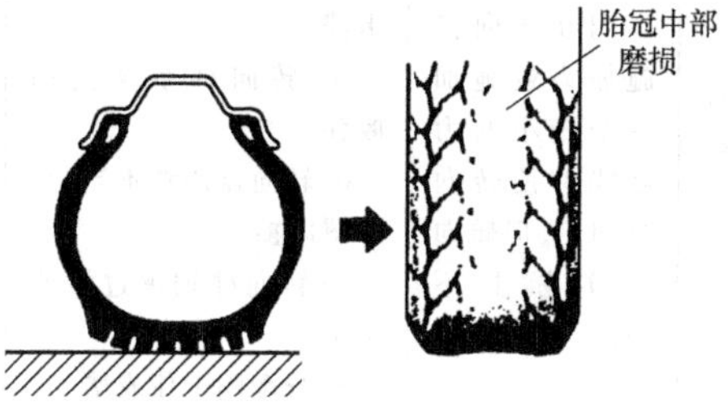		
十一	前悬架有噪声	车辆在行驶过程中，特别是道路颠簸、突然制动、转弯时从前悬架部位发出噪声	前减震器、梯形臂的连接螺栓松动；前减震器漏油严重或前减震器活塞杆与缸筒磨损严重；钢板弹簧锈蚀严重	1）前减震器、梯形臂的连接螺栓松动，则重新紧固各松动螺栓 2）前减震器漏油严重或前减震器活塞杆与缸筒磨损严重，则需修理或更换前减震器 3）钢板弹簧片与片之间有铁锈出现，说明锈蚀严重，需要涂润滑脂，用以消除噪声

技能训练 4　转向系统的常见故障诊断与排除

汽车起重机转向系统故障分析与排除见表 2-4。

表 2-4　汽车起重机转向系统故障分析与排除

序号	故障内容	现象描述	原因分析	排除方法
一	单边转向沉重	行驶过程中，转向盘从中位向一边转向时，转向沉重	1）单侧车轮气压不足 2）转向器仅在一个方向存在泄漏 3）直线行驶时，分配阀未回到中位或存在卡滞现象	1）按规定气压充气 2）检查泄漏发生的位置，修复或更换磨损的零件 3）转向器在中位时，检查 A、B 助力油口的压力，判定分配阀是否回到中位，如其中一口有压力，则需要检修和更换零件。如卡滞，则需要清洗分配阀

（续）

序号	故障内容	现象描述	原因分析	排除方法
二	转向盘回正性能差	车辆转弯后，不用在转向盘施加力或施加一个较小的力就能够使转向盘回正，但转向盘实际上不回位	1）轮胎充气不足 2）转向杆系球头销润滑不足 3）前轮定位不正确 4）转向垂臂轴承缺油、卡滞 5）转向杆系球头销咬住 6）转向盘调整不当，与外罩摩擦 7）转向柱轴承过紧或卡滞 8）分配阀卡住或堵塞 9）回油软管扭曲阻塞 10）转向轴相对运动面配合过紧	1）按规定气压充气 2）润滑或更换杆系球头销 3）检查和调整前轮定位参数 4）检查垂臂轴承工作状态，补油后调整至规定要求 5）维修或更换转向杆系球头销 6）重新调整转向盘和（或）外罩，消除干涉 7）调整或更换轴承 8）取下分配阀加以清洗或更换 9）调整扭曲的软管，如不能修复应更换 10）支起车辆，拆下控制转向轴的纵拉杆，用手扳动车轮，感觉沉重，就需要检查主销配合面、梯形横拉杆等是否卡滞，主销、推力轴承处是否缺少润滑油，并有针对性地加以解决
三	转向盘自由行程过大	行驶过程中，车辆不能保持走直线，从后方观察行驶时，车辆是走S形前进的	1）转向器的齿扇与齿条啮合间隙过大，造成转向自由行程过大 2）转向器的轴承磨损，造成转向自由行程过大 3）转向器紧固螺栓松动，造成转向器产生位移，使转向自由行程过大 4）转向横拉杆球头销磨损，造成转向器自由行程过大 5）转向万向节的磨损，造成转向自由行程过大 6）转向柱、传动轴和转向器之间的连接螺栓（母）松动，造成自由行程过大 7）转向盘与转向柱连接松动，一方面可能是由于键松动，另一方面可能是由于紧固螺母松动，造成转向自由行程过大	1）调整转向器齿扇与齿条的相对位置，减少啮合间隙 2）更换转向器支承轴承 3）紧固转向器螺栓，消除相对位移 4）紧固或更换转向横拉杆球头销 5）更换传动轴的万向节或万向节的轴承 6）紧固转向柱、传动轴和转向器之间的连接螺栓 7）更换转向盘或转向柱，并紧固螺母

（续）

序号	故障内容	现象描述	原因分析	排除方法
四	转向沉重	行驶时，转向盘转动较困难；支车在发动机怠速状态转动也困难	1）转向器分配阀卡死，造成转向助力系统压力建立缓慢 2）前轮胎气压不足，造成转向沉重 3）前轮定位角不正确，造成转向沉重 4）转向器齿扇与齿条啮合间隙太小，造成转向沉重 5）转向器或转向柱的轴承损坏，造成转向沉重 6）转向横拉杆球头销缺油或损坏，造成转向沉重 7）转向油罐内油面低或滤网堵塞 8）流量控制阀卡住 9）泵内泄漏过大，输出压力不够 10）转向器或助力缸内泄漏过大	1）修理转向器分配阀，清洗油路和更换转向机油 2）将两侧轮胎充气至规定气压 3）正确检查与调整前轮定位角 4）调整齿扇与齿条啮合间隙 5）更换转向器或转向柱的轴承 6）更换转向横拉杆球头销 7）清洗滤网并向油罐补油 8）清洗流量控制阀，必要时应清洗转向液压系统所有元件 9）将压力表直接安装在泵的出口处，短时间起动发动机，可测量出泵的实际工作压力，低于要求就需要维修或更换 10）在转向系统处于憋压状态，分别用压力表测量转向器和助力缸的压力，并与标定压力对比，低于要求的就需要对其部件进行维修或更换
五	转向系统发响	当发动机起动或车辆行驶时，转向系统产生异响	1）转向器在支架上的安装出现松动 2）转向传动轴连接松动 3）液压油管未固定，与其他部件产生运动干涉 4）转向器齿条、齿扇调整过松 5）油罐内液面过低 6）转向油路内混有空气 7）转向油罐内的滤网或管路堵塞	1）检查转向器紧固螺栓，并根据规定的紧固力矩拧紧 2）检查转向传动轴及连接螺栓有无松动或磨损，需要时紧固或更换 3）调整软管走向，保持与其他件有一定的运动空间，或用扎带将管路固定在支架上 4）按规定调整齿条、齿扇间隙 5）按规定加油 6）查明进气点、消除隐患后，排净系统空气并补油 7）清除杂质、疏通管路

（续）

序号	故障内容	现象描述	原因分析	排除方法
六	转向系统过热	车辆行驶一段路程后，转向系统就出现过热（超过环境温度 45℃ 以上）现象	1）泵流量过大 2）高压油管扭曲、阻塞 3）流量控制阀不起调节作用 4）转向盘转到两端极限位置时间过长	1）检查泵的参数是否和产品规定相符，泵的排量超过一定值，系统发热会明显增加 2）检查管路是否扭曲、阻塞，应通过调整或更换处理 3）拆检流量控制阀，清洗和更换不合格的零件 4）应确保转向盘转至两端极限位置时间不能超过 2min，否则油温会急剧上升

技能训练 5　制动系统的常见故障诊断与排除

汽车起重机制动系统故障分析与排除见表 2-5。

表 2-5　汽车起重机制动系统故障分析与排除

序号	故障内容	现象描述	原因分析	排除方法
一	制动失灵	车辆行驶中制动突然失灵	1）制动器内进水 2）刚维修完的汽车，轮毂轴承过紧，导致温度升高，润滑脂融化而甩入制动鼓内 3）空气压缩机突然损坏 4）制动总泵突然损坏 5）频繁使用制动器，导致制动器温度过高而使制动失灵	1）进水后，没有及时排除干净制动器内的水分，导致制动失灵。因此，进水后应轻踩几次制动踏板，将制动器内的水分排干 2）维修后的车辆，需控制好轮毂轴承间隙，防止润滑脂融化而甩入制动鼓内 3）空气压缩机突然损坏，经多次制动后，储气筒内压缩空气降至起步气压，从而导致制动失灵，应维修或更换空气压缩机 4）制动总泵的损坏会带来行车制动系统失效，这时需要采用驻车制动系统来控制车辆的速度 5）控制制动器的使用频次
二	制动时出现异响	车辆制动时，随制动强度的增加，产生的响声也越来越大	1）制动蹄接触面积小 2）制动鼓失圆 3）制动蹄、鼓磨损严重	发生异响主要和制动鼓与蹄的接触面积小有关，需要通过修理或更换不合格的零件解决

（续）

序号	故障内容	现象描述	原因分析	排除方法
三	制动时车辆跑偏	车辆制动时，向一侧跑偏	主要产生的原因是左、右两侧制动力不一样。具体如下 1）左右两轮制动间隙不一样 2）左右两轮制动蹄与鼓的接触面积不一样 3）一侧制动器进水或油污 4）一侧制动鼓变形严重、磨出沟槽 5）左右两轮制动凸轮转角相差太大 6）左右两轮制动气室推杆外露长度不一、伸张长度不等 7）左右两轮制动软管与制动气室膜片新旧程度不一样 8）左右两轮轮胎气压不一样 除了上述这些原因外，还有其他方面的原因，如前束不对、两钢板弹簧弹力不等、骑马螺栓松动、车架变形及前桥错位等	1）发生跑偏时，说明跑偏方向相反的一侧车轮制动力不足。应首先检查制动蹄隙，同时，对制动气室推杆的外伸长度及制动时的伸出长度进行检查 2）清除制动器内水分或油污 3）调整制动凸轮轴角 4）正确匹配制动软管与制动气室膜片 5）充气至两轮胎气压一致 6）根据实际情况调整前束，骑马螺栓、紧固力矩等
四	制动拖滞	行驶过程，车辆的升速慢、降速快；行驶过程油耗上升；抬起踏板，制动不能立即解除	1）制动踏板无自由行程，会导致车辆在正常行驶中拖滞 2）制动总泵故障，造成控制口不排气或缓慢排气，会造成车辆的所有车轮拖滞 3）制动器故障，制动蹄不回位，会造成个别车轮拖滞，出现汽车跑偏 4）其他方面的原因，如轮毂轴承松动、骑马螺栓松动等	1）调整制动踏板自由行程至规定值 2）观察车轮制动鼓发热情况，若全部车轮发热，则为制动总泵故障；若部分车轮发热，则为制动器故障，根据实际情况进行维修或更换 3）单个车轮拖滞时，可进行下面的检查 ①检查制动蹄隙是否过小 ②检查制动踏板，观察制动气室椎杆的复位情况。若复位缓慢或者不复位，可能是制动凸轮轴锈蚀或变形所致运动发卡；若复位正常，则可能是制动间隙过小或者制动蹄复位弹簧过软所致

（续）

序号	故障内容	现象描述	原因分析	排除方法
五	制动效能不良，制动力不足	汽车在行驶过程中，制动力明显不足。在一般制动时，需要比平时早踩和增大踏板行程，才能取得预期的制动效果；而在紧急制动时，制动距离明显增长。由于不能在最短的距离内停车，容易产生交通事故	1）储气筒内压缩空气压力不足，导致制动力下降 2）双回路制动系统的某一制动管路破裂而不产生制动作用，导致制动性能下降 3）制动阀故障 4）制动器故障 5）制动管路有漏气处 6）制动气室皮碗破裂 7）制动软管老化	1）首先观察气压表。若气压足够450kPa，则说明空气压缩机、储气筒正常；若气压不足450kPa，而且长时间行驶也不上升，可能是下述原因所致 ①气压上升缓慢、长时间不上升，发动机熄火后气压也不下降，大都为压缩机故障，如带打滑、压缩机泵气不足、压缩机卸荷压力过低及调压阀放气压力过低等 ②气压上升缓慢。发动机熄火后气压不断下降，说明有漏气点，如储气筒溢流阀漏气、制动踏板自由行程过小使进气阀不能关闭而漏气（此时伴随制动拖滞）以及继动阀、快放阀密封不严等 2）踩下制动踏板。观察气压表指针，若气压下降过少，说明制动阀控制口出气不良、继动阀卡滞无法向制动气室供气等。踩住踏板后气压不断下降，说明有漏气点，如排气口关闭不严、制动气室漏气、制动软管漏气等 3）寻找漏气部位。发动机处于熄火状态，踩住制动踏板，靠听和涂肥皂水的方法查找到漏气处 4）察看和测量制动气室推杆外伸情况 ①外伸过短，说明气管有堵塞或者凸轮轴有锈蚀、卡滞 ②外伸过大，很可能制动间隙过大 5）上述检查均正常，则检查制动器是否有故障。例如制动器黏油、磨损过多、铆钉外露、制动鼓失圆、磨出沟槽等

复习思考题

1. 进气系统由哪些部分组成？
2. 国Ⅳ发动机后处理系统的组成有哪些？
3. 万向传动装置的组成及功用是什么？

4. 行驶系统的组成及功用是什么？
5. 车轮的组成及作用是什么？
6. 制动系统的组成、功用及分类有哪些？
7. 汽车起重机底盘故障诊断的方法有哪些？
8. 发动机排黑烟的产生原因有哪些？
9. 发动机烧机油的产生原因及排除方法有哪些？
10. 变速器打滑的产生原因及排除方法有哪些？
11. 变速器乱档的产生原因及排除方法有哪些？
12. 传动轴振动和噪声的产生原因及排除方法有哪些？
13. 车辆不能行驶的产生原因及排除方法有哪些？
14. 离合器打滑的产生原因及排除方法有哪些？
15. 取力器漏油的产生原因及排除方法有哪些？
16. 轮胎胎冠单边磨损的产生原因及排除方法有哪些？
17. 单边转向沉重的产生原因及排除方法有哪些？
18. 制动拖滞的产生原因及排除方法有哪些？

第3章

汽车起重机液压系统维修

培训学习目标

1. 能描述支腿液压系统、伸缩液压系统、变幅液压系统、卷扬液压系统、回转液压系统的结构组成及工作原理。
2. 能描述汽车起重机液压控制类型及特点。
3. 能说出汽车起重机工作装置液压元件名称及工作原理。
4. 能解读汽车起重机整机液压系统原理图。
5. 能描述汽车起重机液压系统故障分析与排除方法和步骤。
6. 能排除支腿、伸缩、变幅、卷扬、回转液压系统的常见故障。
7. 能排除汽车起重机液压系统综合故障。

3.1 汽车起重机液压系统维修相关知识

相关知识

3.1.1 支腿液压系统的结构组成及工作原理

一、汽车起重机底盘液压系统元件介绍

起重机底盘配置的液压系统是起重机液压系统的一部分，主要功能是满足起重作业部分的活动支腿伸缩，同时为上车其他功能执行机构提供驱动液压能。

底盘液压系统主要部件有：高压齿轮泵、液压油箱、支腿操纵阀、液压双向锁、四个水平液压缸、四个垂直液压缸和中心回转体。液压油箱安装了吸油过滤器、回油过滤器、油标温度计和空滤器。通过相应的钢管、高压胶管、各种接头将以上部件按要求连接起来，即构成了起重机专用底盘液压回路。

1. 高压齿轮泵

高压齿轮泵的作用是将发动机的机械能转变成液体压力能，为液压系统提供

动力。

国内汽车起重机使用的液压泵一般是多联齿轮泵，如图 3-1 所示。高压泵从变速器取力器取力，通过传动轴连接实现动力输入，高压泵从油箱吸进低压油，输出高压油，其中一联齿轮泵供下车多路阀控制支腿操纵和上车回转，其他齿轮泵同时通过中心回转体，把高压油输送至上车，供上车变幅、伸缩、起升和先导控制，以实现上车四大功能。

2. 液压油箱

液压油箱的作用是：储存工作介质；散发系统工作中产生的热量；分离液压油中混入的空气；沉淀污染物及杂质。汽车起重机使用的液压油箱能满足本产品液压系统停止工作时容纳系统的液压油，而在工作时又能保持一定的液位，满足液压油散热，如图 3-2 所示。液压油箱还设置了吸油过滤器、回油过滤器和空气过滤器。

图 3-1　多联齿轮泵

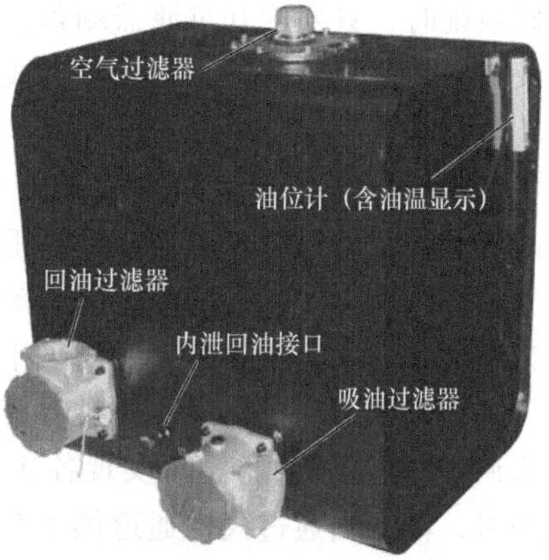

图 3-2　液压油箱

（1）吸油过滤器　吸油过滤器（图 3-3）安装在液压泵吸油口处，用以保护液压泵及其他液压元件，以避免吸入污染杂质，有效地控制系统污染，提高液压系统的清洁度。

图 3-3　吸油过滤器

（2）回油过滤器　回油过滤器（图 3-4）用来滤除液压系统中元件磨损产生的金属颗粒以及密封件的橡胶杂质等污染物，使流回油箱的油液保持清洁。

图 3-4　回油过滤器

图 3-5　空气过滤器

（3）空气过滤器　在系统中它是一件非常重要的附件，直接影响液压油的使用周期，如图 3-5 所示。

（4）油位计　可显示液压油的实际温度和油面高度。

多数产品液压油箱配置的进、回油过滤器设有自封阀，当更换、清洗滤芯或维修系统时，只要旋开过滤器端盖，自封阀就会自动关闭来隔绝油路，使油箱内油液不向外流，使清洗、更换滤芯或维修系统变得非常方便。

3. 支腿操纵阀总成

支腿操纵阀总成（图 3-6）是下车液压回路的控制部件，作用是通过支腿换向阀的操作，来完成水平液压缸、垂直液压缸的伸出和缩回动作，从而实现将活动支腿伸出或缩回，将整车支起或落下。国内多数汽车起重机采用的支腿换向阀多为五联换向阀，带第五支腿的采用六联换向阀。

支腿操纵阀总成内设有支腿油路系统调压阀（溢流阀）和水平液压缸伸出压力调压阀（溢流阀），可实现各活动支腿同时或单独伸缩。在下车液压系统不工作时，液压油通过阀内通道供上车回转机构工作。

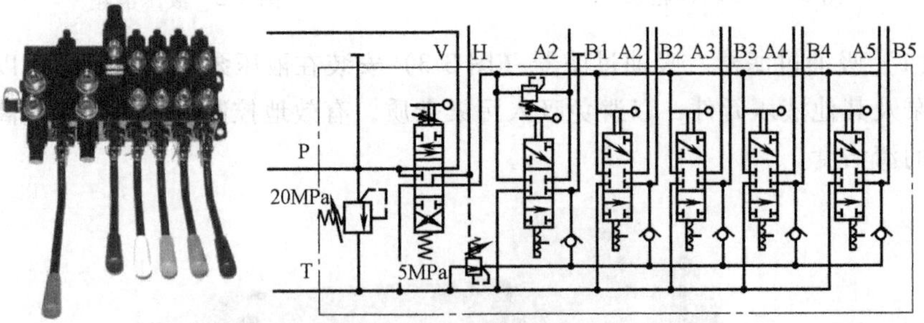

图 3-6　支腿操纵阀总成

a）外形图　b）工作原理图

4. 液压双向锁

液压双向锁（图 3-7）用于液压汽车起重机和液压高空作业车液压系统中。

当支腿放下后，液压双向锁能防止因油液渗漏而造成支腿自行收缩；在油管发生破裂意外情况下，可防止支腿失去作用而造成事故；在液压汽车起重机或液压高空作业车行驶或停止时，可防止支腿受自重的影响而下落。

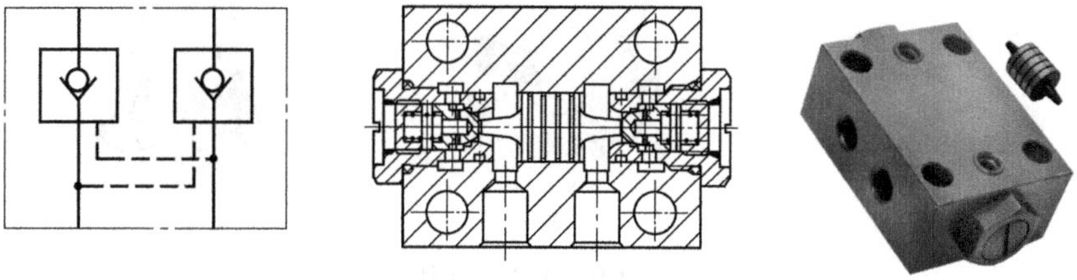

a)　　b)　　c)

图 3-7　液压双向锁

a）职能符号　b）内部结构图　c）外形图

5. 液压缸

液压缸的作用是将液体的压力能转换为机械能，驱动负载做直线往复运动。起重机专用底盘的活动支腿的伸缩和底盘的垂直升降采用了两种液压缸，如图 3-8 所示。

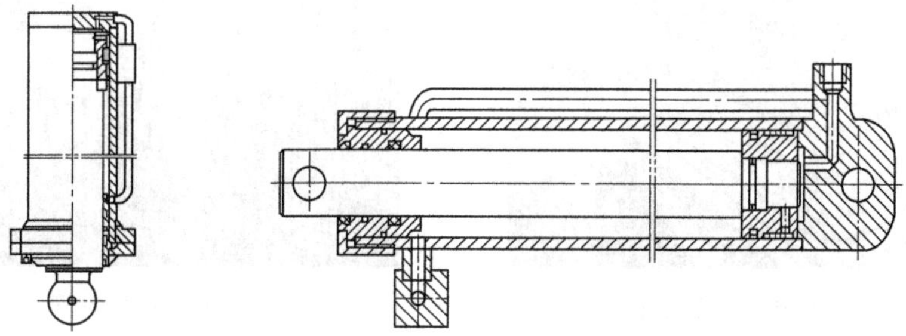

a)　　b)

图 3-8　液压缸

a）垂直液压缸　b）水平液压缸

6. 中心回转体

中心回转体（图 3-9）是工程机械常用的专有部件，主要功用是在两个相对转动部件之间不间断地传递各种介质及各类通信信息。起重机专用底盘上安装的中心回转体主要将下车油液的压力能、电源传递到上车供起重作业各部件使用，同时可在上、下车之间传递各类电信号。

7. 无缝钢管

无缝钢管（图 3-10）普遍用于液压系统连接中较为固定的区段，成本相对

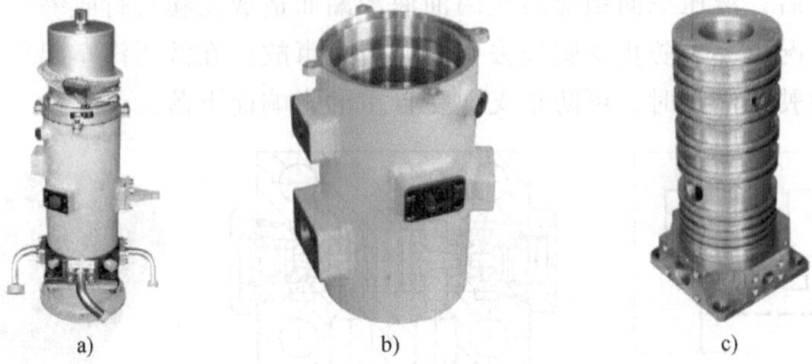

图 3-9　中心回转体

a）外形图　b）套筒　c）固定体

低于高压胶管。

8. 高压胶管

高压胶管（图 3-11）是由钢丝编织或尼龙编织与橡胶合成制作的胶管，根据编织层数不同，分为高、中、低压，根据使用要求选用。

图 3-10　无缝钢管

图 3-11　高压胶管

9. 各类接头

焊接式接头已淘汰，很少采用。现阶段主要采用卡套式接头，使用方便，可预装。

二、底盘支腿机构液压回路工作原理

图 3-12 所示为支腿液压系统工作原理图。该机构用四个三位四通手动换向阀实现水平支腿与垂直支腿的伸出选择，用一个三位六通的手动换向阀实现水平和垂直支腿的伸出和收回，由于水平伸出时压力较小，故在伸出时采用了二次溢流阀进行安全保护，以防损坏液压缸。除此之外，该回路中还增加了第五支腿，以实现汽车起重机的 360° 作业。下车多路阀为六联多路阀组，其中第一片（从左到右）为总控制阀，第二片～第六片为选择阀，分别选择水平或垂直位置（操作杆上抬为水平，下压为垂直）。

当选择阀处于水平（垂直）位置操作第一片阀时，可以实现水平（垂直）液压缸的伸出与缩回（上抬为缩回，下压为伸出）。支腿操作可以联动，也可以单独操作，实现动作的微调。多路阀中设有溢流阀 RB1、RB2 及 RB3。RB1 的设定压力为 20MPa，其作用是限制液压泵的最高压力，对系统起保护作用；RB2 的作用是限制水平液压缸伸出的最高压力，以防损坏液压缸；RB3 的作用是限制第五支腿伸出的最高压力，保护底盘大梁，防止其受力过大而变形损坏。

当操作阀在中位时，32 泵通过 V 口向上车回转供油。

在垂直液压缸上装有双向液压锁，作用是防止汽车起重机在行驶时由于重力作用伸出活塞杆以及在作业时液压缸回缩。

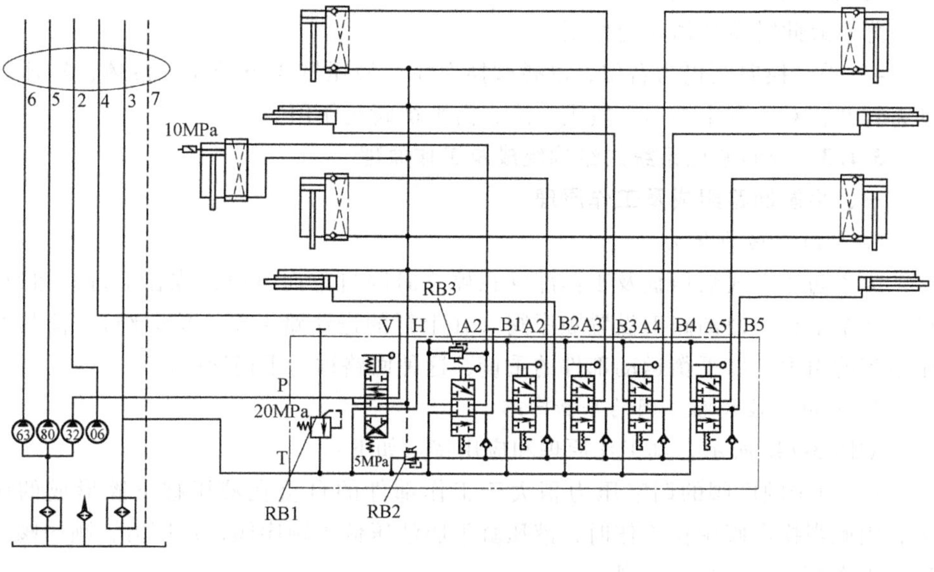

图 3-12　支腿液压系统工作原理图

3.1.2　伸缩液压系统的结构组成及工作原理

伸缩机构是一种多级式伸缩起重臂伸出与缩回的机构。图 3-13 所示为伸缩臂机构液压回路。臂架有三节：Ⅰ是第 1 节臂，也称基本臂；Ⅱ是第 2 节臂；Ⅲ是第 3 节臂。后一节臂可依靠液压缸相对前一节臂伸出或缩回。3 节臂只要两只液压缸：液压缸的活塞与基本臂Ⅰ铰接，而其缸体铰接于第 2 节臂Ⅱ，使Ⅱ相对Ⅰ伸缩；液压缸的缸体与第 2 节臂Ⅱ铰接，而其活塞铰接于第 3 节臂Ⅲ，使Ⅲ相对于Ⅱ伸缩。第 2 和第 3 节臂是顺序动作的，对回路的控制可依次做如下操作：

1）手动换向阀在左位，电磁阀也在左位，使液压缸 1 上腔压入液体，缸体运动将第 2 节臂Ⅱ相对于基本臂Ⅰ伸出，第 3 节臂Ⅲ则顺势被Ⅱ托起，但对Ⅱ无相对运动，此时实现举重上升。

2）手动换向阀仍在左位，但电磁阀换至右位，液压缸因无液体压入而停止运动，Ⅱ对Ⅰ也停止伸出，而液压缸2下腔压入液体，活塞运动将Ⅲ相对于Ⅱ伸出，继续举重上升。连同上一步序，可将3节节臂总长增至最大，将重物举升至最高位。

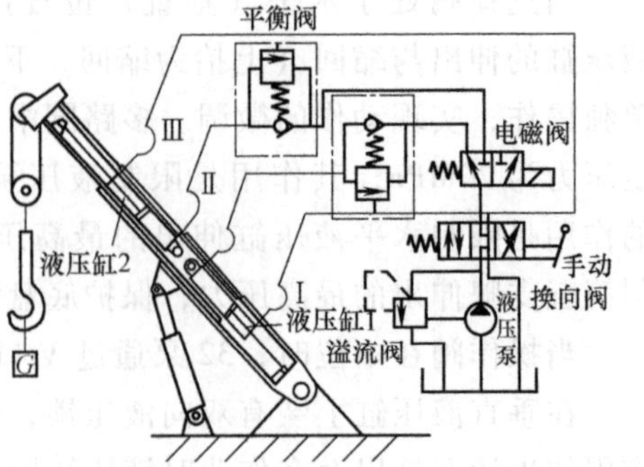

图3-13　伸缩臂机构液压回路

3）手动换向阀换为右位，电磁阀仍为右位，液压缸2上腔压入液体，活塞运动，臂Ⅲ相对于臂Ⅱ缩回，负重下降，故此时需平衡阀起作用。

4）手动换向阀仍为右位，电磁阀换左位，液压缸1下腔压入液体，缸体运动将臂Ⅱ相对于臂Ⅰ缩回，负重下降，需平衡阀起作用。

3.1.3　变幅液压系统的结构组成及工作原理

一、平衡回路组成及工作原理

1. 平衡回路的含义

为了防止立式液压缸及工作部件在停止时因自重而下滑，或在下行时超速，可在活塞下行的回油路上设置顺序阀（在上行的进油路上安装单向阀），使其产生适当的阻力，以平衡运动部件的重量，这种回路称为平衡回路。

2. 采用内控式顺序阀的平衡回路

如图3-14a所示，其工作原理和应用特点如下：

1）由于顺序阀的调定压力稍大于工作部件的自重在液压缸下腔形成的压力，因此当换向阀中位工作时，液压缸下腔油压低于顺序阀调定压力，顺序阀关闭，工作部件不会自行下滑。

2）当换向阀左位工作，液压缸上腔通液压油，下腔的背压大于顺序阀的调定压力时，顺序阀打开，运动部件下行。由于自重得到平衡，故不会产生超速现象。

3）此回路中采用M型机能换向阀，可使液压缸运动部件停止时，缸上、下腔油液被封闭，有助于锁住运动部件，同时可使泵卸荷，减少能耗。

4）应用特点：这种回路由于下行时回油腔背压大，必须提高进油腔工作压力，故功率损失较大，主要用于工作部件重量不变或重量较小的系统。

3. 采用外控式顺序阀的平衡回路

如图3-14b所示，其工作原理与应用特点如下：

1）换向阀右位工作时，液压油经单向阀进入液压缸下腔，上腔回油，使活塞上升，吊起重物。换向阀处于中位（H型机能）时，液压缸上腔卸压，液控顺序阀关闭，缸下腔油被封闭，活塞及工作部件停止运动并被锁住。

2）换向阀左位工作时，液压油进入液压缸上腔，同时进入液控顺序阀的外控口，打开顺序阀，缸下腔回油，于是活塞下行，放下重物。若下行时速度过快，必然使液压缸上腔油压降低，液控顺序阀阀口也关小，同时使缸下腔背压增加，阻止活塞迅速下降。

3）应用特点：这种回路适用于负载重量变化的场合，较安全可靠；但由于工作部件下行时液控顺序阀处于不稳定状态，其开口量有变化，故运动的平稳性较差。

二、汽车起重机变幅机构液压系统介绍

变幅系统由变幅液压缸和平衡阀等部件组成，其中双作用液压变幅回路如图 3-15 所示。

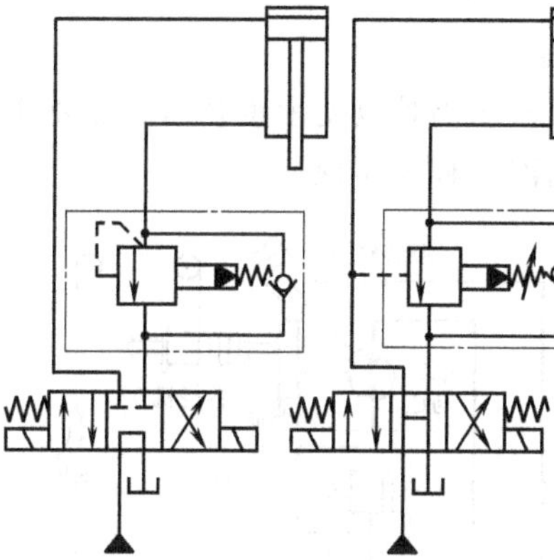

图 3-14　平衡回路

a）采用内控式顺序阀的平衡回路

b）采用外控式顺序阀的平衡回路

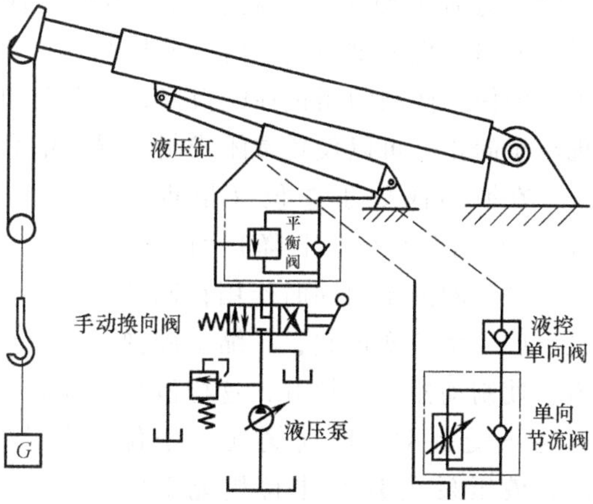

图 3-15　双作用液压变幅回路

变幅液压缸：将液压泵产生的液压能转换成往复运动的机械能，用于吊臂变幅。

平衡阀（图 3-16）：用于防止降臂时液压缸活塞杆在载荷的作用下以超过液压油供应流量的速度缩回（吊臂下降）。此外，当此阀与多路阀之间的管路破裂时，它还有防止液压缸突然缩回的功能。

从多路阀变幅联油口流出的液压油通过平衡阀后进入变幅液压缸的无杆腔，推动液压缸活塞杆向外伸出，使吊臂仰起。

降臂时，液压油依靠多路阀变幅联另一油口进入变幅液压缸的有杆腔，并推动平衡阀内的控制活塞，打开油道，使无杆腔回油，液压缸活塞杆在液压油压力的作用下回缩，吊臂下降。

对于部分中小吨位的汽车起重机和大多数大吨位的汽车起重机而言，吊臂依靠先导油路的控制油推动平衡阀控制活塞，打开油道，使无杆腔回油，进而在重力的作用下下降。

3.1.4 卷扬液压系统的结构组成及工作原理

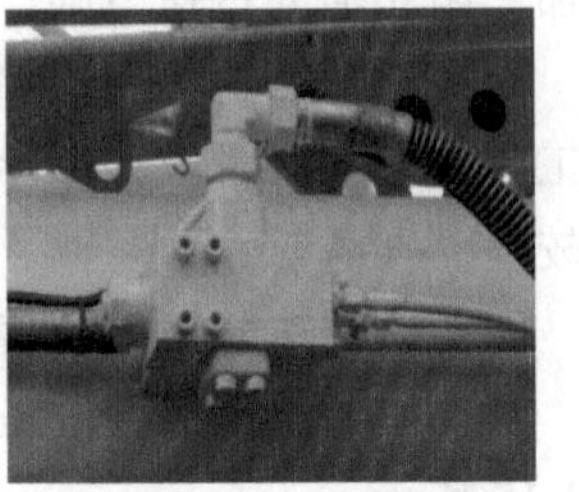

图 3-16 平衡阀

汽车起重机需要用起升机构，即卷扬机构实现垂直起升和放下重物。起升机构采用液压马达通过行星减速器驱动卷筒，是一种最简单的起升机构液压回路，如图 3-17 所示。当换向阀处于左位时，通过液压马达、减速器和卷扬机（卷筒）提升重物 *G*，实现吊重上升。而换向阀处于右位时下放重物 *G*，实现负重下降，这时平衡阀起平稳作用。当换向阀处于中位时，回路实现承重静止。由于液压马达内部泄漏比较大，即使平衡阀的闭锁性能很好，但卷筒和吊索机构仍难以支承重物 *G*。如要实现承重静止，可以设置常闭式制动器，依靠制动液压缸来实现。

在换向阀处于左位（吊重上升）和右位（吊重下降）时，液压泵提供的液压油同时作用在制动缸下腔，将活塞顶起，压缩上腔弹簧，使制动器闸瓦拉开，这样液压马达不受制动。换向阀处于中位时，液压泵在 H 型中位机能下实现卸荷，出油口接近零压，制动液压缸活塞被弹簧压下，闸瓦制动液压马达使其停转，重物 *G* 静止于空中。对于大多数的汽车起重机而言，均有主起升机构和副起升机构，其工作原理是一样的，这里不再赘述。

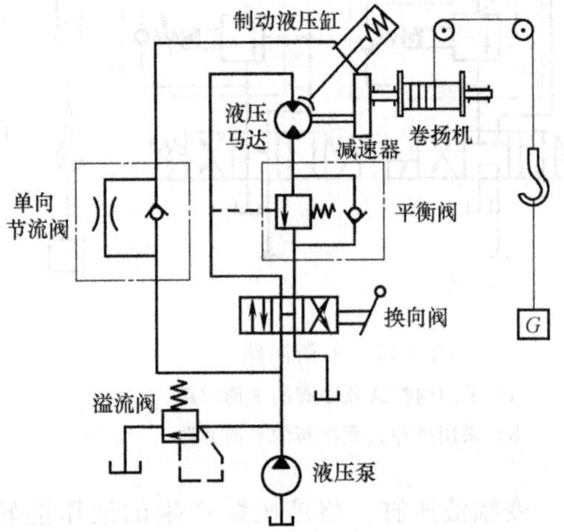

图 3-17 起升机构液压回路

3.1.5 回转液压系统的结构组成及工作原理

为了使工程机械的工作机构能够灵活机动地在更大范围内进行作业，就需要整个工作装置做旋转运动。回转机构就是用来实现这个目的的装置。回转机构的液压回路如图 3-18 所示。液压马达通过小齿轮与大齿轮的啮合，驱动作业架回转。整个作业架的转动惯量特别大，当换向阀由左或右转换为中位时，A、B 口关闭，液压马达停止转动。但液压马达承受的巨大惯性力矩使转动部分继续前冲一定角度，压缩排出管道的液体，使管道压力迅速升高。同时，由于压入管道已封闭，故液压马达前冲使管道中液体膨胀，引起压力迅速降低，在进油路上也会产生真空，这两种压力变化如果很剧烈，将造成管道或液压马达损坏。因此，必须设置一对缓冲阀。当换向阀的B口连接管道为排出管道时，缓冲阀如同溢流阀那样，在压力突升到一定值时放出管道中液体，又进入与A口连接的压入管道，补充被液压马达吸入的液体，使压力停止下降，或减缓下降速度。所以对回转机构液压回路来说，缓冲补油是非常重要的。

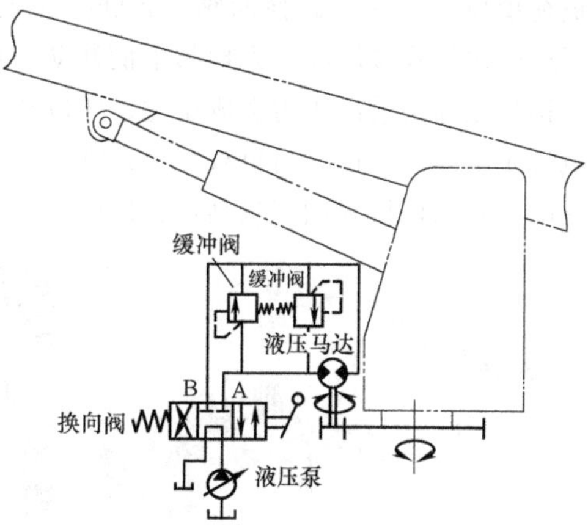

图3-18　回转机构的液压回路

3.1.6　汽车起重机工作装置液压元件介绍

一、汽车起重机液压控制类型及特点

1. 机械操纵式

图3-19所示为机械操纵的多路换向阀控制系统。主操纵阀为负载敏感控制多路换向阀，当泵出口压力与负载压力之间的压差减小或增大时，通过梭阀反馈到分流阀和负载补偿阀来改变各执行器的流量大小，可以实现低压溢流、高压工作，减少系统的发热量，提高整机的微动性。

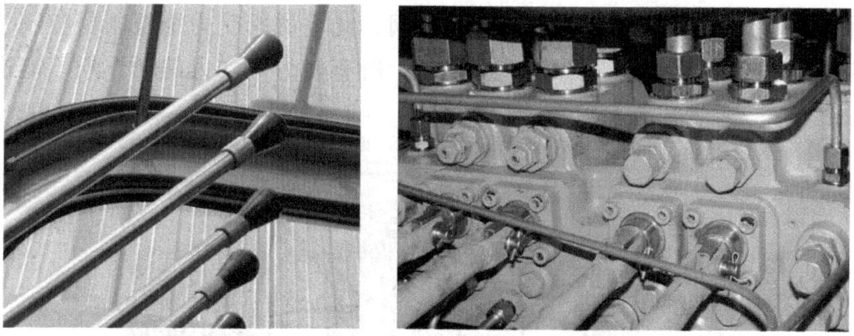
a)　b)

图3-19　机械操纵的多路换向阀控制系统

a）机械操纵拉杆　b）机械操纵多路阀

2. 先导控制式

图3-20所示为汽车起重机液控先导操纵的多路换向阀控制系统。主操纵阀

为负荷敏感式比例多路换向阀，各联换向阀均设有抗冲击阀和防气蚀阀。先导阀采用进口比例式减压阀，先导阀手柄移动的角度与输出压力成正比，主操纵阀的阀芯位移与先导阀输出压力也成正比，所以整机具有良好的微动性。同时负荷敏感阀使执行元件的运动速度与负载无关，降低了操作者的操作难度，减轻了操作者的劳动强度。卷扬机构采用变量马达，使整机具有轻载高速、重载低速的特点。

a)

b)

图 3-20　液控先导操纵的多路换向阀控制系统

a）先导操纵手柄　b）先导操纵多路阀

先导控制油路的压力由排量为 10mL/r 的齿轮泵单独提供，控制油路溢流阀压力设定为 3MPa。

先导阀外形及结构组成如图 3-21 所示。在先导控制油路中设有先导油源控制电磁阀，只有此电磁阀有电，上车各执行机构才能动作，否则动作皆无。

在先导控制油路中设有钢丝绳三圈保护电磁阀，当主、副卷扬机卷筒上的钢丝绳少于三圈时，此电磁阀有电，钢丝绳将不能继续下放。

在先导控制油路中设有安全卸荷电磁阀，此电磁阀受力矩限制器控制，当负载力矩达到或超过设计值时，电磁阀有电，所有使力矩增大的动作均不能进行。

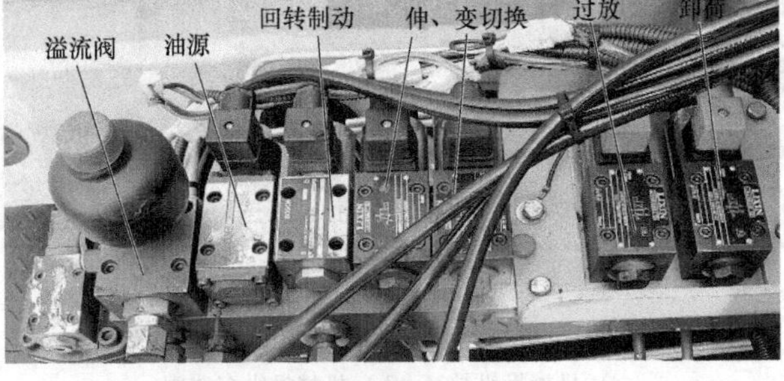

图 3-21　先导阀外形及结构组成

3. 单计算机集中控制系统

（1）采用技术　基于 CAN 总线的 PLC 计算机控制技术+力矩限制器安全控

制技术。主要用于中大吨位采用电液比例控制技术的汽车起重机和全地面起重机产品。

（2）特点　系统功能相对简单，控制器所需 I/O 点数相对较少，整个系统由一个控制器完成所有开关量、模拟量的检测输入，通过程序调用、判断对系统进行逻辑控制、运算处理，控制各执行元件（如指示灯、开关阀、比例阀）的状态，从而完成起重机的各种动作控制并具有安全保护功能。

二、工作装置液压元件介绍

1. 动力元件

液压泵的功能是向液压系统提供液压油，并将液压油送至上车部分，以供起重机正常作业。

一般来讲，16~50t 汽车起重机的液压系统采用的液压泵为外啮合齿轮式液压泵（齿轮泵），并将多个齿轮泵组合在一起进行工作，称为多联齿轮泵。图 3-22a所示为四联齿轮泵。

60~70t 汽车起重机主泵采用的是柱塞式变量液压泵，它以调整斜盘角度来改变液压泵的排量。它与其他齿轮泵组成多联泵。图 3-22b 所示为柱塞式多联泵。

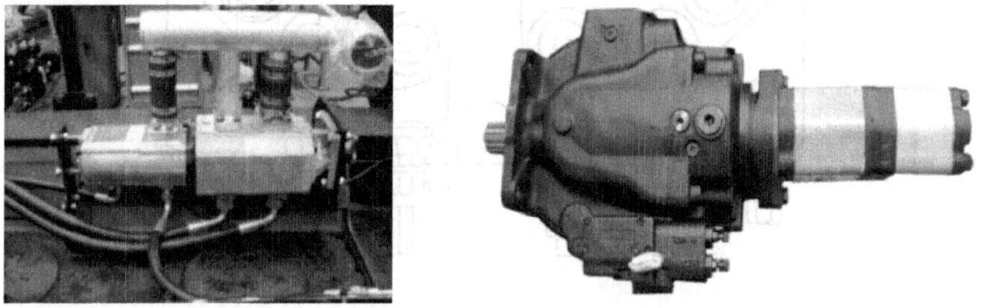

a)　　b)

图 3-22　动力元件
a）四联齿轮泵　b）柱塞式多联泵

以某公司生产的四联齿轮泵为例，该液压泵由四个独立的齿轮泵用万向节连接在一起，分别向各系统供液压油。

P1 泵：向主、副卷扬机构供液压油。

P2 泵：向变幅机构和伸缩机构供液压油，并和 P1 泵合流后向主、副卷扬机构供液压油。

P3 泵：向支腿系统和回转系统供液压油。

P4 泵：向先导系统供液压油。

机械操纵式起重机液压泵由三个独立的齿轮泵用万向节连接在一起，组成三联齿轮泵，分别向各系统供液压油，与先导控制系列（四联齿轮泵）的区别是缺少 P4 泵。

2. 多路换向阀

把几个单独的手动换向阀或和其他的液压阀组合在一起，以适应工作的需要，这种阀称为多路换向阀，也称为组合式换向阀。它由换向阀、溢流阀及单向阀等组成，是液压系统中的控制元件。液压系统中只有设置了各种控制阀，才能保证汽车起重机各工作机构具有完善的性能和准确的动作。

1）SBDL25FS 多路阀的外形如图 3-23 所示。

2）SBDL25FS 多路阀溢流阀及分流阀如图 3-24 所示。

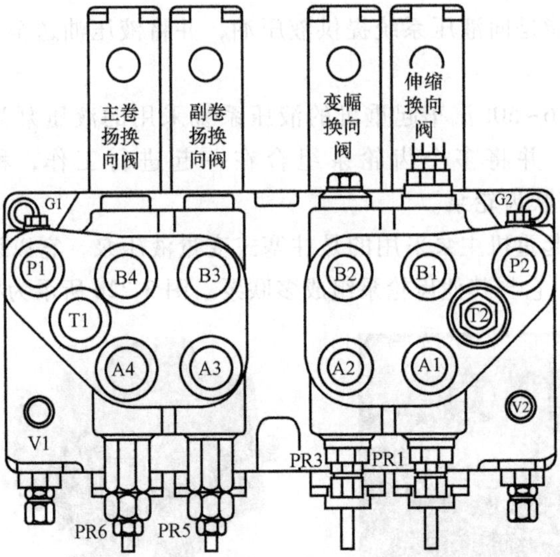

图 3-23　SBDL25FS 多路阀的外形

3）SBDL25FS 多路阀伸缩换向阀如图 3-25 所示。

4）SBDL25FS 多路阀主卷扬换向阀如图 3-26 所示。

5）SBDL25FS 多路阀副卷扬换向阀如图 3-27 所示。

3. 先导手柄（图 3-28）

（1）构造　主要包括控制手柄、4 个减压阀和壳体。每个减压阀由控制阀芯、控制弹簧、复位弹簧和柱塞组成。

（2）原理

1）在静止位置，控制手柄由 4 个复位弹簧保持在中位，油口（1、2、3、4）通过孔与回油口 T 相通。

2）当扳动控制手柄时，柱塞被压下，顶着复位弹簧和控制弹簧。控制弹簧开始向下推动控制阀芯，并关闭相应油口和回油口 T 的连接。与此同时，相应油口通过孔与进油口 P 相通。

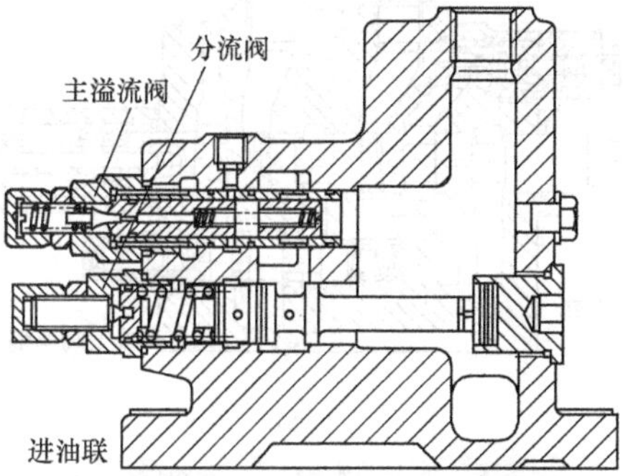

a)

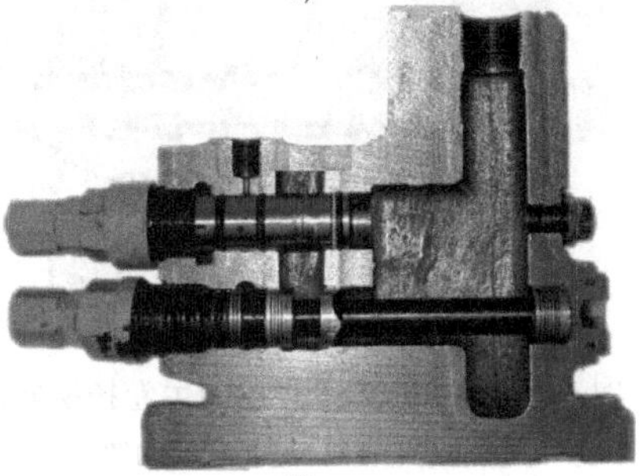

b)

图 3-24　SBDL25FS 多路阀溢流阀及分流阀

a）装配图　b）剖视实物图

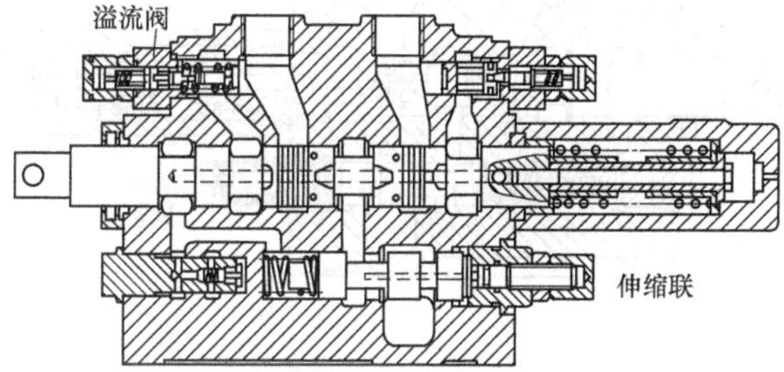

a)

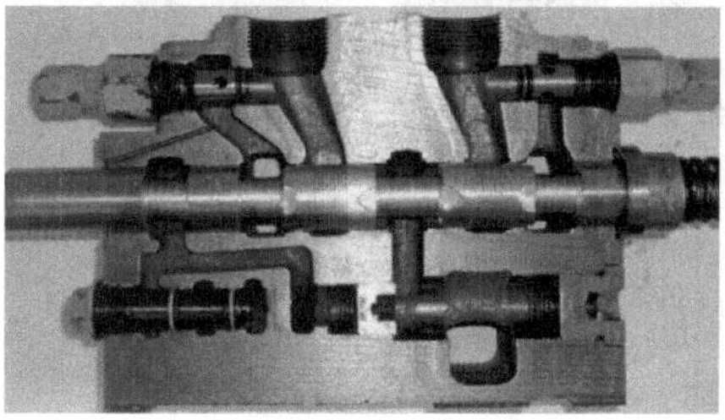

b)

图 3-25　SBDL25FS 多路阀伸缩换向阀

a）装配图　b）剖视实物图

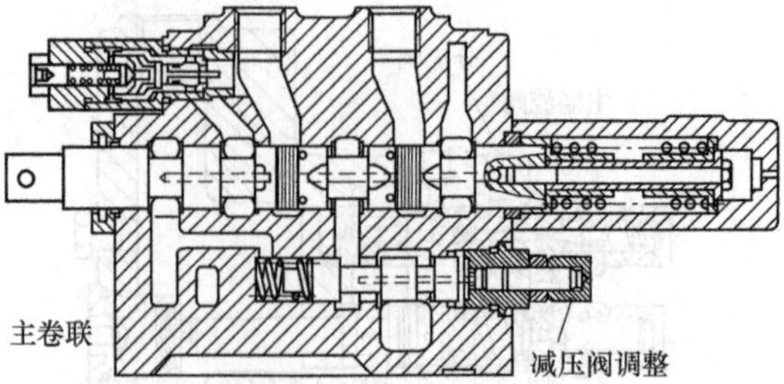

a)

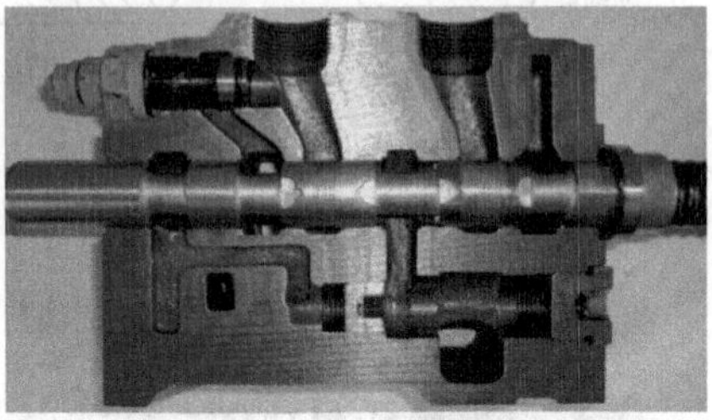

b)

图 3-26　SBDL25FS 多路阀主卷扬换向阀

a）装配图　b）剖视实物图

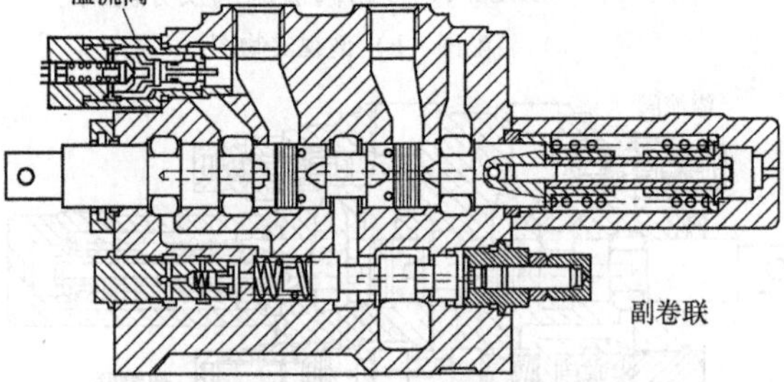

a)

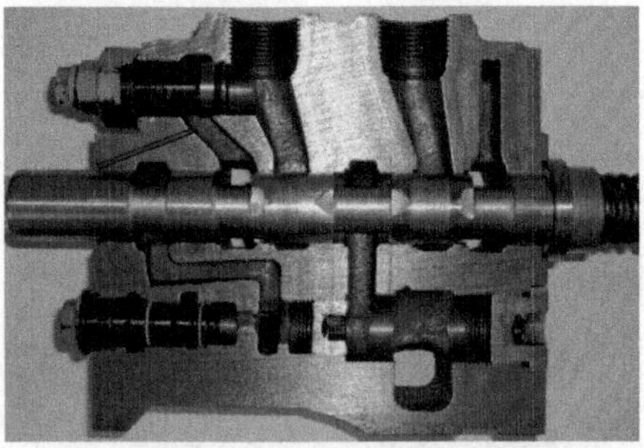

b)

图 3-27　SBDL25FS 多路阀副卷扬换向阀

a）装配图　b）剖视实物图

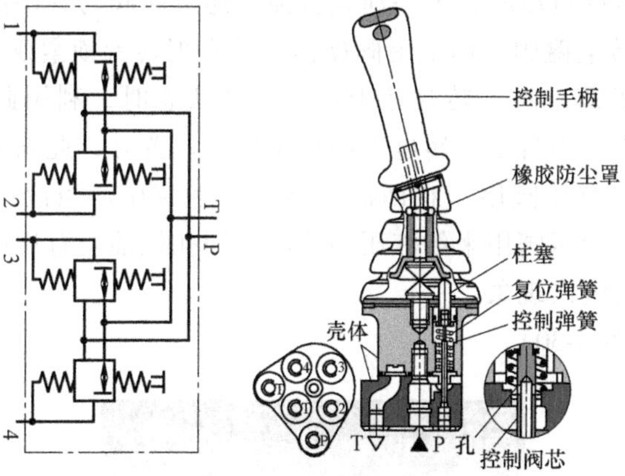

a)　　b)

图 3-28　先导手柄

a）工作原理图　b）结构图

3）橡胶防尘罩保护壳体内的机械零件免遭污染。

4. 回转缓冲阀（图 3-29）

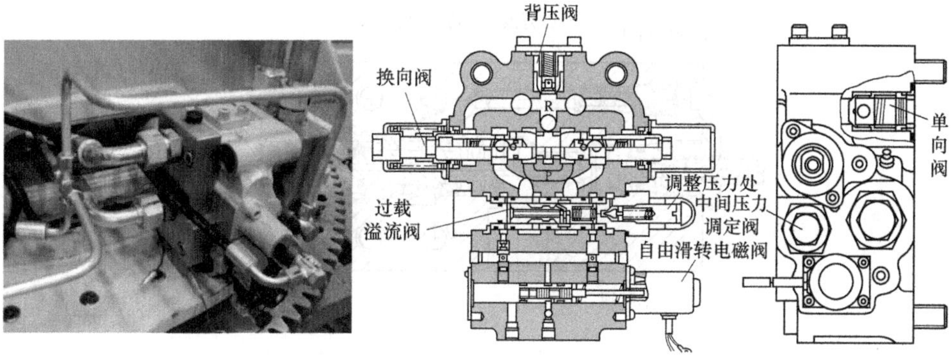

a)　　b)

图 3-29　回转缓冲阀

a）外形图　b）工作原理图

回转缓冲阀用于控制液压马达的旋转动作，它是由各种阀构成的复合阀。

（1）换向阀　用于控制液压油流向。

（2）过载溢流阀　既是过载溢流阀，又是一个制动阀。其作用在于限制锁住转台时的最高制动油压值。最高制动油压值由最大压力调定液控阀及中间压力调定阀的压力调定值所决定。

（3）单向阀　液压马达被外力驱动时，单向阀可构成供油回路，当液压马达的任一油孔要出现负压时，另一油孔就经上述单向阀为其供油。

（4）自由滑转电磁阀　由电磁阀操作，可实现转台锁紧或自由滑转状态。

（5）中间压力调定阀　转台处于自由滑转状态时，利用此阀的调节量可调出最大制动油压值。当自由滑转电磁阀位于锁紧位置时，此阀不起作用。

（6）背压阀　背压阀用于在回油管路中产生背压。当液压马达被外力驱动起液压泵作用时，背压阀用来给液压马达的吸油孔供油。背压阀还用来防止在此情况下可能发生的气穴现象。

5. 平衡阀（图 3-30）

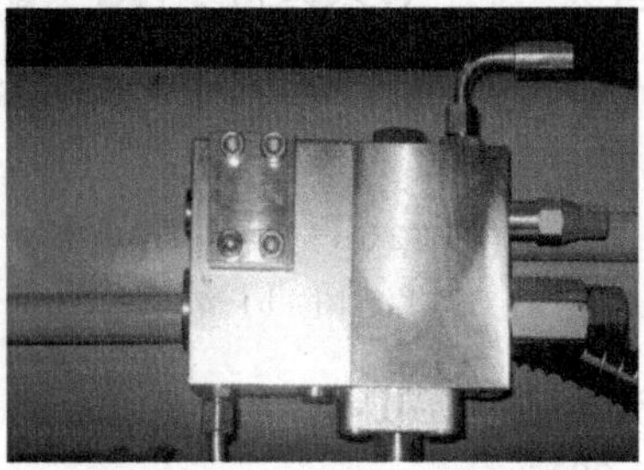

a)

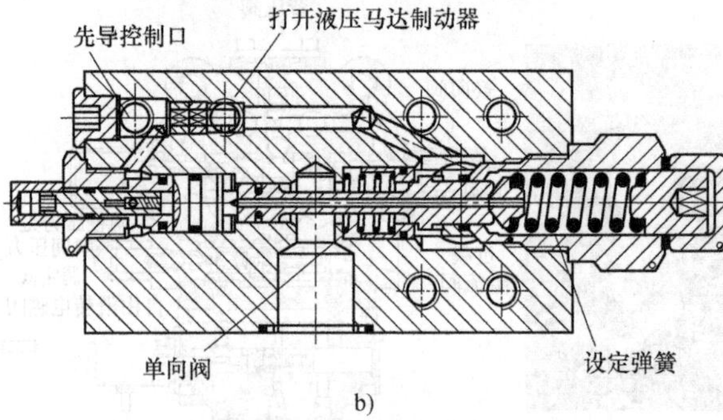

b)

图 3-30　平衡阀

a）外形图　b）工作原理图

3.1.7　汽车起重机整机液压系统原理图解读

一、25t 先导式汽车起重机液压系统原理图解读

以某公司生产的 25t 汽车起重机先导式控制系统为例进行整机液压系统原理图解读。该液压系统采用开式定量泵变量马达系统，动力元件为四联齿轮泵，卷扬马达为斜轴式轴向柱塞马达，整机分下车液压系统和上车液压系统两部分。

1. 下车液压系统

下车液压系统在“3.1.1　支腿液压系统的结构组成及工作原理”中已经讲述，这里不再赘述。

2. 上车液压系统

（1）起升油路　泵的最大排量：63mL/r。变量马达的排量：55mL/r。起升油路卷扬制动器为常闭式，当以控制主起升的先导操纵阀操纵时，从先导操纵阀输出的液压制油通过梭阀使液控换向阀换向，使来自于多路阀且经过减压的液压油通过液控换向阀和单向节流阀开启卷扬制动器，从而进行正常的起升或下降动作。当先导操纵阀回中位时，控制油路中的液压油从先导操纵阀回油箱，制动器在弹簧的作用下复位制动。

（2）回转油路　泵的最大排量：32mL/r。定量柱塞马达的排量：28mL/r。回转制动器的开启由电磁阀控制，电磁阀无电，制动器闭死（回转制动）；电磁阀有电，制动器在液压油的作用下开启（回转制动解除）。所以操作者在做回转运动时，必须按住控制回转运动的先导操纵阀手柄上的按钮（或直接打开操纵面板上的回转制动解除开关）。回转主油路具有自由滑转功能，当吊臂在起重作业受到侧拉时按下自由滑转开关（在左操纵手柄的外侧、右操纵手柄的内侧），转台能够自动找正，使吊臂中心线所在平面转至重物重心上方，防止吊臂受到侧向力而导致弯曲、折断或倾翻。

（3）变幅油路　泵的最大排量：50mL/r。变幅下降时的系统最高压力调定为8MPa。为了使变幅下降时平稳或可靠停住，在油路中设有外控内泄式平衡阀。为了给力矩限制器提供稳定的压力信号，在平衡阀的进油腔和回油腔均设置了压力传感器，以实现过载卸荷。

（4）伸缩油路　泵的最大排量：50mL/r。该起重机共有五节主臂，一级液压缸带动二节臂组件伸出，二级液压缸带动三、四、五节臂同步伸缩。为了使吊臂伸出时不会因为压力过高而使活塞杆弯曲，限压阀（起升油口二次溢流阀）压力调定为14MPa；为了使吊臂回缩时平稳或可靠停住，在油路中设有平衡阀。

（5）控制油路　先导控制油路的压力由排量为8mL/r的齿轮泵单独提供，控制油路溢流阀压力设定为3MPa。在先导控制油路中设有先导油源控制电磁阀，只有此电磁阀有电，上车各执行机构才能动作，否则动作皆无。在先导控制油路中设有安全卸荷电磁阀，此电磁阀受力矩限制器控制，当负载力矩达到或超过设计值时，电磁阀有电，所有使力矩增大的动作均不能工作。图3-31所示为QY25汽车起重机上车液压系统原理图。

二、机械操纵式液压系统原理图解读（以16t为例）

图3-32所示为QY16汽车起重机液压系统图。该起重机最大起升高度为19m，起重量为16t。液压系统属开式、多泵定量系统。液压系统由支腿、回转、伸缩、变幅及起升液压回路组成。支腿选择阀3～阀6为并联油路，但与支腿换向阀2组成串并联油路。变幅换向阀15与伸缩换向阀14为并联液压回路。三联泵中，泵Ⅰ主要给支腿液压回路和回转液压回路供油，泵Ⅱ主要给伸缩及变幅液

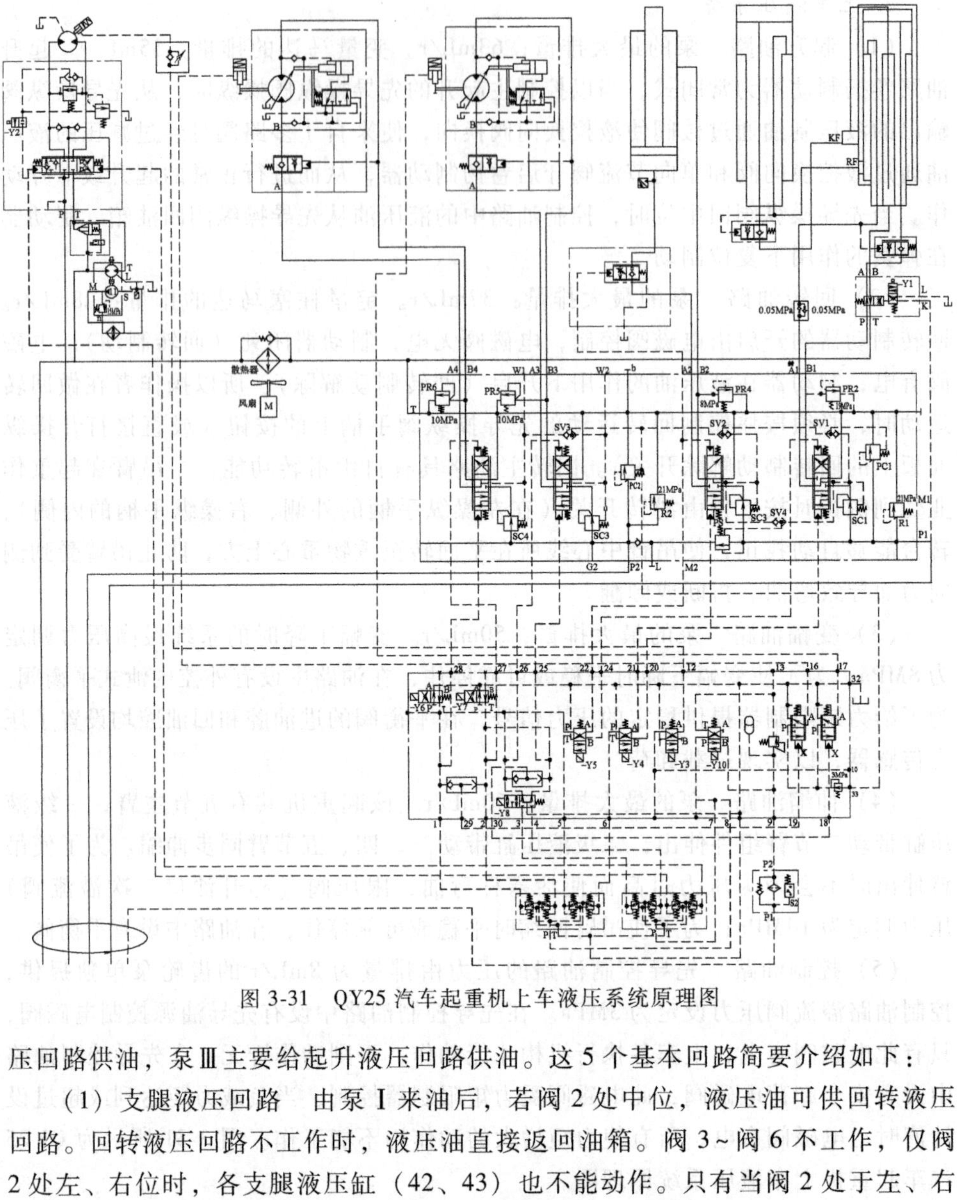

图 3-31　QY25 汽车起重机上车液压系统原理图

压回路供油，泵Ⅲ主要给起升液压回路供油。这 5 个基本回路简要介绍如下：

（1）支腿液压回路　由泵Ⅰ来油后，若阀 2 处中位，液压油可供回转液压回路。回转液压回路不工作时，液压油直接返回油箱。阀 3～阀 6 不工作，仅阀 2 处左、右位时，各支腿液压缸（42、43）也不能动作。只有当阀 2 处于左、右位及阀 3～阀 6 也同时或单独动作时，支腿水平液压缸和垂直液压缸才能单独伸出或缩回。

（2）回转液压回路　阀 2 处中位，操纵阀 13，泵Ⅰ来油即可使回转马达 37 运转。在进液压油的同时，配合脚踏缸 22 的动作，通过梭阀 32、二位三通制动阀 34 可实现液压马达制动闸 33（常闭式）的及时松闸。

（3）伸缩液压回路　由泵Ⅱ供油，液压油经伸缩换向阀 14 右或左位、平衡阀 27 即可使伸缩缸 38 伸出或缩回。伸缩缸液压油压力由远控溢流阀 20、电磁换向阀 19 进行控制。当油路压力超过调定值时，安装在进油路上的压力继电器会使电磁换向阀 19 通电，从而实现液压油卸荷。

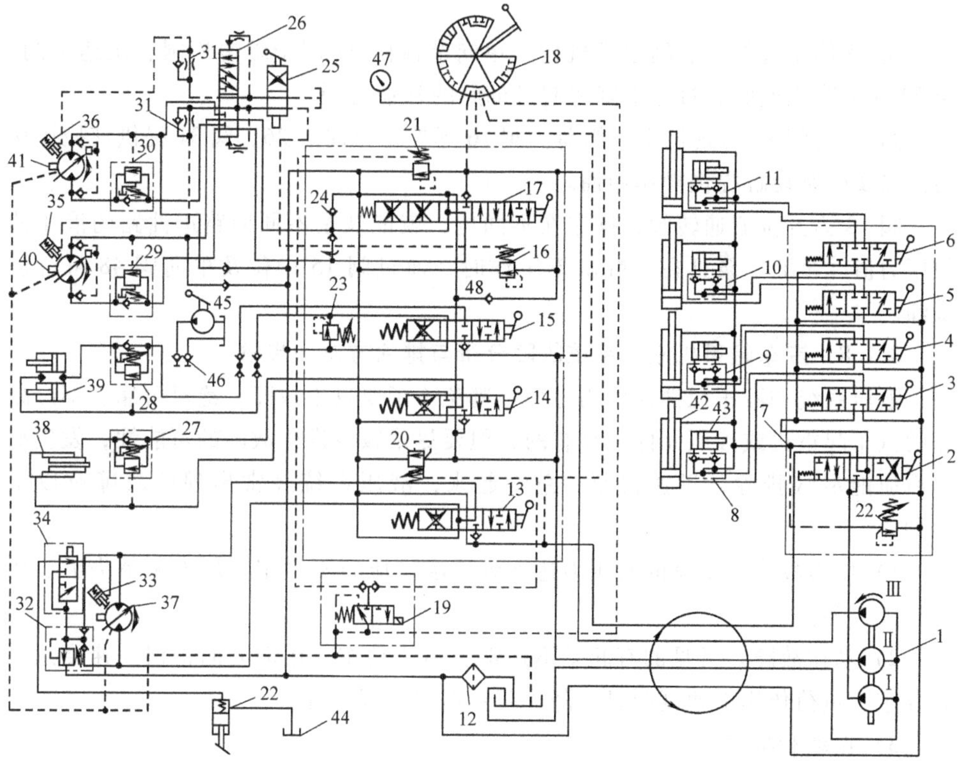

图 3-32　QY16 汽车起重机液压系统图

1—液压泵　2—支腿换向阀　3、4、5、6—支腿选择阀　7—油管

8、9、10、11—双向液压锁　12—过滤器　13—回转换向阀　14—伸缩换向阀

15—变幅换向阀　16—过载溢流阀　17—卷扬换向阀　18—五位五通转阀　19—电磁换向阀

20、21—远控溢流阀　22—脚踏缸　23、24—过载阀　25—主副卷扬选择阀　26—液控换向阀

27、28、29、30—平衡阀　31—单向节流阀　32—梭阀　33、35、36—液压马达制动闸

34—二位三通制动阀　37—回转马达　38—伸缩缸　39—变幅液压缸　40—副卷扬马达

41—主卷扬马达　42—水平支腿液压缸　43—垂直支腿液压缸　44—油箱

45—手动液压泵　46—快换接头　47—压力表　48—单向阀

（4）变幅液压回路　变幅液压回路由泵Ⅱ、变幅换向阀 15、远控溢流阀 20、过载阀 23、平衡阀 28 及变幅液压缸 39 等组成。此回路还设置有手动液压泵 46，当泵Ⅱ因故不能供油时，利用手动液压泵 46 及快换接头 47 的设置，可以保证动臂实现应急下降。

（5）起升液压回路　起升液压回路由泵Ⅲ、泵Ⅱ、卷扬换向阀 17（有两位属过渡位）、远控溢流阀 21、过载阀 24、主副卷扬选择阀 25、液控换向阀 26、单向节流阀 31、平衡阀 29 和 30、液压马达制动闸 35 和 36、主卷扬马达 41 及副卷扬马达 40 等组成。操纵阀 17 不同位工作，可使起升液压马达正、反转（起升、下降）。

阀 25 用于选择主、副起升机构。单向节流阀 31 用于缓慢松闸、快速上闸。阀 24 在下降工况时，过速下降将起进油路的补油之用。

阀 21 与阀 19 可远控溢流卸荷。阀 16 远控，可向阀 26、阀 31 提供液控操作用油以及向制动缸提供操作用油。

阀 18 为五位五通转阀，操作在不同位，就能观察不同回路进油路的液压油的压力值。泵Ⅱ、泵Ⅲ在变幅缸不工作时，通过阀 15 中位及单向阀 48 可合流供油。

3.1.8 汽车起重机液压系统故障分析与排除方法和步骤

液压系统和液压元件在使用过程中避免不了要发生故障，绝对可靠、不出故障的汽车起重机或液压元件是没有的，但要尽量减少发生故障的可能性，发生故障后应能尽快排除，迅速修复。总结起来，液压系统经常出现的故障有以下几种：

1）压力故障。常见的有压力达不到要求、压力不稳定、压力调节失灵、压力损失大等。

2）动作故障。常见的有起动不正常、不能动作、运动方向错误、速度达不到要求、负荷作用下速度明显下降、起步迟缓、爬行等。

3）振动和噪声。

4）油温过高。

5）泄漏。

6）油液污染。

汽车起重机的液压系统在有些故障出现后尚能继续运转，但有些故障发生后必须停机修理。为了保证液压元件和液压系统在出现故障后能尽快排除故障，使其恢复正常运转，而不是在故障发生后一筹莫展，造成更大的经济损失，正确而果断地判断发生故障的原因，迅速排除故障成了使用汽车起重机的关键。

综合以上分析，总体来讲，故障就是液压油没有到达应该到达的位置，造成速度和压力的变化。

一、对液压系统和液压元件故障的基本认识

液压故障涉及的学科和技术门类很广，因而排除液压故障一般需要有一定的液压技术知识和丰富的实践经验。

在处理液压故障之前，首先必须对故障有一个基本认识。

1. 何谓故障

液压系统和液压元件在运转状态下，出现丧失其规定性能的状态，称为故障。

2. 故障的分类

所有故障可分为随机故障和规律性故障。随机故障不可预测，其间隔时间无法估计。规律性故障可以预测，故其间隔时间可以估计。因此，对规律性故障可有计划地进行部件更换或检修。

1）一般对故障可从工程复杂性、经济性、安全性、故障发生的快慢、故障起因等角度进行分类，大体又可分为间歇性故障和永久性故障。

① 间歇性故障。间歇性故障是指在很短的时间内发生，使起重机局部丧失某些功能，而在发生后又立刻恢复到正常状态的故障。

② 永久性故障。永久性故障是指使起重机丧失某些功能，直到出故障的零部件被修复或更换，功能才能恢复的故障。

2）按故障的原因分类。

① 磨损性故障：设计时可预料到的属正常磨损造成的故障。

② 错用性故障：由于使用时负载、压力、流量超过额定值所导致的故障。

③ 固有的薄弱性故障：使用中，负载、压力、流量等虽未超过设计值，但此值本身不符合实际情况，因设计不合理而导致的故障。

3）按故障的危险性分类。

① 危险性故障：例如安全溢流保护系统在需要起作用时失效，造成重物或设备损坏，甚至人身伤亡的液压故障。

② 安全性故障：例如液压系统控制元件不能工作的故障。

4）按故障影响程度分类有灾难性的、严重的、不严重的、轻微的等。

5）按故障出现的频繁程度分类有非常容易发生、容易发生、偶尔发生、极少发生等。

6）按排除故障的紧急程度分类有需立即排除、尽快排除、可慢些排除及不受限制（以不影响工作为原则）等故障。

二、故障诊断的步骤

液压故障诊断的主要内容是根据故障症状（现象）特征，借助各种有效手段，找出故障发生的真正原因，弄清故障机制，有效排除故障，并通过总结，不断积累经验，为预防故障的发生以及今后排除类似故障提供依据。

液压部件发生故障，会呈现为能够检测到的异常现象，只要在进行日常的检查中多加注意，故障是能够发现的。

故障诊断总的原则是先“断”后“诊”。故障出现时，一般以一定的表现形式（现象）显露出来，所以诊断故障先应从故障现象着手，然后分析故障机理和故障原因，最后采取对策，排除故障。

1. 故障调查

故障现象的调查内容力求客观、真实、准确与实用，可用故障报告单的形式记录。故障报告单的内容有：

1）汽车起重机型号、编号、使用经历、故障类别、发生日期及发生时的状况。

2）环境条件、场地、吊装物品及重量等。

2. 故障原因

一般情况下导致故障的原因有下述三个方面：

（1）人为因素　操作使用及维护人员的素质、技术水平、管理水平及工作态度的好坏，以及是否违章操作、保养状况的好坏等。

（2）汽车起重机液压系统及液压元件本身的质量状况　原设计的合理程度、原生产厂家加工安装调试质量的好坏、用户的使用保养状况等。

（3）故障机理的分析　例如使用时间长、磨损、润滑密封机理、材质性能及液压油老化劣化、污染变质等方面的原因。

三、查找液压故障的方法

从故障现象分析入手，查明故障原因是排除故障最重要和较难的一个环节，特别是初级液压技术人员，出了故障以后，往往一筹莫展，感到无处下手。现介绍一些查找液压故障的方法。

1. 根据液压系统原理图查找液压故障

液压系统原理图是表示液压设备工作原理的一张简图，它表示该系统各执行元件能实现的动作循环及控制方式。熟悉液压系统原理图，是从事液压技术使用、调整及排除液压故障等方面工作的技术人员和技术工人的基本功，是排除液压故障的基础，也是查找液压故障一种最基本的方法。

液压系统原理图中的液压元件图形采用职能符号图组合构成，因此还要熟悉液压元件的构造。例如先导式溢流阀的构造，其在某些部位是整体安装，而在某些部位是分开安装，即主阀在一个地方，先导阀在另一个地方。

在用液压系统原理图分析排除故障时，主要方法是“抓两头”，即抓动力源（液压泵）和执行元件（液压缸和液压马达），然后是“连中间”，即从动力源到执行元件之间经过的管路和控制元件。“抓两头”时，要分析故障是否就出在液压泵和液压缸或液压马达本身。“连中间”时除了要注意分析故障是否出在所连路线上的液压元件外，还要特别注意弄清系统从一个工作状态转换到另一个工作状态是由哪些发信元件（电动、机动还是手动）发信，是不能发出信号造成不动作，还是发出了信号不动作，要对照实物逐个检查；要注意各个主油路之间及主油路与控制油路之间有无连接错误而产生相互干涉的现象，如有相互干涉现象，要分析是设计错误还是使用调节错误。

2. 通过过滤器查找液压故障

往往在拆洗过滤器时，通过对滤芯表面黏附的污物种类的分析，可发现某些液压故障。例如，在滤芯表面发现铜屑粒，则可分析出液压系统的某些用铜制造的零部件和液压元件有了严重的磨损和拉伤，进而可知道如柱塞泵的缸体滑履这类用铜制造的零件发生了磨损；再如，在过滤器表面发现黏附有密封橡胶碎片和微粒，则一定是有某处密封发生了破损而失效。所以过滤器是查找故障的窗口。

3. 故障的试验法诊断

由于故障现象各不相同，汽车起重机液压系统也各不相同，所以检测故障的试验方法往往千差万别。在总结维修和使用经验的基础上，提出了隔离法、比较法与综合法三种较为常用的试验方法。

（1）隔离法　隔离法是将可能原因中的某一个系统或几个系统隔离开的试验方法。这时可能出现两种情况：一是隔离后故障随之消失，说明隔离的系统便是引起故障的真实原因；二是故障依然存在，说明该系统不是故障的真实原因。

（2）比较法　比较法是指对可能引起故障的某一原因的零部件进行调整或更换的试验方法。其情况不外有二：一是对原故障现象无任何影响，说明该部件不是故障的真实原因；二是故障现象随之变化，则说明它就是故障的真正原因。为更能说明问题，一般按有利于故障消失的方向调整变动零件。

（3）综合法　综合法是同时应用隔离法和比较法的试验方法，适用于故障原因较复杂的系统。

4. 实用感官诊断法

感官诊断法是直接通过人的感觉器官去检查、识别并判断设备在运行中出现故障的部位、现象和性质，然后由大脑做出判断和处置的一种方法，它与我国传统中医学疾病诊断的“望闻问切，辩证施治”如出一辙，也是通过维修人员的眼、耳、鼻和手的直接感觉，加上对设备运行情况的调查询问和综合分析，达到对设备状况和故障情况做出准确判断的目的。

感官诊断法的实用效果如何，完全取决于检查者个人的技术素质和实际经验。运用这一诊断技术时不仅需要个人长年积累的实际经验，还要注意学习他人这方面的经验，才可能有所成效。感官诊断的方法如下：

（1）询问　问清故障是突发的、渐发的，还是调修后产生的。通常可向操作者了解下述情况：

1）起重机液压系统有哪些异常现象、故障部位及何时产生等。

2）故障前后工作状况有何变化。

3）维修保养及修理情况如何。

4）使用中是否有违章操作，以及油液的更换情况等。

（2）视觉诊断——用眼睛看

1）观察油箱内液压油有无气泡和变色（白浊、变黑）现象。液压设备的噪声、振动和爬行常与液压油中有大量气泡有关。

2）观察密封部件、管接头、液压元件安装接合面等处的漏油情况，结合观察压力表指针在工作过程中的振摆、掉压以及压力调不上去等情况，可查明密封破损、管路松动及高低压腔窜油等不正常现象。

3）观察工作状况并进行分析，同时观察设备是否有抖动、爬行和运行速度不均匀等现象并查出产生故障的原因。

4）观察故障部位及损伤情况，往往能对故障原因做出判断。

（3）听觉诊断——用耳朵听　正常的汽车起重机液压系统运行声响有一定的音律和节奏并保持持续的稳定。因此，熟悉和掌握这些正常的音律和节奏，就能准确判断液压设备是否运转正常，同时根据音律和节奏变化的情况以及不正常声音产生的部位，可分析确定故障发生的部位和损伤情况。例如：

1）高音刺耳的啸叫声通常是吸进空气、液压泵吸油管松动或油箱油面太低及液压油劣化变质、有污物、消泡性能降低等原因。

2）“嘶嘶”声音或“哗哗”声为排油口或泄漏处存在较严重的漏油漏气现象。

3）“嗒嗒”声音表示电磁阀的电磁铁吸合不良，可能是电磁铁内可动铁心与固定铁心之间有污物阻隔，或者是推杆过长。

4）粗沉的噪声往往是液压泵或液压缸过载而产生的。

5）液压泵出现“喳喳”或“咯咯”声，往往是泵轴承损坏以及泵轴严重磨损、吸进空气所产生。

6）尖而短的摩擦声往往是有两个接触面干摩擦所引起，也有可能是该部位拉伤。

（4）嗅觉诊断——用鼻子闻　检查者依靠嗅觉辨别有无异常气味，可判断电气元件是否有绝缘破损、短路等故障，还可判断油箱内有无蚊蝇等腐烂物或油液变质所产生的难闻气味。

（5）触觉诊断——用手摸　利用灵敏的手指触觉，检查是否发生振动、冲击及温升过大等故障。例如：

1）用手触摸泵壳或液压油，根据凉热程度判断液压系统是否有异常温升和升温部位。熟练的检查人员手感测温可准确到3~5℃。

① 0℃左右时，手指感觉冰凉，触摸时间较长，会产生麻木和刺骨感。

② 10℃左右时，手感较凉，一般可忍耐。

③ 20℃左右时，手感稍凉，接触时间延长，手感较温。

④ 30℃左右时，手感微温有舒适感。

⑤ 40℃左右时，手感如触摸高烧病人。

⑥ 50℃左右时，手感较烫，摸的时间较长掌心有汗感。

⑦ 60℃左右时，手感很烫，一般可忍受10s左右。

⑧ 70℃左右时，手指可忍受3s左右。

⑨ 80℃左右时，手指只能做瞬时接触，且痛感加剧，接触时间稍长则可能烫伤。

2）手感振动异常，可判断为系统的转动部件安装平衡不好、紧固螺钉松动、系统内有空气等故障。

（6）采用区域分析与综合分析查找液压故障 区域分析是根据故障现象和特性，确定该故障的有关区域，检测此区域内的元件情况，查明故障原因，采取相应的对策。综合分析是对系统故障做出全面分析。因为产生某一故障往往是多种原因和因素所致，因此需要经过综合分析，找出主要矛盾和次要矛盾所在。

（7）从电气和液压元件的相互关系查找液压故障 液压传动机械的控制系统一般由两部分构成，即电气部分和液压部分。为了迅速、准确排除液压机械故障，掌握电气和液压元件的工作原理、功能和作用，以及它们相互之间的类比关系是有很大益处的。电气和液压元件的共性（类比）关系：电气和液压对应元件的功能几乎相同，它们的这种关系称为共性关系。维修人员若掌握电气和液压功能相同的对应元件，就可凭借电气和液压知识完整地掌握整个控制系统的工作原理，一旦出现故障，可以全方位地思考问题所在。

（8）用断路法查找液压故障 所谓断路法就是将液压系统某些通路在适当位置断开（拆卸管路），用塞头堵住，以检查液压故障到底出在哪一段油路的方法。

3.2 汽车起重机液压系统维修技能训练

技能训练

说明：QY25为汽车起重机的典型机型，该部分内容均以25t汽车起重机为例介绍其液压系统维修技能训练。

技能训练 1　支腿液压系统的常见故障诊断与排除

汽车起重机支腿液压系统故障分析与排除见表 3-1。

表 3-1　汽车起重机支腿液压系统故障分析与排除

<table>
<tr><th>序号</th><th>故障内容</th><th>现象描述</th><th>原因分析</th><th>排除方法</th></tr>
<tr><td rowspan="4">一</td><td rowspan="4">支腿锁不住</td><td rowspan="4">下车支腿垂直缸支起后锁不住，垂直支腿下沉</td><td>1)支腿双向锁两侧单向阀封闭不严，造成泄漏</td><td>检查此双向锁两侧单向阀是否有异物，阀杆在阀内是否运动自如。清洗或更换双向锁</td></tr>
<tr><td colspan="2">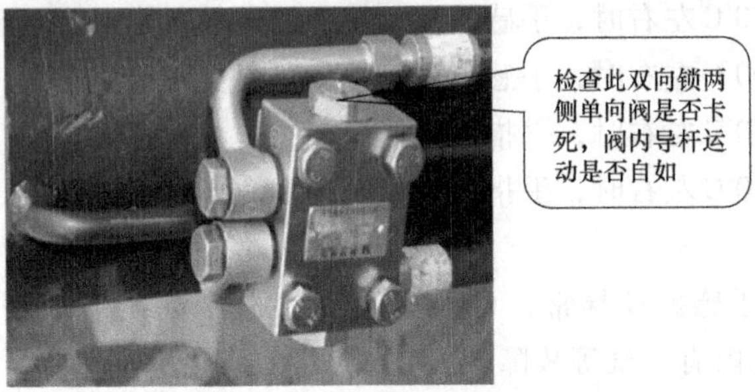
</td></tr>
<tr><td>2)垂直缸内泄</td><td>查看垂直缸，支起支腿后把发动机熄火（此时起重机处于收车状态），拆开双向锁上通向垂直缸大腔的油管，查看双向锁上的油口是否出油（用棉纱擦干双向锁上两个油口后等 3～5min），如滴油说明双向锁内泄，不滴油说明垂直缸内泄</td></tr>
<tr><td colspan="2">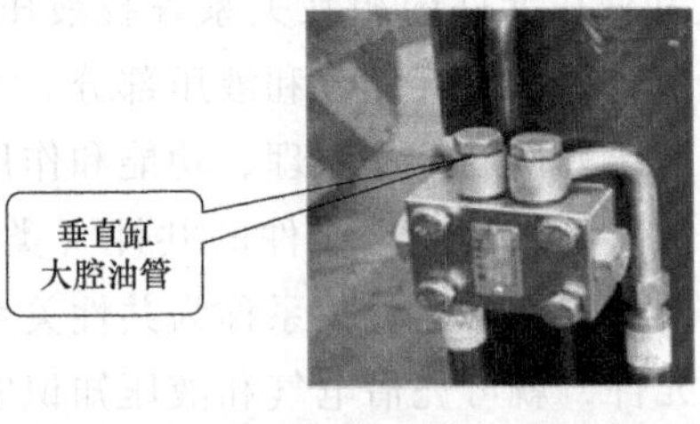
</td></tr>
<tr><td rowspan="3">二</td><td rowspan="3">第五支腿外伸</td><td rowspan="3">下车伸出垂直支腿时，第五支腿伸出</td><td>1)下车多路阀第五支腿选择阀定位松动</td><td>检查下车多路阀第五支腿后面定位是否松动</td></tr>
<tr><td colspan="2">
</td></tr>
<tr><td>2)第五支腿溢流阀压力调定过高</td><td>降低第五支腿溢流阀的压力至规定值（参考值为 3MPa）</td></tr>
</table>

（续）

<table>
<tr><th>序号</th><th>故障内容</th><th>现象描述</th><th>原因分析</th><th>排除方法</th></tr>
<tr><td>二</td><td>第五支腿外伸</td><td>下车伸出垂直支腿时，第五支腿伸出</td><td colspan="2">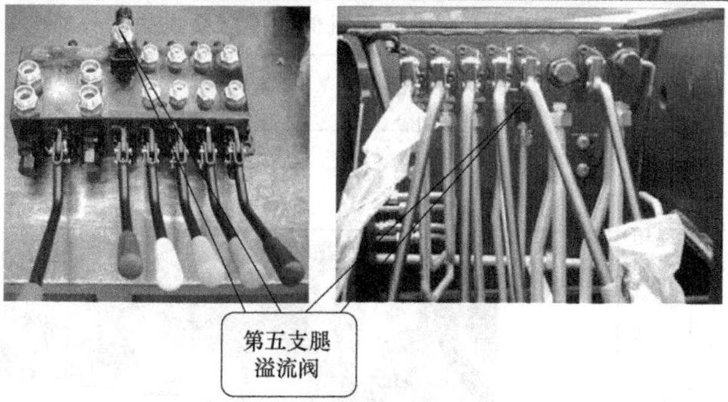
</td></tr>
<tr><td rowspan="2">三</td><td rowspan="2">单个水平支腿慢</td><td rowspan="2">同时向外伸水平支腿，有一个特别慢</td><td>多路阀定位装置松动</td><td>紧固多路阀定位装置</td></tr>
<tr><td colspan="2">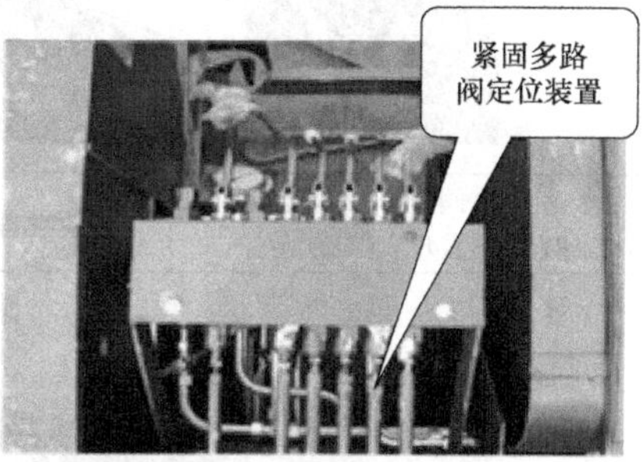
</td></tr>
<tr><td rowspan="2">四</td><td rowspan="2">水平缸窜油</td><td rowspan="2">收垂直支腿时，4 个水平支腿同时缩回</td><td>下车多路阀水平过载溢流阀卡死</td><td>检查下车多路阀水平过载溢流阀，清除卡滞杂质，清洗干净</td></tr>
<tr><td colspan="2">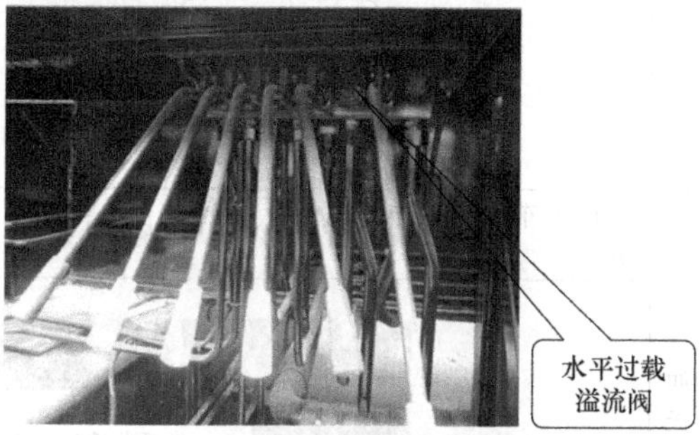

</td></tr>
</table>

技能训练 2　伸缩液压系统的常见故障诊断与排除

汽车起重机伸缩液压系统故障分析与排除见表 3-2。

表 3-2　汽车起重机伸缩液压系统故障分析与排除

序号	故障内容	现象描述	原因分析	排除方法
一	（五节臂）上车三、四、五节臂伸不出去	现场操作观察二节臂正常，其余动作正常	伸缩换向阀故障	检查伸缩换向阀是否有电、阀杆是否回位正常
			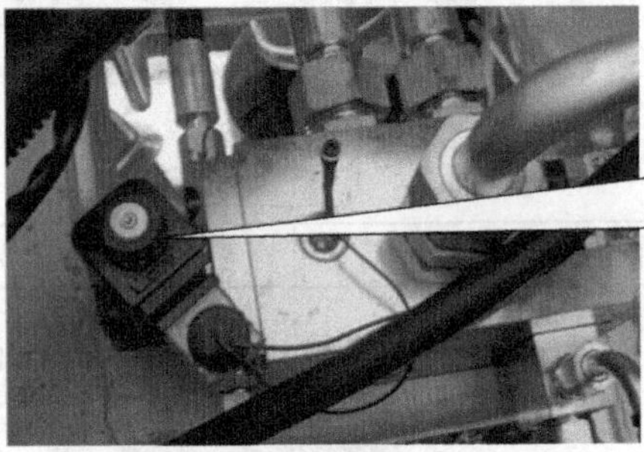 	
二	（五节臂）二节臂伸出后，怠速收不动	现场观察，加油能收动一点	多路换向阀上伸缩联的收臂溢流阀卡在了开启位置	检查此溢流阀是否卡住，清洗或更换

三	（五节臂）上车伸缩无动作	除伸缩无动作外，其余动作正常	1）上车组合阀伸缩梭阀内有异物	拆开此梭阀，查看里面的钢球是否卡住

（续）

序号	故障内容	现象描述	原因分析	排除方法
三	（五节臂）上车伸缩无动作	除伸缩无动作外，其余动作正常	2）上车组合阀伸缩减压阀的阀杆卡死	检查伸缩减压阀，查看该减压阀的阀杆是否回位
			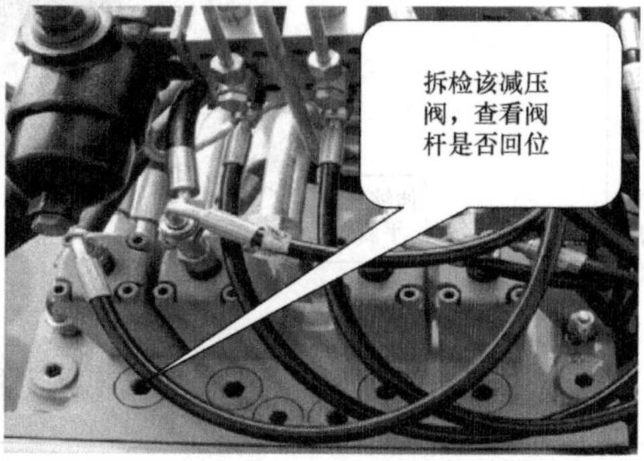	
四	伸臂锁不住	伸臂锁不住，吊重时伸臂下滑	1）伸臂缸内平衡阀芯卡住	查看缸内平衡阀芯是否卡住，清洗或更换

			2）伸臂缸内泄	检查伸臂缸是否内泄（发动机熄火后，拆开缸后方两根油管，用棉纱把油管擦干后，观察油管是否出油，如出油说明阀芯锁不住，不出油说明伸臂缸内泄）

（续）

序号	故障内容	现象描述	原因分析	排除方法
五	缩臂无动作（憋压）	吊臂回缩时憋压，吊臂无法缩回	伸缩缸的平衡阀卡死，无法开启	检查伸缩缸的平衡阀是否卡死
			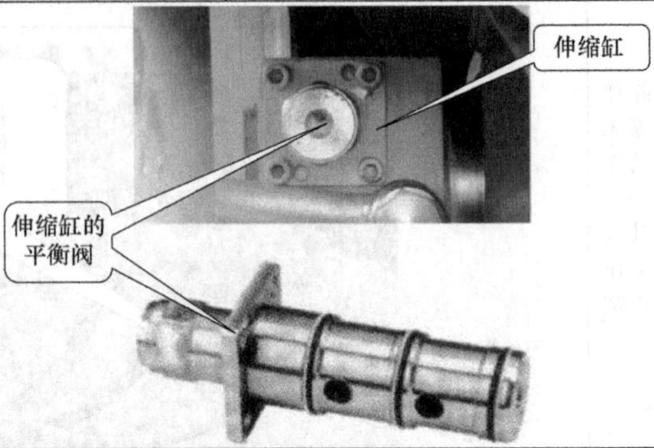	

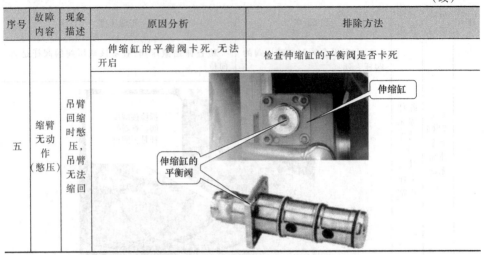

技能训练 3　变幅液压系统的常见故障诊断与排除

汽车起重机变幅液压系统故障分析与排除见表 3-3。

表 3-3　汽车起重机变幅液压系统故障分析与排除

序号	故障内容	现象描述	原因分析	排除方法
一	（先导）上车变幅全腔起升速度慢	现场操作观察半腔正常，其余动作工作正常	1)上车组合阀变幅阀杆定位故障	检查变幅阀杆弹簧定位处，若行程不到位则可加垫片或更换高强度弹簧

			2)组合阀变幅减压阀故障	检查减压阀阀杆及弹簧，维修或更换

（续）

<table>
<tr><th>序号</th><th>故障内容</th><th>现象描述</th><th>原因分析</th><th>排除方法</th></tr>
<tr><td rowspan="4">二</td><td rowspan="4">变幅有落无起</td><td rowspan="4">现场观察，变幅有落无起</td><td>1)变幅阀杆有问题</td><td>拆检变幅阀杆。若有问题则更换</td></tr>
<tr><td colspan="2">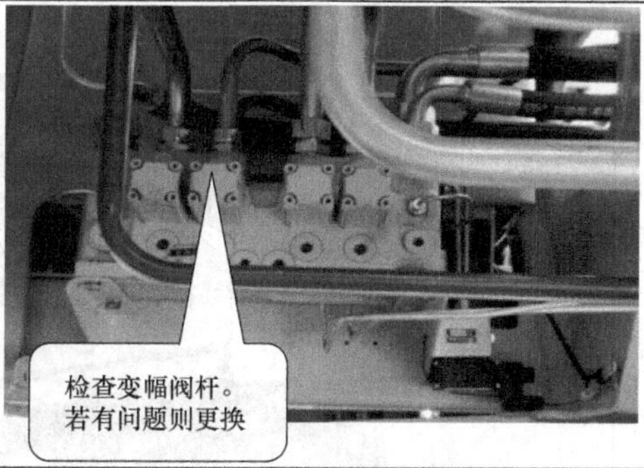
</td></tr>
<tr><td>2)变幅梭阀卡住</td><td>查看梭阀内钢球是否卡住</td></tr>
<tr><td colspan="2">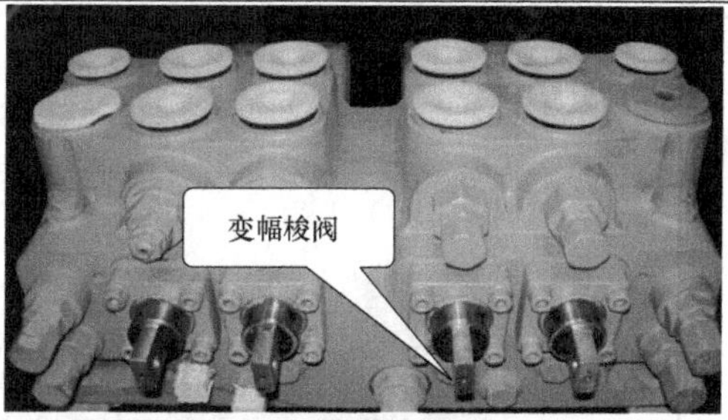
</td></tr>
</table>

技能训练4 卷扬液压系统的常见故障诊断与排除

汽车起重机卷扬液压系统故障分析与排除见表3-4。

表3-4 汽车起重机卷扬液压系统故障分析与排除

<table>
<tr><th>序号</th><th>故障内容</th><th>现象描述</th><th>原因分析</th><th>排除方法</th></tr>
<tr><td rowspan="2">一</td><td rowspan="2">小开口卷扬不动，中位时卷扬下滑</td><td rowspan="2">当手柄小开口起升时，卷扬不起升，手柄回中位后，卷扬向下滑</td><td>1)起升时，卷扬平衡阀失控
2)起升马达不变量或内泄
3)卷扬制动器抱不住</td><td>1)若手柄拉到起升位置，卷扬下滑，先排除卷扬平衡阀原因
2)检查起升马达是否内泄
3)检查卷扬制动器</td></tr>
<tr><td colspan="2">
</td></tr>
</table>

（续）

序号	故障内容	现象描述	原因分析	排除方法
一	小开口卷扬不动，中位时卷扬下滑	当手柄小开口起升时,卷扬不起升,手柄回中位后,卷扬向下滑	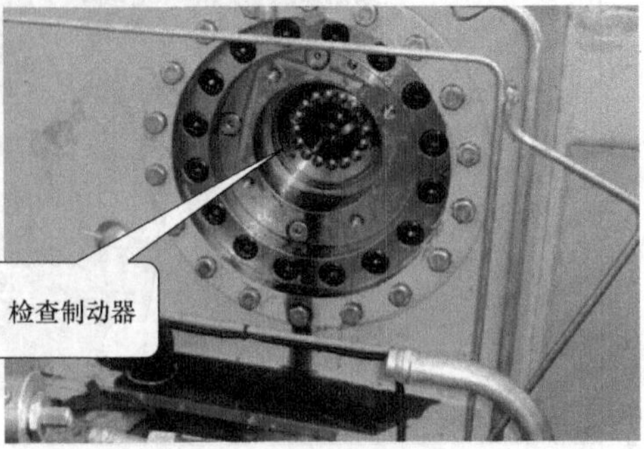	
二	变幅起到60°，大臂全伸出，卷扬起落抖动	现场观察变幅起到60°，大臂全伸出时，卷扬起落抖动	疑似液压油箱吸空	1)降伸臂回缩一节臂后,抖动消失 2)检查液压油箱,加液压油
			 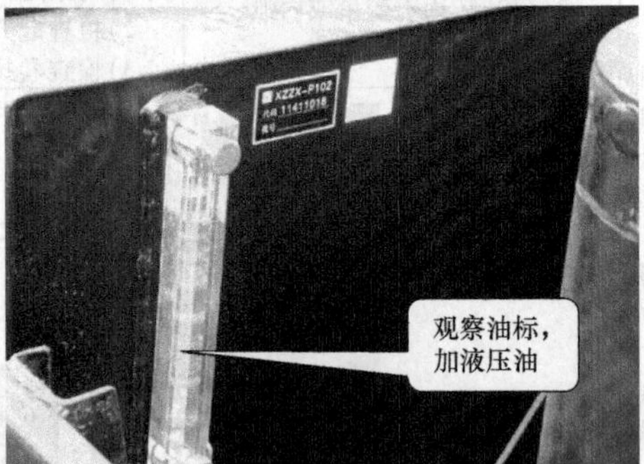	

（续）

序号	故障内容	现象描述	原因分析	排除方法
三	（五节臂）上车副卷无动作	现场操作观察无压力，其余工作正常	1）副卷电磁阀故障 2）先导阀副卷梭阀故障	1）副卷电磁阀是否有电？电磁阀阀杆回位是否自如 2）检查先导阀副卷梭阀里面的钢珠是否活动自如

四	上车卷扬无卸荷	现场操作观察卷扬起升到卸荷点还有动作，其余动作工作正常	1）先导阀卸荷电磁阀故障	检查该卸荷电磁阀阀杆是否卡住或无电
			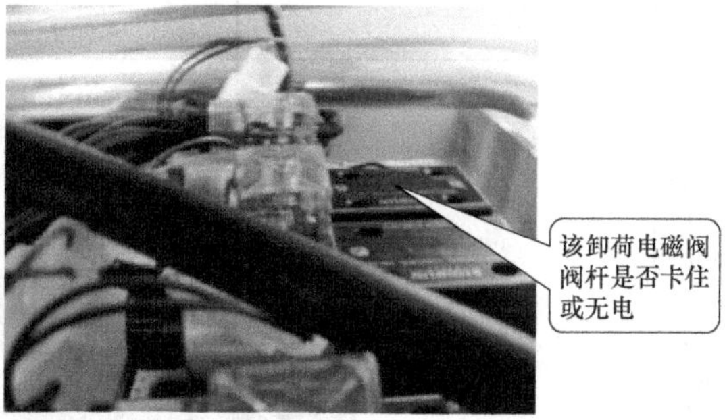 	
			2）先导阀卸荷单向阀	检查该卸荷单向阀回位是否正常

（续）

序号	故障内容	现象描述	原因分析	排除方法
四	上车卷扬无卸荷	现场操作观察卷扬起升到卸荷点还有动作，其余动作工作正常	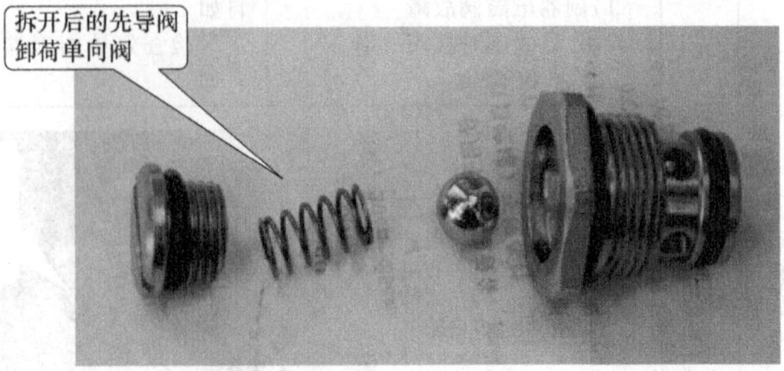	
五	主、副卷扬起升均无力（机械型）	主、副卷扬起升均无力，起升压力无法达到规定值（参考压力值20MPa）	1）卷扬供油溢流阀调定压力过低或该溢流阀内的密封件或其他部件损伤	1）将主、副卷扬制动器油管堵住，扳动主、副卷扬手柄，观察压力表的压力值，调整溢流阀，看压力值是否上升 2）如果上升，则调至额定压力即可 3）如不上升，检查、清洗、维修溢流阀
			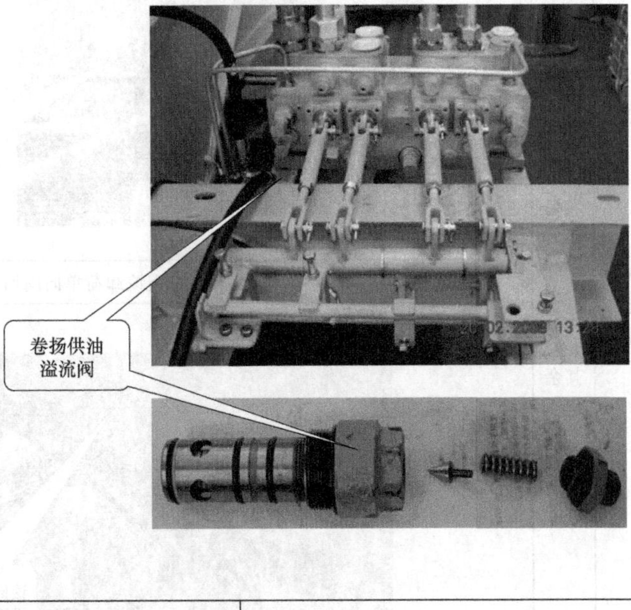	
			2）卷扬泵分流阀阀杆卡滞，不能完全复位	如步骤一无效，则打开该分流阀后部的工艺堵，检查其是否卡滞

（续）

序号	故障内容	现象描述	原因分析	排除方法
五	主、副卷扬起升均无力（机械型）	主、副卷扬起升均无力，起升压力无法达到规定值（参考压力值 20MPa）	 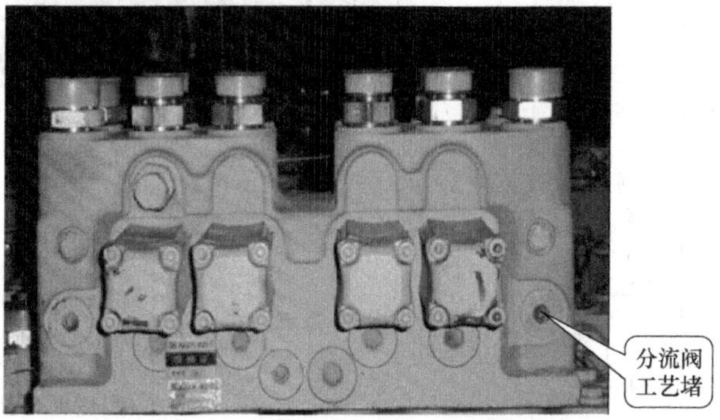 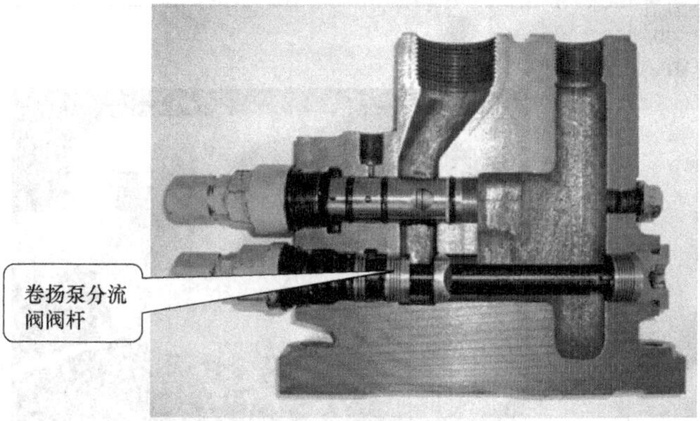	
			3）多路阀上的卷扬系统梭阀钢球卡死	将分流阀阀杆调整螺栓以顺时针方向旋入，以顶住分流阀阀杆，观察压力值是否达到额定压力，如能达到，拆检清洗梭阀

（续）

<table>
<tr><th>序号</th><th>故障内容</th><th>现象描述</th><th>原因分析</th><th>排除方法</th></tr>
<tr><td rowspan="3">五</td><td rowspan="3">主、副卷扬起升均无力（机械型）</td><td rowspan="3">主、副卷扬起升均无力，起升压力无法达到规定值（参考压力值20MPa）</td><td colspan="2">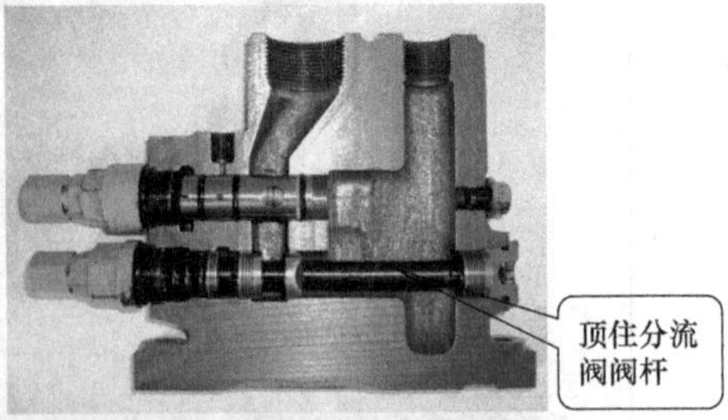

</td></tr>
<tr><td>4）卷扬泵内泄，造成无法达到额定压力</td><td>如果调整梭阀后，压力值仍没有变化，可将卷扬泵和伸缩变幅泵的输出油管交换，以检查确认卷扬泵是否正常，此时，若更换油管后的变幅伸缩系统的压力值低于额定压力值，则可确认卷扬泵故障，应更换卷扬泵</td></tr>
<tr><td colspan="2">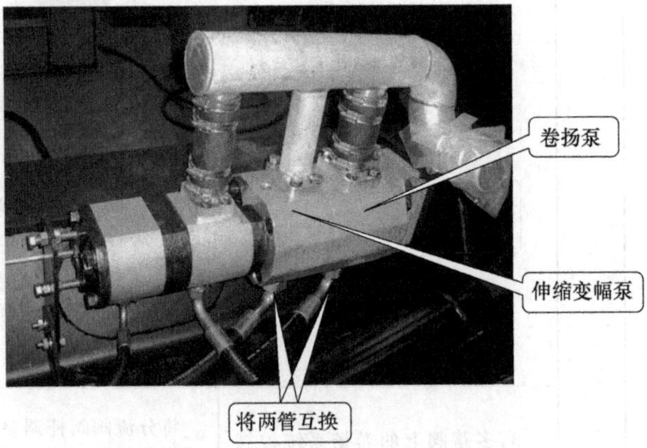
</td></tr>
</table>

（续）

序号	故障内容	现象描述	原因分析	排除方法
六	主卷扬无法降钩	上车主卷扬无法降钩，现场操作观察无压力，其余动作工作正常	1)上车多路阀上的主卷扬下降溢流阀调整不当或下降溢流阀密封件或部件损坏	检查、调整、清洗主卷扬下降溢流阀，观察压力是否能回到额定压力值
			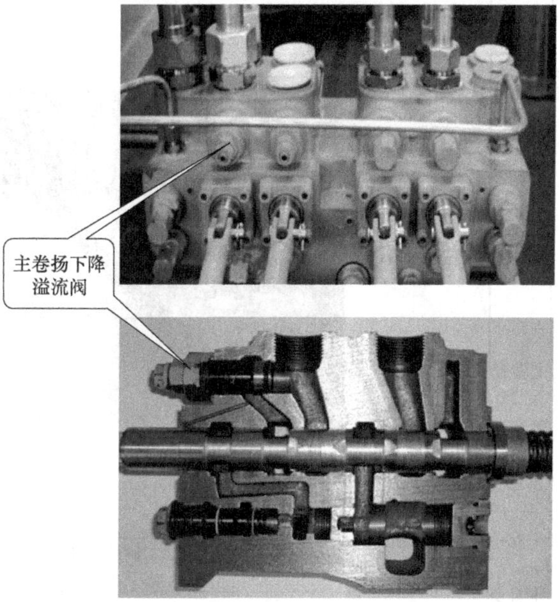	
			2)主卷扬平衡阀无法开启	如果第一步操作无效，则检查、调整、清洗或更换主卷扬平衡阀
			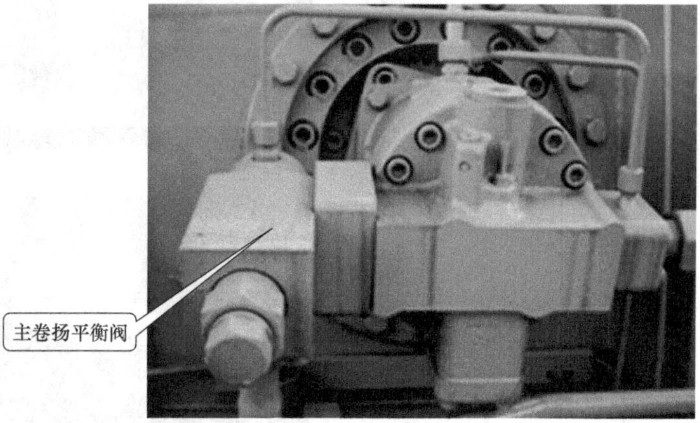	

（续）

<table>
<tr><th>序号</th><th>故障内容</th><th>现象描述</th><th>原因分析</th><th>排除方法</th></tr>
<tr><td rowspan="4">七</td><td rowspan="4">主卷扬起升速度不够</td><td rowspan="4">主卷扬吊 25t 起升速度始终不够，只有 7.6~8cm/s，伸缩变幅泵外接压力显示正常</td><td>1）多路阀上的两个主溢流阀故障
2）多路阀上的两个分流阀故障</td><td>1）查看多路阀上的两个主溢流阀，维修或更换
2）查看多路阀上的两个分流阀（顶住分流阀测压力），维修或更换</td></tr>
<tr><td colspan="2">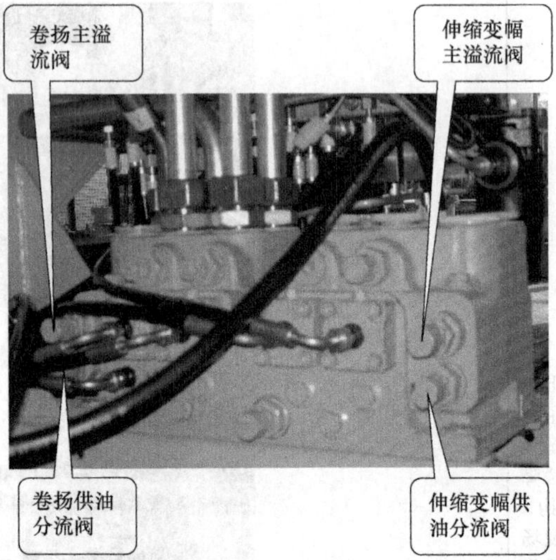
</td></tr>
<tr><td>3）卷扬泵或伸缩变幅泵故障</td><td>摘除主卷扬制动器憋压力，看卷扬泵和伸缩变幅泵的压力是否达标</td></tr>
<tr><td colspan="2">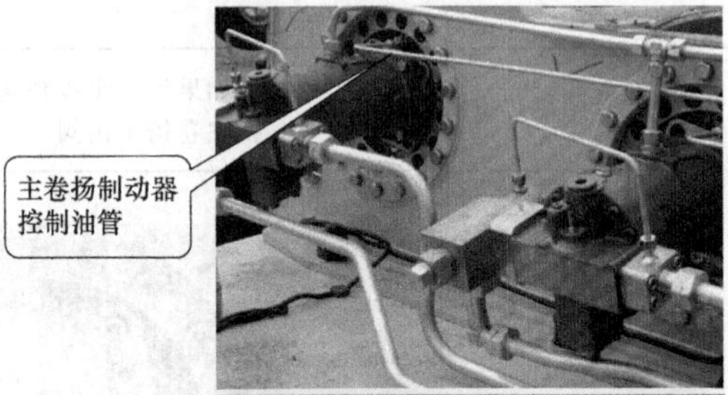

</td></tr>
</table>

（续）

<table>
<tr><th>序号</th><th>故障内容</th><th>现象描述</th><th>原因分析</th><th>排除方法</th></tr>
<tr><td rowspan="2">七</td><td rowspan="2">主卷扬起升速度不够</td><td rowspan="2">主卷扬吊 25t 起升速度始终不够，只有 7.6~8cm/s，伸缩变幅泵外接压力显示正常</td><td>4）主油路油管或中心回转体油道堵塞</td><td>若以上三个步骤均无效，应确定为主油路油管或中心回转体油道堵塞。排除方法：互换卷扬泵和伸缩变幅泵油管，打开中心回转体上卷扬泵高压胶管接头，其中有异物堵塞，只有一个泵供油，起升速度肯定不够</td></tr>
<tr><td colspan="2">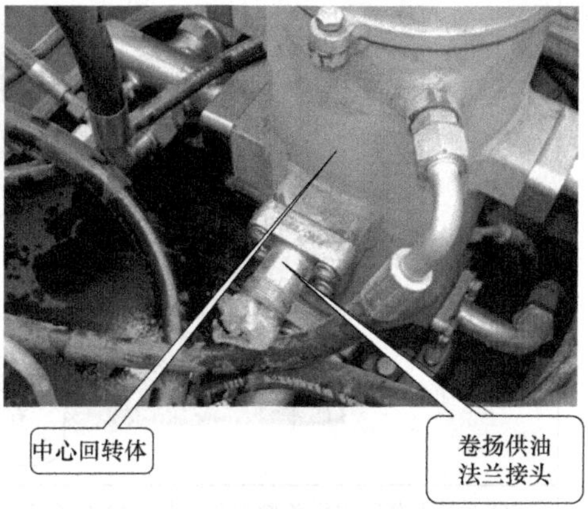
</td></tr>
<tr><td rowspan="4">八</td><td rowspan="4">主卷扬重载起不动</td><td rowspan="4">卷扬压力表计数无法达到规定值（参考值 20MPa）</td><td>1）卷扬泵溢流阀故障</td><td>检查卷扬泵溢流阀是否卡死</td></tr>
<tr><td colspan="2">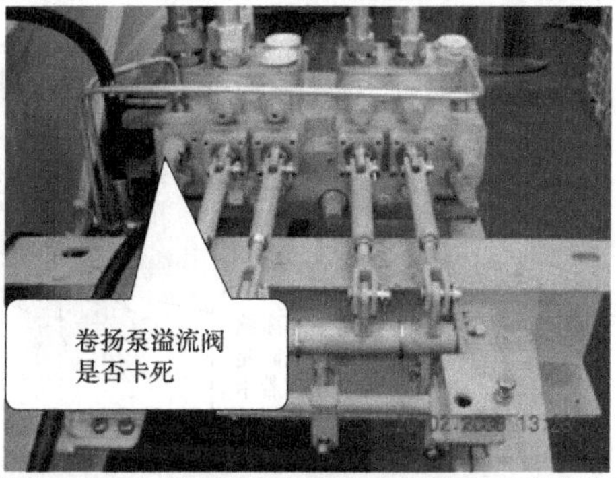
</td></tr>
<tr><td>2）卷扬泵分流阀故障</td><td>检查卷扬泵分流阀阀杆配合间隙是否过大</td></tr>
<tr><td colspan="2">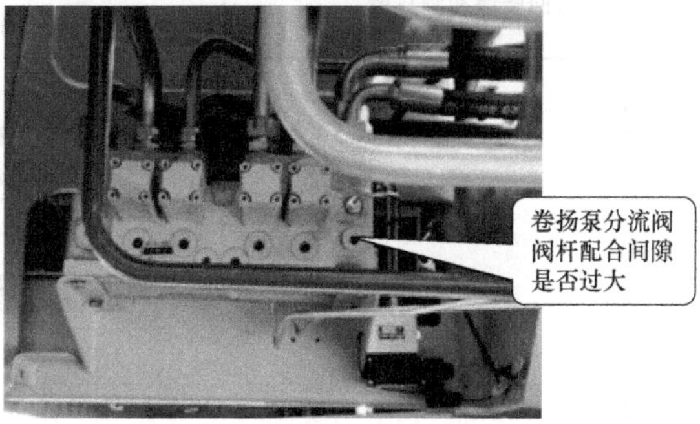
</td></tr>
</table>

技能训练 5　回转液压系统的常见故障诊断与排除

汽车起重机回转液压系统故障分析与排除见表 3-5。

表 3-5　汽车起重机回转液压系统故障分析与排除

<table>
<tr><th>序号</th><th>故障内容</th><th>现象描述</th><th>原因分析</th><th>排除方法</th></tr>
<tr><td rowspan="6">一</td><td rowspan="6">上车无回转（憋压）</td><td rowspan="6">上车无回转，现场操作观察回转憋压，其余动作正常</td><td>1）上车先导阀、回转电磁阀故障</td><td>检查先导阀、回转电磁阀是否有电或卡住</td></tr>
<tr><td colspan="2">
</td></tr>
<tr><td>2）下车多路阀主溢流阀故障</td><td>检查多路阀主溢流阀是否卡住</td></tr>
<tr><td colspan="2">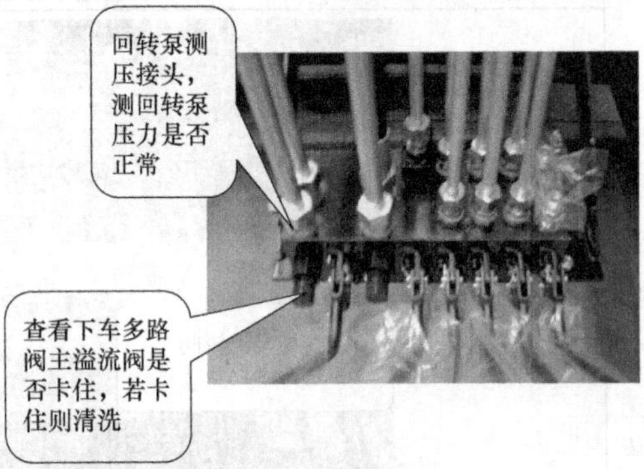
</td></tr>
<tr><td>3）回转缓冲阀故障</td><td>检查缓冲阀主溢流压力是否调整到位，溢流阀里活塞是否回位，溢流阀是否卡住</td></tr>
<tr><td colspan="2">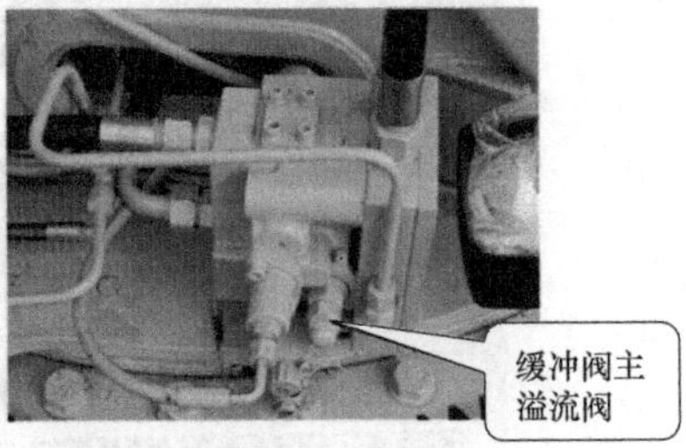
</td></tr>
</table>

（续）

<table>
<tr><th>序号</th><th>故障内容</th><th>现象描述</th><th>原因分析</th><th>排除方法</th></tr>
<tr><td rowspan="2">二</td><td rowspan="2">回转加油转不动</td><td rowspan="2">怠速时回转正常，发动机加油后回转不转</td><td>上车过载溢流阀的调定压力过低，在怠速时压力未达到其开启点，回转正常，待猛加油时，压力达到其开启点后，溢流阀打开卸荷，故无法回转</td><td>调高回转缓冲阀上过载溢流阀的压力至规定值</td></tr>
<tr><td colspan="2">
</td></tr>
<tr><td rowspan="4">三</td><td rowspan="4">开空调时，回转无动作</td><td rowspan="4">开空调时，回转无动作，其余动作工作正常</td><td>1）回转缓冲阀故障</td><td>检查回转缓冲阀压力是否正常</td></tr>
<tr><td colspan="2">
</td></tr>
<tr><td>2）空调泵调整阀故障</td><td>检查空调泵压力是否过低</td></tr>
<tr><td colspan="2">
</td></tr>
</table>

（续）

序号	故障内容	现象描述	原因分析	排除方法
四	上车回转往一边转	发动机起动后，上车回转在无操作情况下自动往一边转，其余动作工作正常	上车回转缓冲阀阀杆定位螺栓松动，阀杆没有回到中位	检查回转缓冲阀阀杆是否回到中位，两边定位堵头是否松动。如果松动，紧固即可
			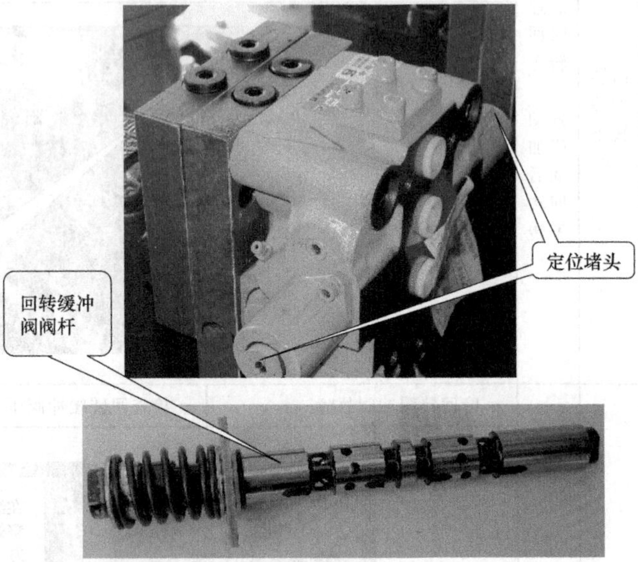 	
五	上车回转一边快一边慢	现场操作压力一边高一边低，其余动作正常	1）回转缓冲阀的阀杆定位螺杆松动	调整紧固回转缓冲阀的阀杆定位螺杆
			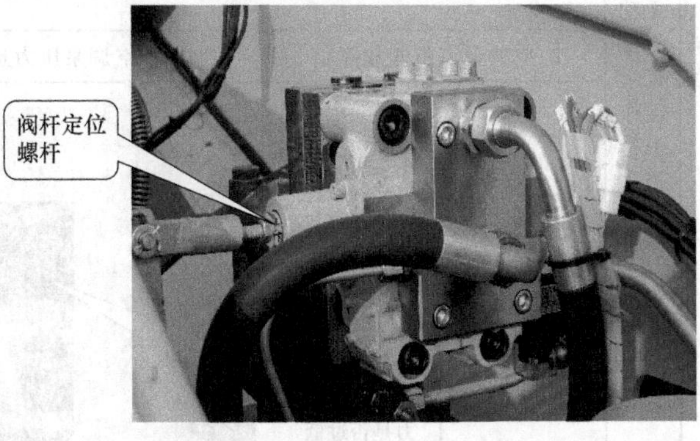 	

（续）

序号	故障内容	现象描述	原因分析	排除方法
五	上车回转一边快一边慢	现场操作压力一边高一边低，其余动作正常	2)回转缓冲阀后部的单向阀封闭不严，造成一个方向的液压油泄漏	检修回转缓冲阀后部的单向阀
			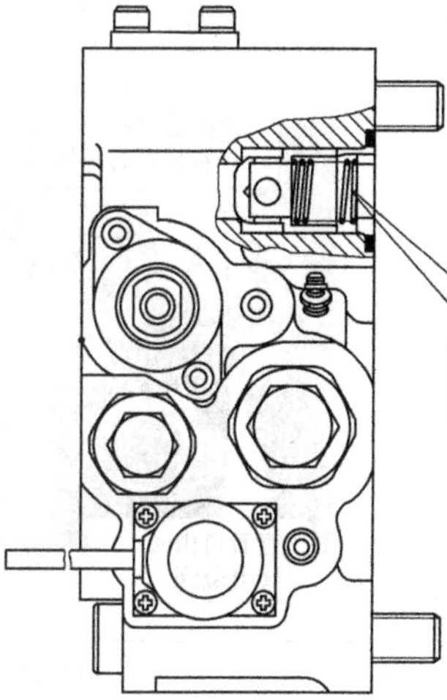	
			3)回转缓冲阀的过载溢流阀内的梭阀封闭不严，造成一个方向的液压油泄漏	检修该梭阀
			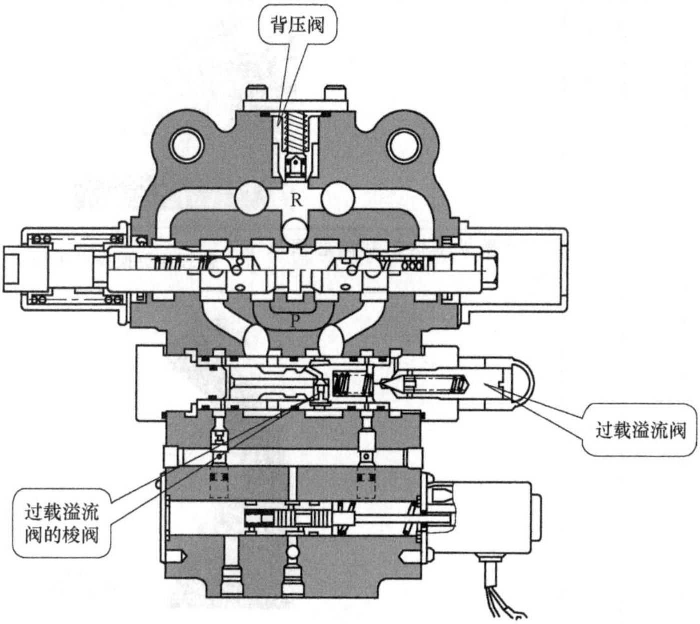	

（续）

序号	故障内容	现象描述	原因分析	排除方法
六	回转无法立即制动	回转先导手柄扳至中位时转台仍继续转动约20cm才停住	1)液控回转缓冲阀两端的液控接头阻尼孔堵塞 2)回转缓冲阀阀杆回位不畅 3)自由回转电磁阀常有电，导致常有自由回转	1)液控回转缓冲阀两端的液控接头阻尼孔堵塞，造成回转缓冲阀阀杆回位不畅，检查清理 2)回转缓冲阀有异物、不清洁，使阀杆复位不快，检查清洗 3)检查自由回转电磁阀是否常有电
			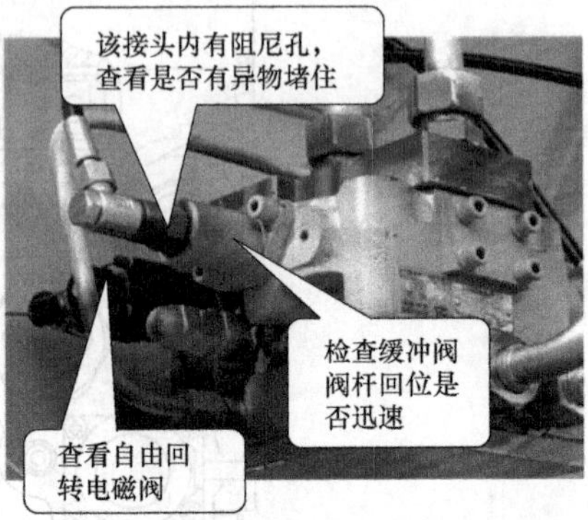 	
			4)回转制动器损坏	检查回转制动器是否磨损严重，维修或更换

			5)操纵手柄控制阀芯回位滞后	修理或更换操纵手柄
			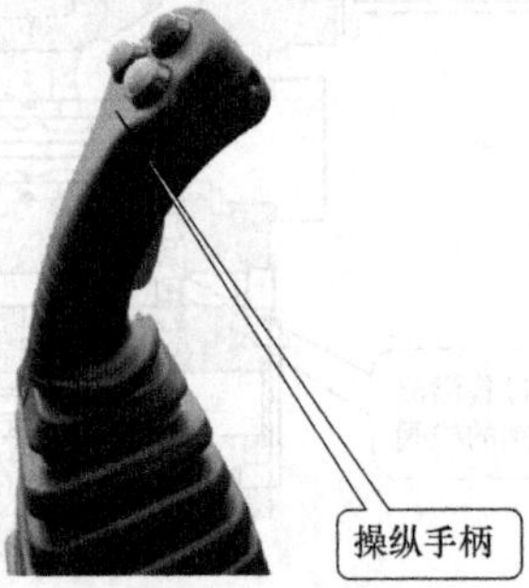 	

技能训练 6　汽车起重机液压系统综合故障诊断与排除

汽车起重机液压系统综合故障分析与排除见表 3-6。

表 3-6　汽车起重机液压系统综合故障分析与排除

序号	故障内容	现象描述	原因分析	排除方法
一	多路阀在中位时压力高	齿轮泵挂接取力器后，上车多路阀各手柄均处于中位，卷扬泵和伸缩变幅泵压力达15MPa	1)两处的分流阀杆以机械的方式被卡住(但两处阀杆同时被卡住的概率极小) 2)分流阀杆后端部的阻尼孔被堵塞(但两处阀杆同时被卡住的概率也很小)	1)检查两泵分流阀杆是否以机械的方式被卡住(采用推压复位的方式检查) 2)检查分流阀杆后端部的阻尼孔是否被堵塞
			 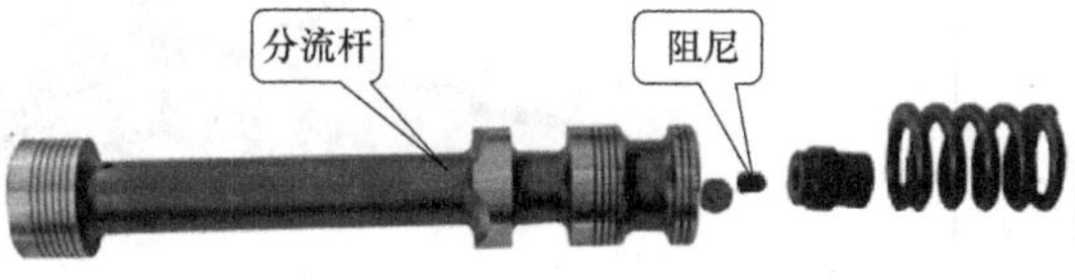	
			3)压力拾取孔与起升腔相通，与回油路隔断，且卷扬制动器处于制动状态，故压力达 15MPa	副起升阀杆处在起升位置，压力拾取孔与起升腔相通，与回油路隔断，而副卷扬制动器是关闭的，故产生 15MPa 的压力

（续）

序号	故障内容	现象描述	原因分析	排除方法
一	多路阀在中位时压力高	齿轮泵挂接取力器后，上车多路阀各手柄均处于中位，卷扬泵和伸缩变幅泵压力达15MPa	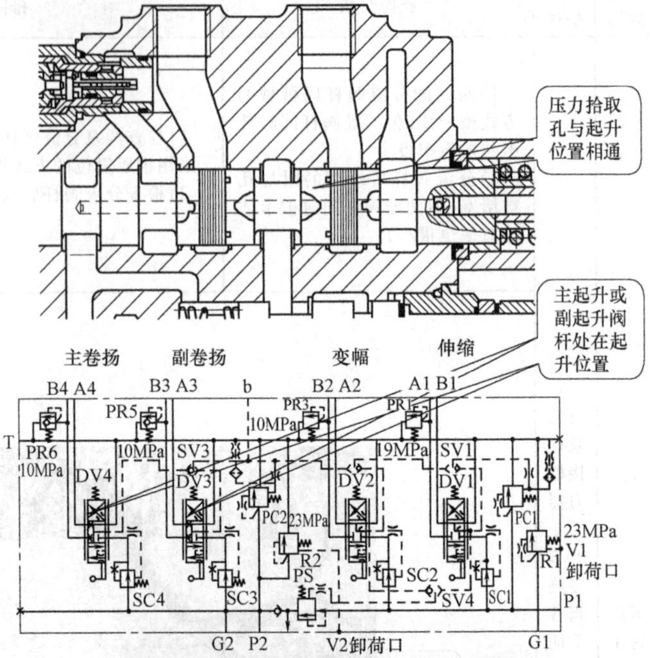 	
二	（先导型）上车无动作，现场操作观察无压力	上车无动作，现场操作观察无压力	1）先导电磁阀故障	检查先导电磁阀是否卡住

（续）

<table>
<tr><th>序号</th><th>故障内容</th><th>现象描述</th><th>原因分析</th><th>排除方法</th></tr>
<tr><td rowspan="3">二</td><td rowspan="3">（先导型）上车无动作，现场操作观察无压力</td><td rowspan="3">上车无动作，现场操作观察无压力</td><td colspan="2">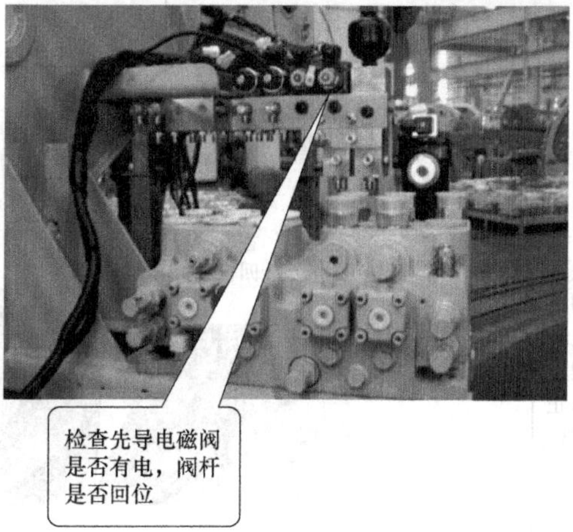</td></tr>
<tr><td>2）先导溢流阀故障</td><td>检查先导溢流阀是否卡住</td></tr>
<tr><td colspan="2">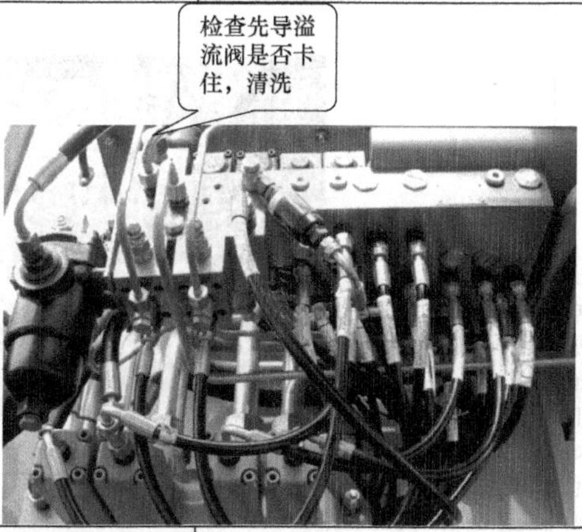</td></tr>
<tr><td rowspan="2">三</td><td rowspan="2">上车伸缩变幅无动作</td><td rowspan="2">上车伸缩变幅无动作，先导卸荷电磁阀工作正常</td><td>1）伸缩变幅泵溢流阀锥阀芯与阀座封闭不严、密封损坏</td><td>检查伸缩变幅泵溢流阀</td></tr>
<tr><td colspan="2">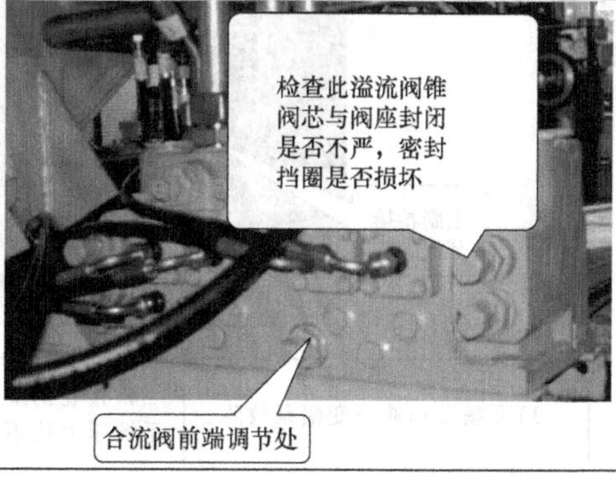</td></tr>
</table>

（续）

<table>
<tr><th>序号</th><th>故障内容</th><th>现象描述</th><th>原因分析</th><th>排除方法</th></tr>
<tr><td rowspan="2">三</td><td rowspan="2">上车伸缩变幅无动作</td><td rowspan="2">上车伸缩变幅无动作，先导卸荷电磁阀工作正常</td><td>2)合流阀杆卡死或合流阀杆阻尼脱落</td><td>查看合流阀杆是否卡死，顶一下合流阀杆后方，查看合流阀杆是否回位，合流阀杆阻尼是否脱落</td></tr>
<tr><td colspan="2">
</td></tr>
<tr><td rowspan="5">四</td><td rowspan="5">卷扬或伸缩变幅压力上不来</td><td rowspan="5">卷扬或伸缩变幅压力上不来，达不到额定压力值（参考值为20MPa）</td><td>1)溢流阀故障</td><td>检查溢流阀是否卡滞</td></tr>
<tr><td colspan="2">
</td></tr>
<tr><td>2)分流阀故障</td><td>检查分流阀杆与阀体内孔的配合间隙是否过大</td></tr>
<tr><td colspan="2">
</td></tr>
<tr><td>3)卷扬泵和伸缩变幅泵故障</td><td>检查卷扬泵和伸缩变幅泵是否存在内泄，致使系统压力达不到额定值，维修或更换</td></tr>
</table>

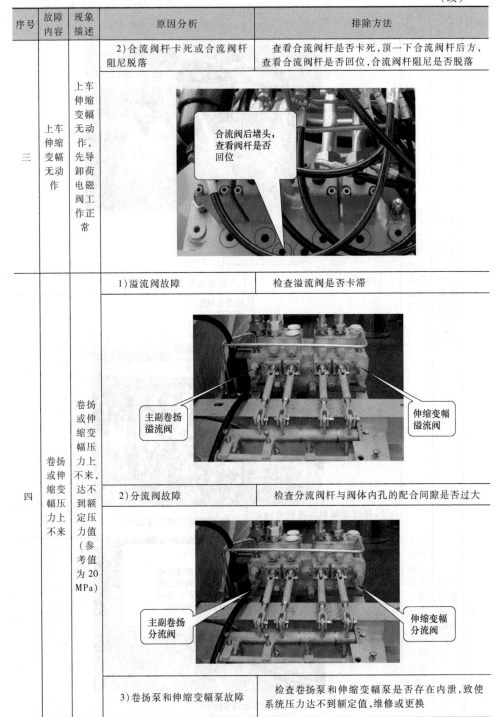

（续）

序号	故障内容	现象描述	原因分析	排除方法
四	卷扬或伸缩变幅压力上不来	卷扬或伸缩变幅压力上不来，达不到额定压力值（参考值为 20MPa）		
五	上车无任何动作	现场观察下车支腿动作正常，上车无任何动作	1）先导电磁阀无电、线圈断路或内部损坏	检查先导电磁阀电路是否有电或内部是否损坏

			2）先导溢流阀内部部件损伤	检查并清洗先导溢流阀
			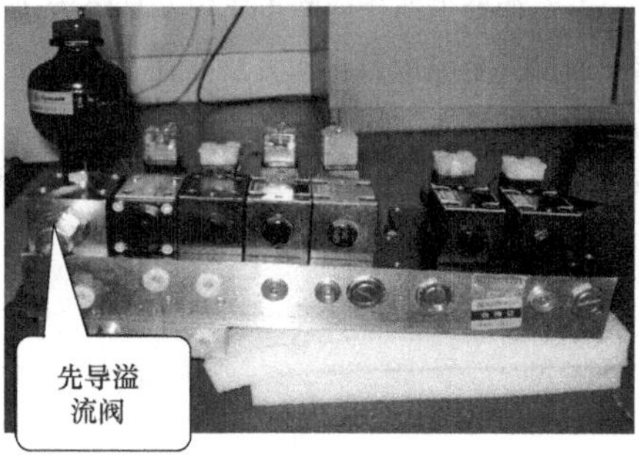	
			3）先导泵内泄	更换先导泵

（续）

序号	故障内容	现象描述	原因分析	排除方法
五	上车无任何动作	现场观察下车支腿动作正常，上车无任何动作		

复习思考题

1. 溢流阀的工作原理和图形符号是什么？
2. 根据图 3-12 分析汽车起重机支腿系统的工作原理。
3. 平衡阀的含义及应用是什么？
4. 根据图 3-17 描述汽车起重机起升机构的工作原理。
5. 汽车起重机的控制类型及特点有哪些？
6. 汽车起重机工作装置的液压元件组成有哪些？
7. 先导手柄的构造及工作原理是什么？
8. 根据图 3-31 描述 25t 先导式汽车起重机工作装置的工作原理。
9. 查找液压故障的方法有哪些？
10. 支腿锁不住的产生原因及排除方法是什么？
11. （五节臂）上车伸缩无动作的产生原因及排除方法是什么？
12. 变幅有落无起的产生原因及排除方法是什么？
13. 上车卷扬无卸荷的产生原因及排除方法有哪些？
14. 上车回转一边快一边慢的产生原因及排除方法有哪些？
15. 上车无任何动作的产生原因及排除方法有哪些？

第4章

汽车起重机电气与电子系统维修

培训学习目标

1. 能说出汽车起重机电气系统组成。
2. 能说出汽车起重机电气元件的分类、结构及功用。
3. 能说出常用电气符号及常用标志框的名称。
4. 能解读汽车起重机电气系统原理图。
5. 能描述汽车起重机电气与电子系统故障分析与排除方法和步骤。
6. 能排除电源系统、起动系统、照明系统、仪表及辅助系统、力矩限制器系统常见故障。

4.1 汽车起重机电气与电子系统维修相关知识

相关知识

4.1.1 汽车起重机电气系统组成及电气元件

一、汽车起重机电气系统组成

1. 驾驶室电气

驾驶室电气是驾驶人与车辆本身、外界沟通的桥梁，驾驶人通过各仪表、指示器获得车辆的运行状况，并通过各种开关、踏板完成对车辆的操作。汽车起重机底盘驾驶室电气主要由仪表、各种操纵开关、电子加速踏板、仪表盘线束、熔体、过载保护器、继电器以及音响、空调、刮水器电动机等电气元件组成，如图4-1所示。

仪表包括发动机转速表、发动机水温表、发动机机油压力表、车速里程表、燃油表、电压表、双针气压表等。

操纵开关包括起动开关、灯光开关、取力开关、熄火开关、诊断开关等。

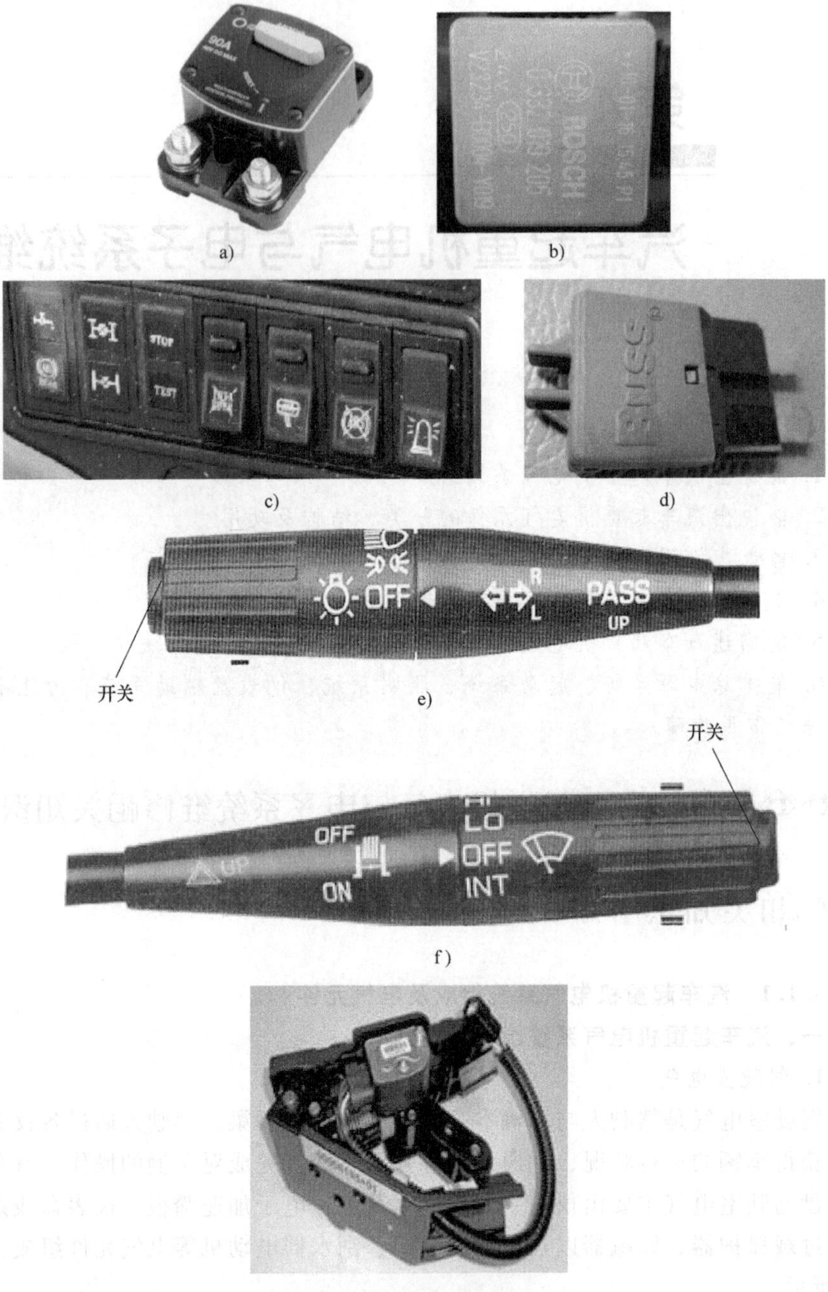

图 4-1　驾驶室电气组成

a）断路保护器　b）继电器　c）开关、指示器　d）可复位式熔体　e）灯光控制开关
f）刮水器及排气制动控制开关　g）电子油门

2. 大梁线束

大梁线束是起重机底盘的神经，各种电气元件通过其实现对底盘的控制、操纵等动作，是一个非常重要的电气部件。大梁线束由发动机线束、ABS 线束、电刷总成等部分组成。

3. 操纵室电气

操纵室电气主要由仪表箱、左控制器、右控制器、控制板、手柄、操纵室地板和工作灯组成，如图 4-2 所示。

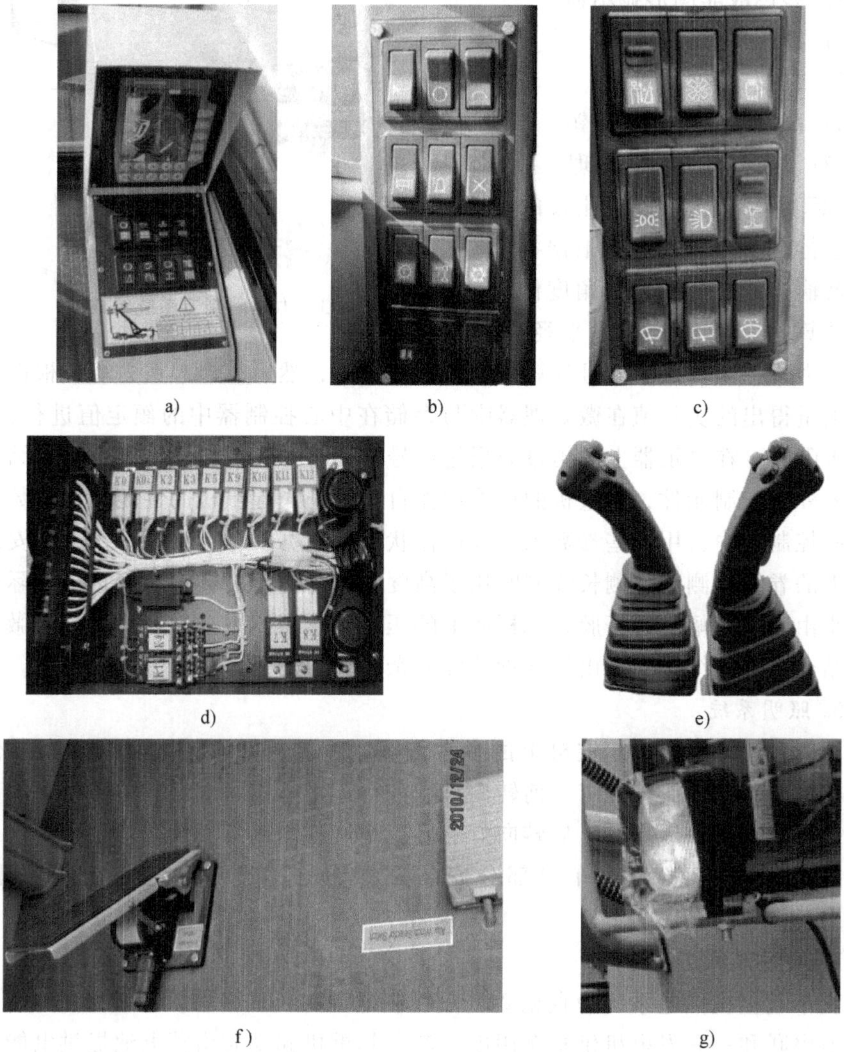

图 4-2　操纵室电气组成

a）仪表箱　b）左控制器　c）右控制器　d）控制板　e）手柄　f）操纵室地板　g）工作灯

4. 转台电气

转台电气主要通过转台线束将控制板与转台上的灯、电磁阀、开关等连接起来，并与回转电刷连接，给上下车传递信号。

5. 力矩限制器

（1）力矩限制器系统组成（图 4-3）

1）主机——中心控制器。

2）CAN 接线盒。

3）彩色液晶图形显示器。

4）油压传感器。

5）长度/角度传感器。

6）高度限位开关及重锤。

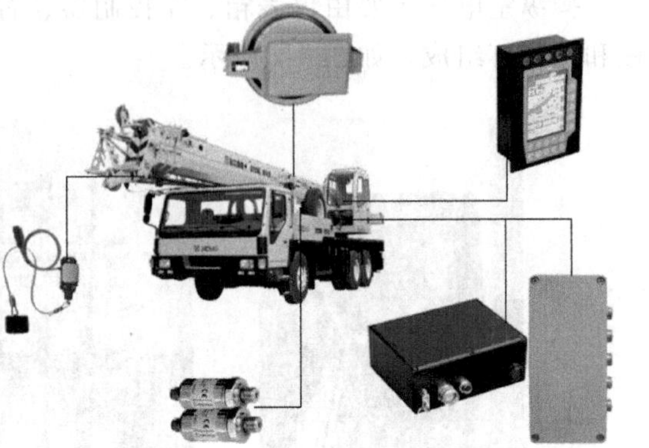

图 4-3　力矩限制器系统组成

（2）力矩限制器工作原理　系统按实际力矩与额定力矩比较的原则进行控制。微处理器根据各传感器输入的吊臂长度、角度信号，计算出起重机的作业半径。根据压力传感器输入的信号计算出变幅缸的受力，然后算出起重力矩。根据力传感器测量得出的实际值在微处理器中与存储在中心控制器中的额定值进行比较，达到极限时，在显示器上发出过载报警信号，同时，主机输出控制信号，结合起重机的外围控制元件，起重机的危险动作自动停止。起重机的性能结构参数存储于中心控制器中，用这些参数来计算操作状况的数据。吊臂长度、角度由安装于吊臂上的卷线盒测量，测长线同时用于高度限位器信号的传输。起重机实际载荷的大小由装于变幅缸有杆腔、无杆腔上的压力传感器测量之后经换算进入微处理器，结合起重机结构参数由微处理器经复杂计算得出。

6. 照明系统

照明系统指安装在起重机上的各种灯具，主要用于照明、示廓、发送信号等，包括前部照明的前照灯、前转向灯、前行车灯、前示廓灯、前雾灯，后部的灯具包括示廓灯、后雾灯、后转向灯、后行车灯、制动灯、倒车灯，还有仪表照明、工作灯、臂头灯等，车身部分安装侧标志灯。照明系统组成图如图 4-4 所示。

7. 电源系统

汽车起重机供电系统为直流 24V 单线制电源，负极搭铁，系统采用两只 12V 蓄电池串联和一只发电机供整车用电。汽车起重机起动时由蓄电池提供电能，当发动机运行后，由发电机发出的 28V（波动 0.3%）直流电源提供本车电能，并同时给蓄电池充电。

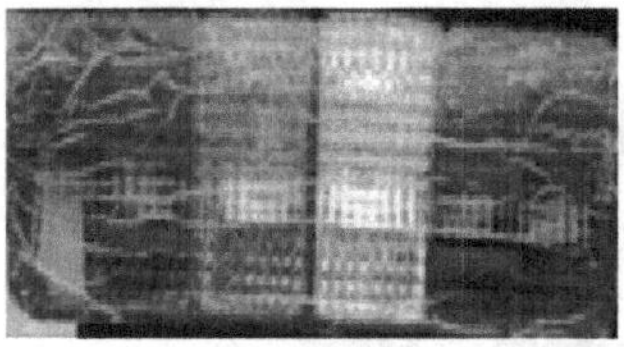

a)

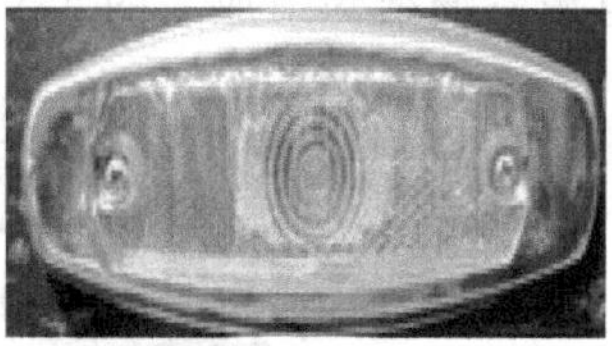

b)

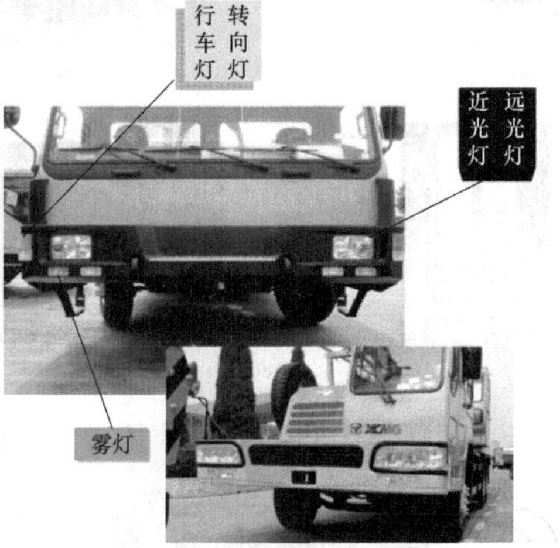

c)

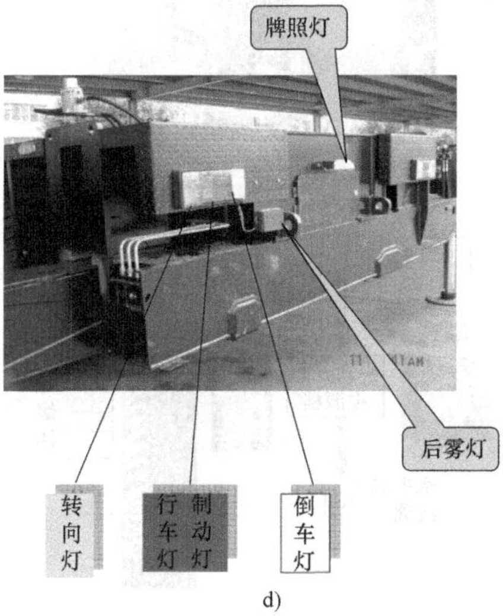

d)

图 4-4　照明系统组成图

a）后组合信号灯　b）侧标志灯　c）车头灯光示意图　d）车尾灯光示意图

上车电源由下车提供，当下车挂上取力之后，由下车经过中心回转体第一个通道，14 芯插座的第一个端口给上车供电。

电源系统结构组成如图 4-5 所示。

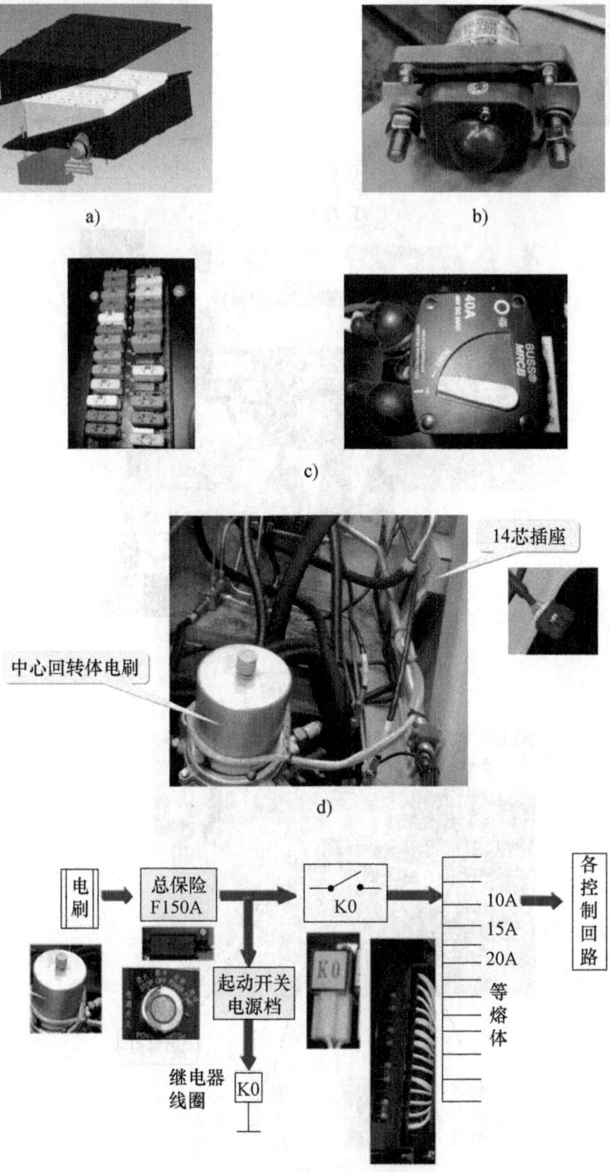

图 4-5　电源系统结构组成

a）蓄电池　b）交流接触器　c）熔断器　d）中心回转体电刷　e）电源分布及熔体

8. 发动机控制系统（图 4-6）

小吨位汽车起重机只有一个发动机，目前发动机的控制都是将一些信号传递给发动机控制器，通过控制器实现对发动机的控制。

挂上取力之后，在驾驶室里可以进行起动、熄火、油门操纵；在支腿操纵手柄旁可以进行支腿油门操纵。上车发动机控制信号都是经过中心回转体电刷传递给下车的。

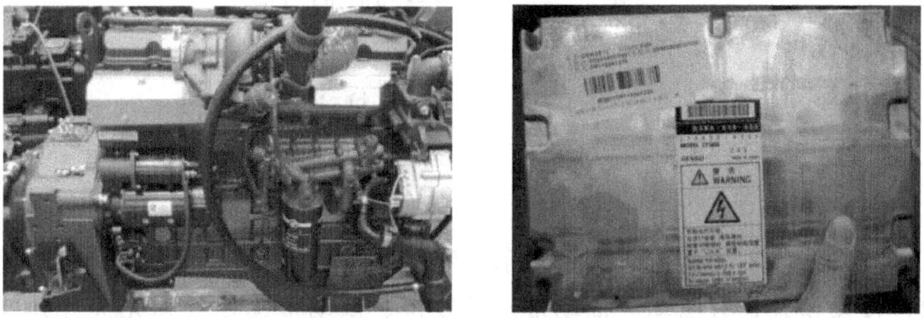

a)　　　　　　b)

图 4-6　发动机控制系统

a）发动机　b）控制器

二、汽车起重机常用电气元件认知

1. 预热起动开关（图 4-7、图 4-8）

（1）作用　接通、断开控制电源；起动、熄灭发动机；接通、断开预热器。

（2）型号　以 JK406C 型为例。

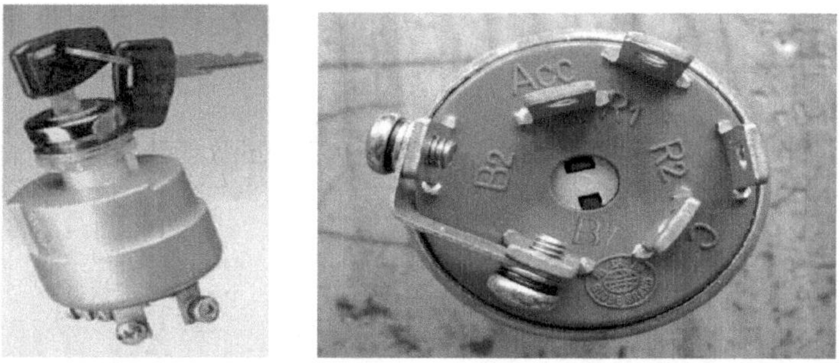

a)　　　　　　b)

图 4-7　预热起动开关及底部接线端子外观图

a）预热起动开关　b）底部接线端子

2. 面板安装式翘板开关（图 4-9）

（1）作用　实现对汽车起重机各种电器的功能控制，如各种车灯、仪表、电磁阀及传感器的通断等。

（2）常用型号　以 JK931、JK932 为例。

（3）分类

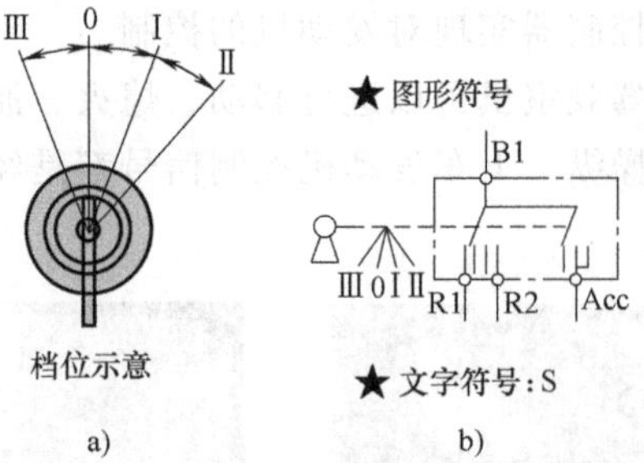

图 4-8 预热起动开关档位示意及图形符号

a）预热起动开关档位示意图 b）预热起动开关图形符号及文字符号

1）有二档位、三档位，有带指示灯和不带指示灯。

2）按操作方式有揿动、揿动带自动复位、揿动带锁扣（须先拨开锁扣后才能揿动，可防止误揿动）三种。

（4）标准电压及额定电流 DC12V（16A）、DC24V（8A）。

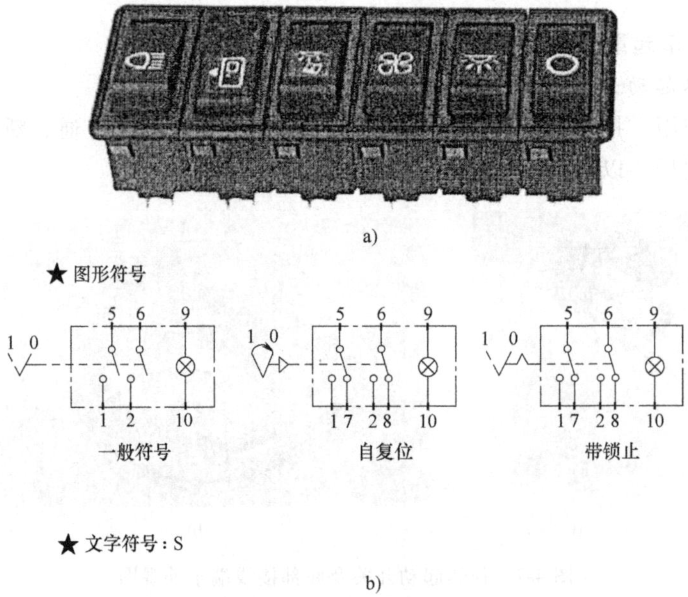

图 4-9 面板安装式翘板开关

a）面板安装式翘板开关外形图 b）面板安装式翘板开关图形符号及文字符号

3. 熔断器

熔断器是一种安装在电路中保证电路安全运行的电气元件。其作用是当电路及电器发生故障或异常，随着电流的升高有可能烧毁线路及电器时，自身熔断、切断电流，从而保护电路及电器，如图 4-10 所示。

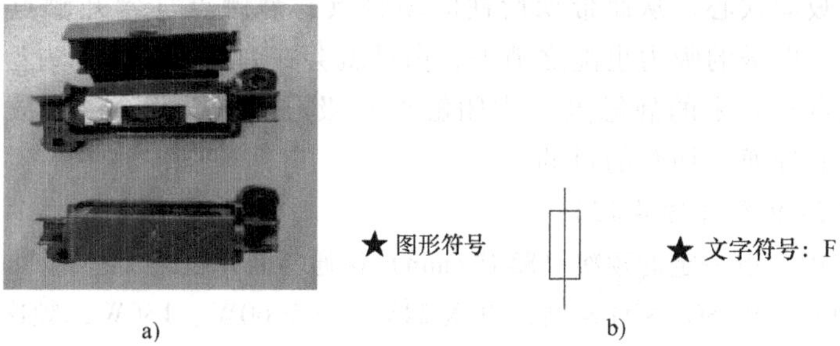

图 4-10　熔断器

a）熔断器外形图　b）熔断器图形符号和文字符号

更换熔丝时一定要关闭点火开关，与原配熔丝规格一致，不能任意加大熔丝的电流等级，更不能用其他导电物代替。如果换上去的熔丝马上又烧断了，说明电路已发生故障，要排除故障后再装上熔丝，千万不能用加大熔丝规格来处理，否则可能扩大故障范围并引起火灾。

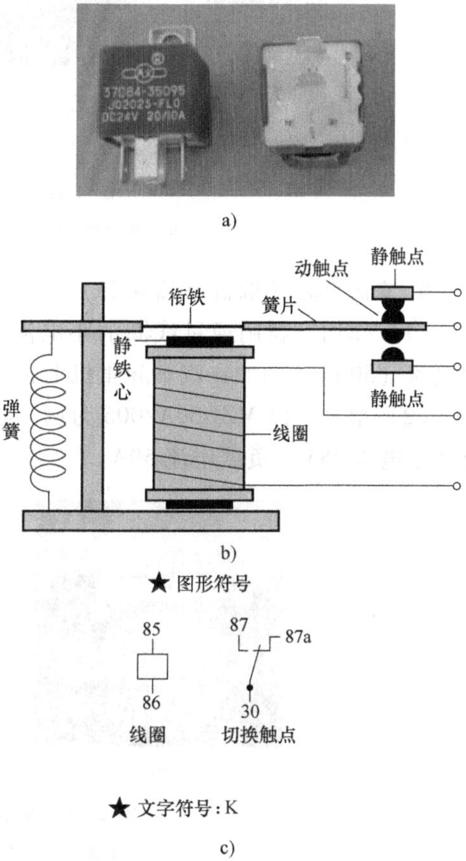

图 4-11　继电器

a）继电器外形图　b）继电器结构图

c）继电器图形符号及文字符号

4. 继电器（图 4-11）

（1）作用

1）扩大控制范围。例如，多触点继电器控制信号达到某一定值时，可以按触点组的不同形式，同时换接、断开、接通多路电路。

2）放大。例如，用一个很微小的控制量，可以控制很大功率的电路。

（2）常用型号　以 JQ202S-FLO 为例，电压 24V，电流 20/10A，其切换负载功率大，抗冲、抗振性高。

（3）电磁继电器的工作原理　电磁继电器一般由铁心、线圈、衔铁、触点、簧片等组成。只要在线圈两端加上一定的电压，线圈中就会流过一定的电流，从而产生电磁效应，衔铁就会在电磁力吸引的作用下克服返回弹簧的拉力吸向铁心，从而带动衔铁的动触点与静触点（常开触点）吸合。当线圈断电后，电磁的吸力也随之消失，衔铁就会在弹簧的反作用力返回原来的位置，使动触点与原来的静触点（常闭触点）吸合。这样吸合、释放，从而达到了在电路中的导通、切断的目的。

5. 闪光继电器（图 4-12）

（1）作用　以一定的频次（85 次/min）接通与断开电路，控制转向灯的明暗。

（2）型号　以 SG 系列为例，电压 24V，功率 60W、130W，频次 85 次/min。

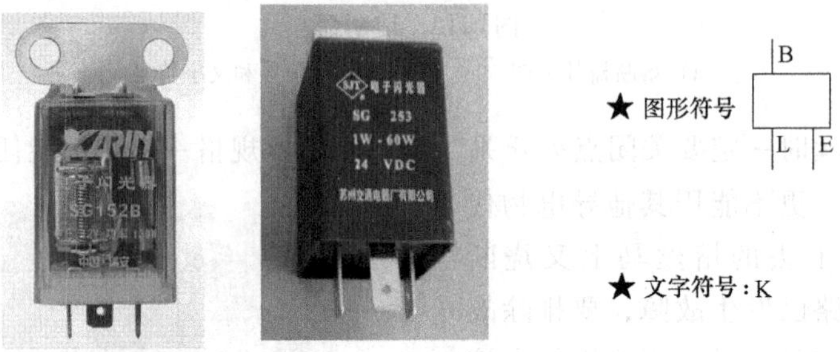

a)　　b)

图 4-12　闪光继电器

a）外形图　b）图形符号及文字符号

6. 直流电磁接触器（图 4-13）

（1）作用　利用通过线圈的小电流（0.4A），去控制其触点带动的较大负载电流（50A）。例如在汽车起重机上，利用直流电磁接触器去控制起动电动机。

（2）型号　以 MZJ-50A/006 为例，线圈额定电压 24V，最大电流 0.4A，触点额定电压 48V，负载电流 50A。

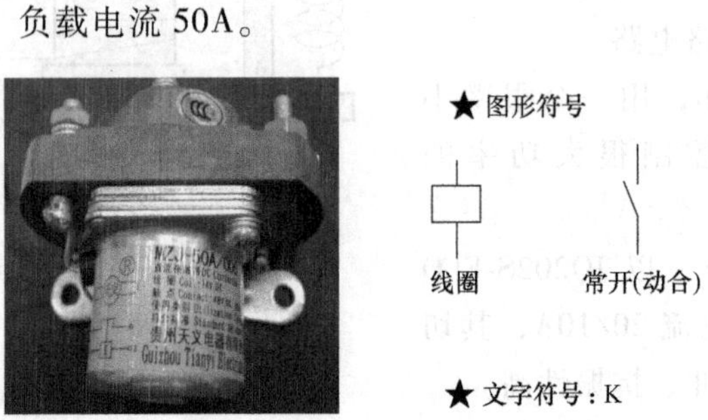

a)　　b)

图 4-13　直流电磁接触器

a）外形图　b）图形符号及文字符号

7. 电磁式电源总开关（图 4-14）

（1）作用　控制全车总电源。

（2）型号　以 DK2312A 为例，电压 24V，电流 300A。

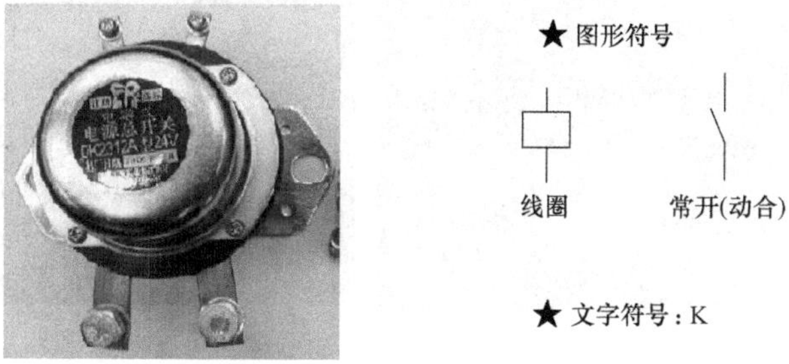

a)　　b)

图 4-14　电磁式电源总开关

a）外形图　b）图形符号及文字符号

8. 电流表（图 4-15）

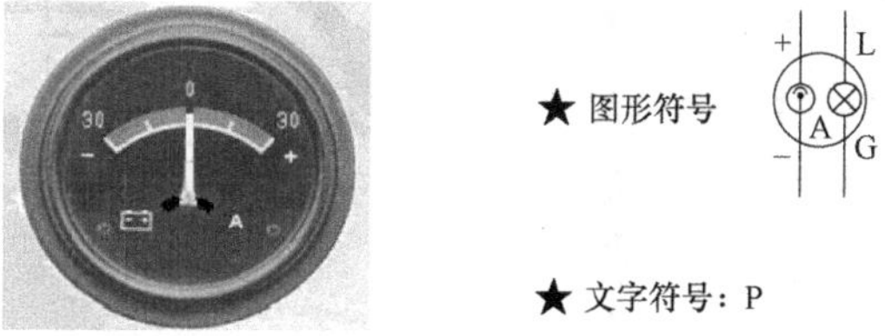

a)　　b)

图 4-15　电流表

a）外形图　b）图形符号及文字符号

（1）作用　电流表串联在充电电路中，用来指示蓄电池充、放电状态。

（2）型号　以 DL922B 为例，电流 30A。

电流表串联在蓄电池与发电机之间，当发电机向蓄电池充电时，指针指向正（+）极区，若蓄电池向负载放电量大于发电机的充电量，则指针指向负（−）极区。

由于电流表接线柱承受电流比较大，不太安全，所以现在的汽车大都使用充电指示灯来观察蓄电池充、放电状态。放电状态时充电灯发亮；充电状态时充电灯熄灭。

电流表正、负极性不可接反。因为汽车起重机负极搭铁，所以电流表“−”接线柱应接蓄电池相线（正极），“+”接线柱接交流发电机相线。

9. 组合开关（图 4-16）

（1）作用　控制转向、变光、超车、刮水器、洗涤、喇叭等。

（2）型号　以 JK33 系列为例。

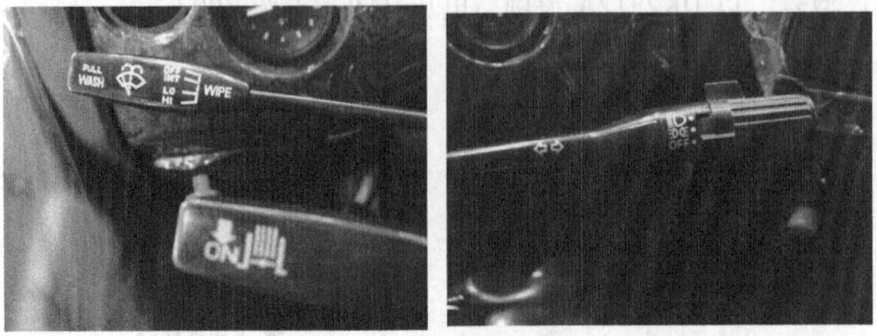

a)

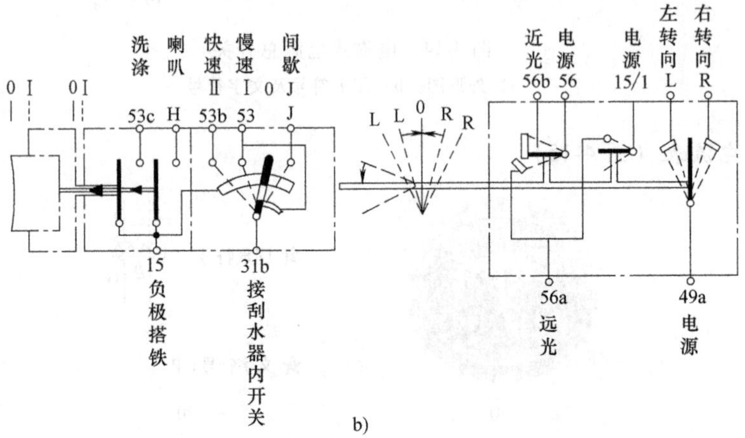

b)

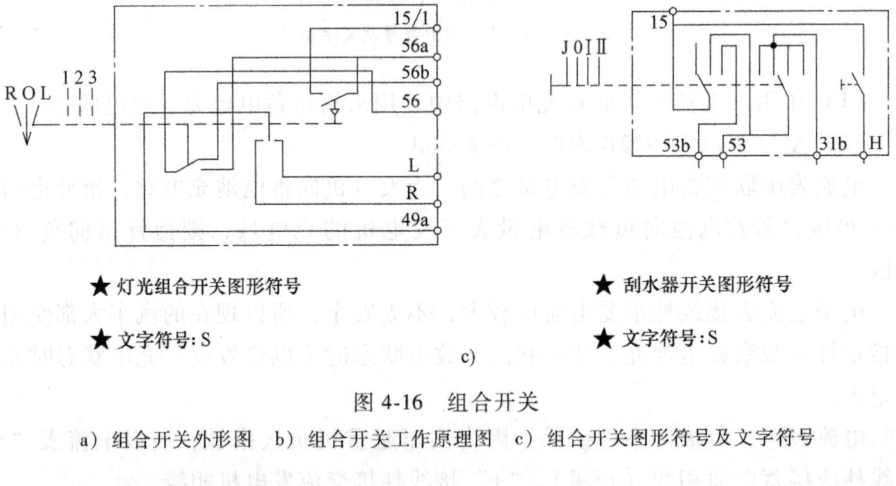

★ 灯光组合开关图形符号

★ 文字符号：S

★ 刮水器开关图形符号

★ 文字符号：S

c)

图 4-16　组合开关

a）组合开关外形图　b）组合开关工作原理图　c）组合开关图形符号及文字符号

10. 三圈保护器（图 4-17）

（1）作用　用于起重机卷扬机构中防止钢丝绳过放的一种安全装置，与卷扬机构中的卷筒相连接，当卷筒上的钢丝绳接近放完时（保留 3~5 圈），通过行程开关切断卷扬机构的动作并报警，以防止安全事故的发生。

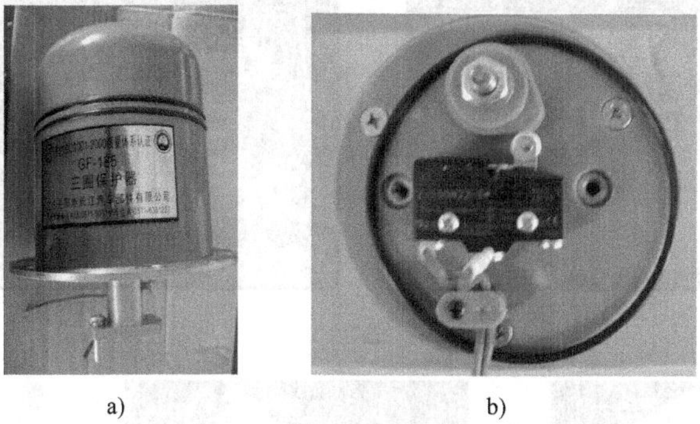

图 4-17　三圈保护器

a）外形图　b）内部结构图

（2）型号　以 GF185 为例，传动比 $i=185$，输出触点为常开/常闭。

（3）调整　使卷筒放至钢丝绳剩 3～5 圈时，行程开关动作使卷扬机构动作并报警。

11. 过卷限位开关（高度限位）

当吊钩接近起重臂的臂头滑轮时，此开关动作，通过力矩限制器控制，停止吊钩起升和起重臂伸出，同时声、光报警，如图 4-18 所示。

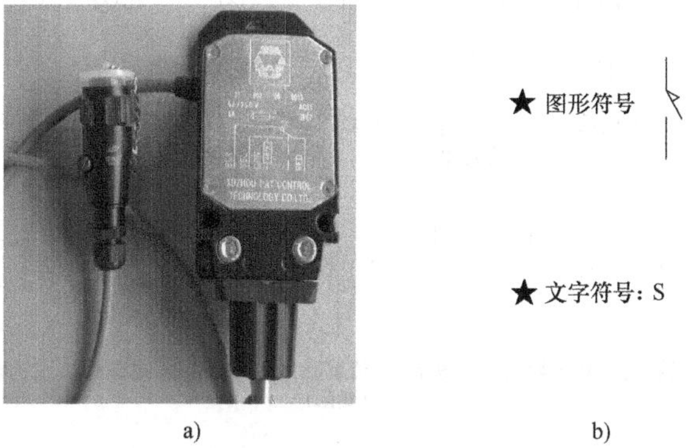

图 4-18　过卷限位开关

a）外形图　b）图形符号及文字符号

12. 力矩限制器

力矩限制器主要由主机、显示器、长度/角度传感器、压力传感器、高度限位器及连接电缆组成，如图 4-19 所示。

4.1.2　汽车起重机电气符号及常用标志框

1. 常用的电气符号

汽车起重机常用电气符号如图 4-20 所示。

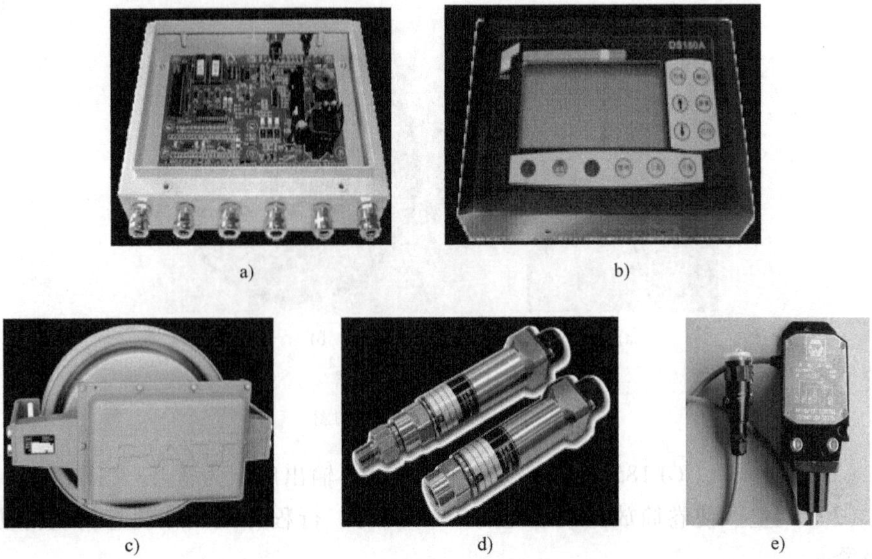

图 4-19　力矩限制器系统结构组成

a）主机　b）显示器　c）长度/角度传感器　d）压力传感器　e）高度限位器

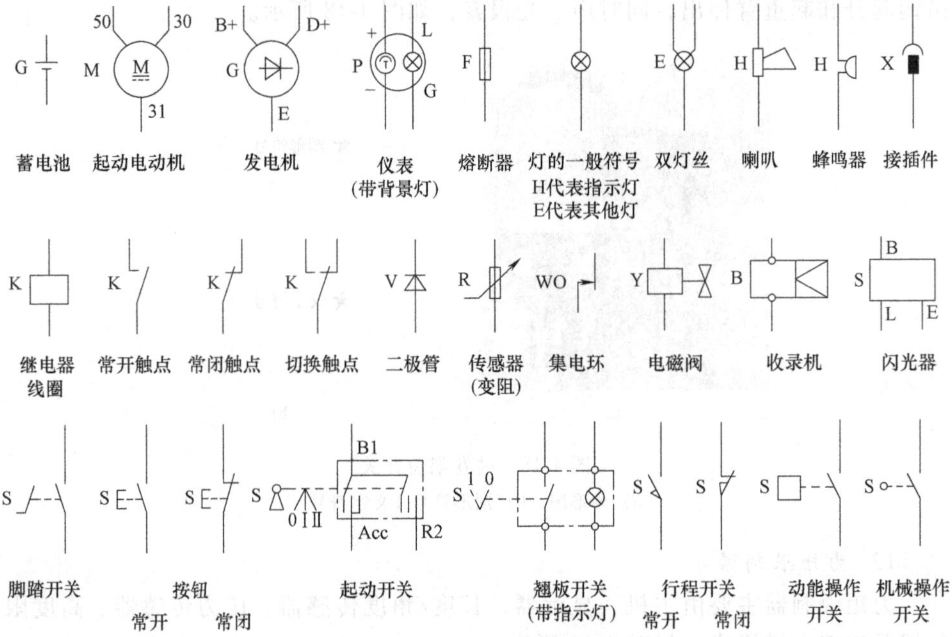

图 4-20　汽车起重机常用电气符号

2. 常用标志框

汽车起重机常用标志框如图 4-21 所示。

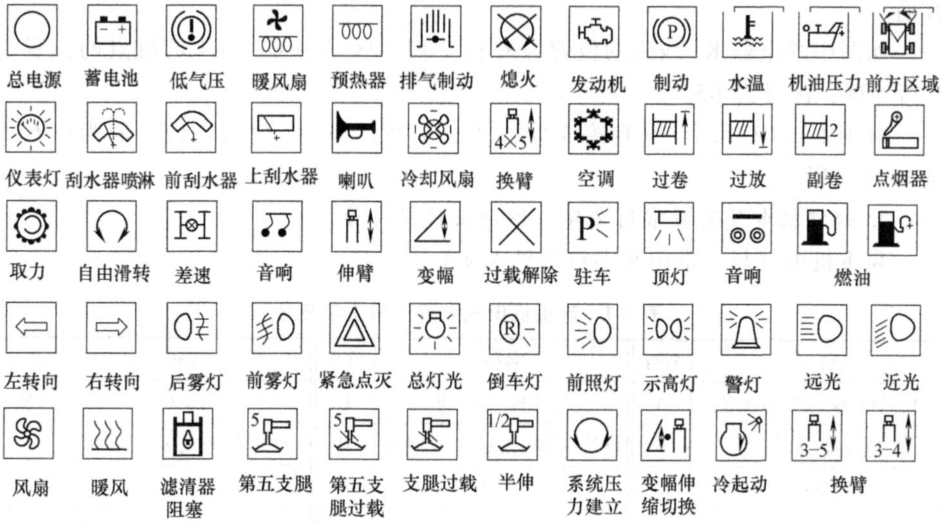

图 4-21　汽车起重机常用标志框

3. 图幅分区

图幅分区的方法：在图的边框处，竖边方向用大写拉丁字母。横边方向用阿拉伯数字；编号的顺序从标题栏相对的左上角开始；分区数为偶数。现以图 4-22 所示汽车起重机图幅分区为例介绍如下。

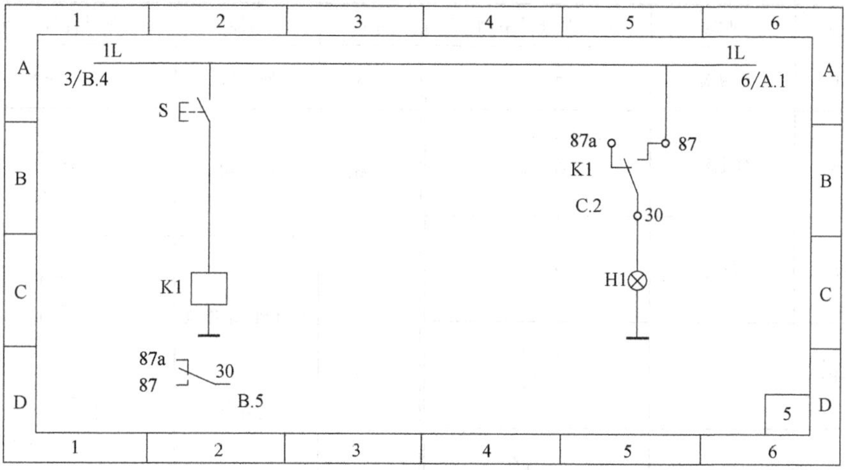

图 4-22　汽车起重机图幅分区

1）行的代号（拉丁字母）分为 4 行 A ~ D。

2）列的代号（阿拉伯数字）分为 6 列 1 ~ 6。

3）用区的代号表示。区的代号为字母和数字的组合，字母在左、数字在右。

如图中继电器 K1 线圈的位置为 C 行 2 列，区号为 C2，K1 的触点的位置为 B 行 5 列，区号为 B5。

电源 1 L（3/B. 4）来自第 3 页的 B 行 4 列，1 L（6/A. 1）的去向为第 6 页的 A 行 1 列。

4. 起重机电气装置常用文字、图形及位置符号

起重机电气装置常用文字符号见表 4-1。

表 4-1　起重机电气装置常用文字符号

名称	符号	名称	符号	名称	符号
控制柜、仪表箱、放大器	A	发动机、蓄电池	G	电动机	M
扬声器、送话器	B	电铃、喇叭、指示灯、蜂鸣器	H	电压表、电流表、温度计	P
电容器	C	继电器	K	电阻、电位器	R
发热器件、空调	E	交、直流电源线	L	控制开关、按钮、行程开关、接近开关、传感器	S
晶体二极管、发光二极管、晶体管	V	端子、插头、插座、连接片	X	电磁阀、电动阀、电磁铁、电磁离合器	Y

起重机电气装置常用文字与图形符号对应关系见表 4-2。

表 4-2　起重机电气装置常用文字与图形符号对应关系

符号	功能	图形符号举例	符号	功能	图形符号举例
—F	熔断器	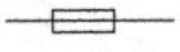	—X	插接件	
—K	继电器	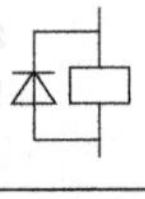	—M	电动机	
—S	开关	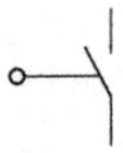	—G	发电机/蓄电池	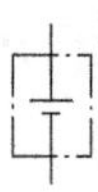
—P	仪表	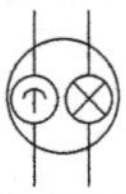	—Y	电磁阀	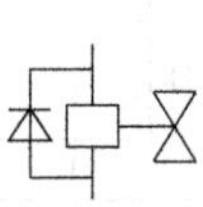
—R	传感器	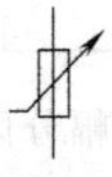			
—H	指示器		—D	二级管	
—E	照明灯	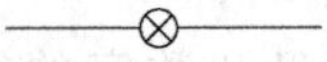	—R	电阻	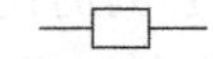

起重机电气装置常用安装位置符号见表 4-3。

表 4-3　起重机电气装置常用安装位置符号

符　　号	安装位置	符　　号	安装位置
+F	车架	+P1	操纵室
+P20	仪表盘		

5. 项目代号

在图上通常用一个图形符号表示的基本件、部件、组件、功能单元、设备、系统等称为项目。项目的大小可能相差很大，电容器、端子板、发电机、电源装置、电力系统等都可以称为项目。

一个完整的项目代号含有四个代号段：

高层代号段，其前缀符号为“=”。

位置代号段，其前缀符号为“+”。

种类代号段，其前缀符号为“-”。

端子代号段，其前缀符号为“:”。

（1）高层代号　系统或设备中任何较高层次项目的代号称为高层代号。例如：某电气系统中的一个控制箱项目代号中，其中电气系统的代号可称为高层代号；又如控制箱中的一个开关的项目代号，其中控制箱的代号可称为高层代号。所以高层代号具有该项目“总代号”的含义。

（2）位置代号　项目在组件、设备、系统中的实际位置的代号，称为位置代号。

（3）种类代号　用以识别项目种类的代号，称为种类代号。

（4）端子代号　项目具有端子标记时，表示端子标记的代号。

项目代号说明如图 4-23 所示。

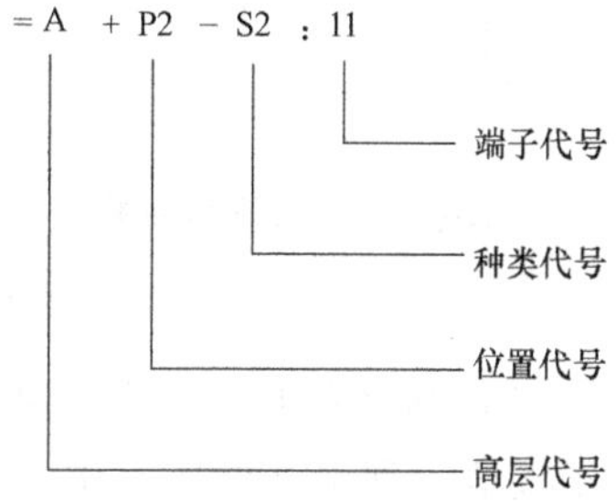

图 4-23　项目代号说明

4.1.3　汽车起重机电气系统原理图解读

1. 底盘起动及充电电路

如图 4-24 所示，充电指示灯通路：接通电源开关 K1，蓄电池正极经 K1、电流表 P1、熔断器 F3、充电指示灯 H1、发电机 D^+磁场绕组、发电机 E 搭铁端形成通路，充电指示灯亮。

当发动机发动后，发电机的电压达到或高于蓄电池电压时，充电指示灯两端电压相等，充电指示灯灭，提示发电机已正常发电。

2. 底盘刮水器电路

底盘刮水器电路如图 4-25 所示。

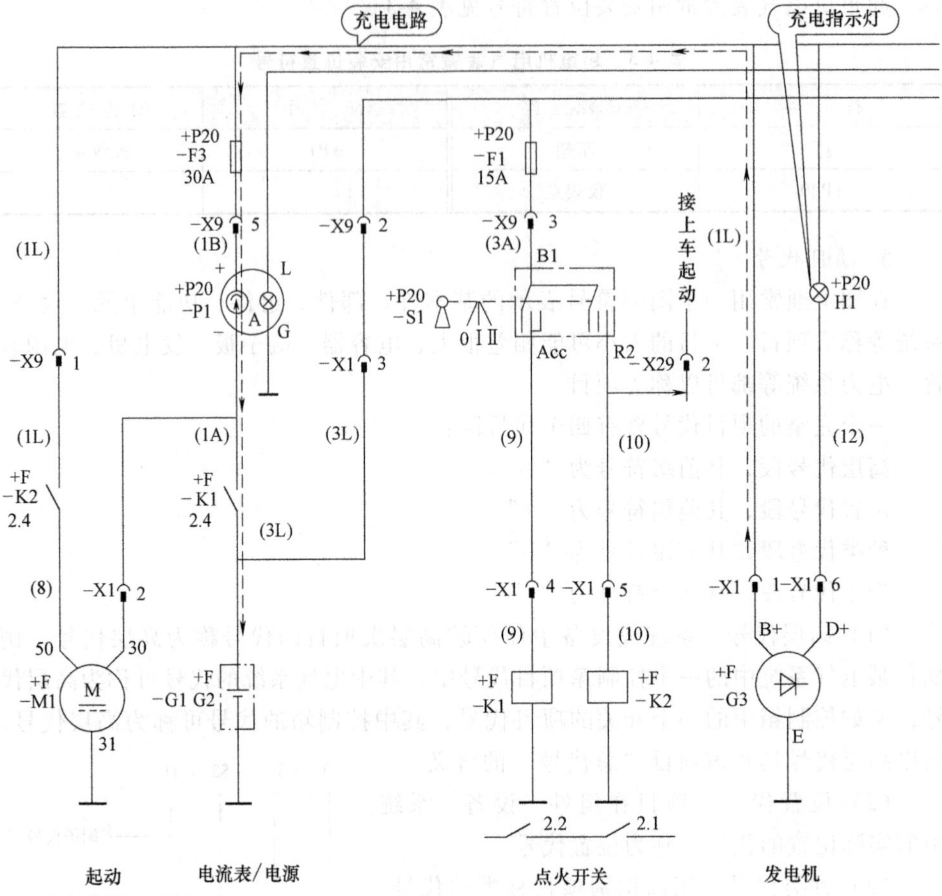

图 4-24　底盘起动及充电电路

（1）刮水器低速工作　刮水器开关 S9 置Ⅰ档，刮水器电动机 A3（53 号线）端子接地，刮水器慢速工作。

（2）刮水器高速工作　刮水器开关 S9 置Ⅱ档，刮水器电动机 A2（53b 号线）端子接地，刮水器快速工作。

（3）刮水器内置复位开关作用　当控制刮水器的开关在任意时刻断开时，保证刮水器停在驾驶窗玻璃的边侧。

3. 紧急点灭与转向灯电路

紧急点灭与转向灯电路如图 4-26 所示。

（1）紧急点灭　闭合紧急点灭开关 S11（从 0 位至 1 位），26 号线、49L 号线和 49R 号线同时接通，闪光器 K3 的 L 端将间歇地输出 24V 电信号通过 26 号线给左、右转向灯（包括右转向指示灯、右前转向灯、右侧转向灯、右后转向灯以及左转向指示灯、左前转向灯、左侧转向灯、左后转向灯），左右转向灯间

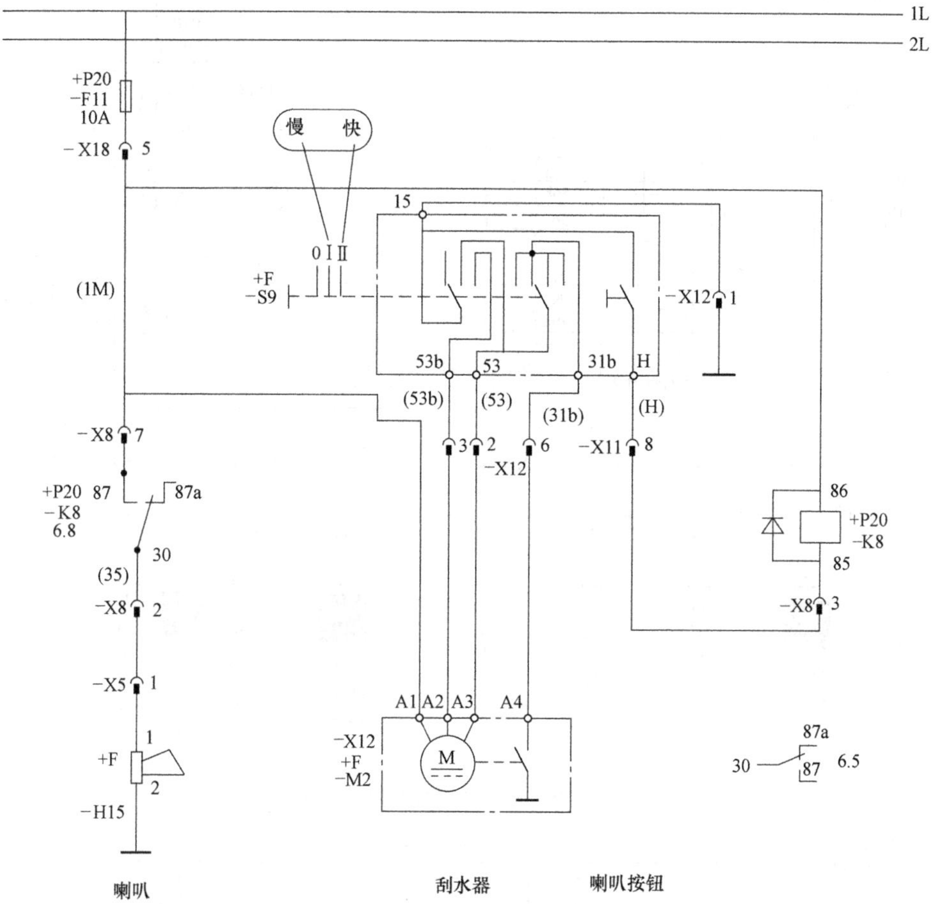

图 4-25 底盘刮水器电路

歇闪烁。

（2）左转向灯　将组合开关操纵杆往左扳动，开关 S9 打至 L 档位，49a 号线和 49L 号线接通，闪光器 K3 的 L 端将间歇地输出 24V 电信号→26 号线→开关 S11→49a 号线→49L 号线→左转向灯，左转向灯间歇闪烁。

（3）右转向灯　将组合开关操纵杆往右扳动，开关 S9 打至 R 档位，49a 号线和 49R 号线接通，闪光器 K3 的 L 端将间歇地输出 24V 电信号→26 号线→开关 S11→49a 号线→49R 号线→右转向灯，右转向灯间歇闪烁。

4. 超车与远近光灯电路

超车与远近光灯电路如图 4-27 所示。

（1）超车　组合开关操纵杆往上抬，超车灯开关闭合，1D 号线和 56a 号线

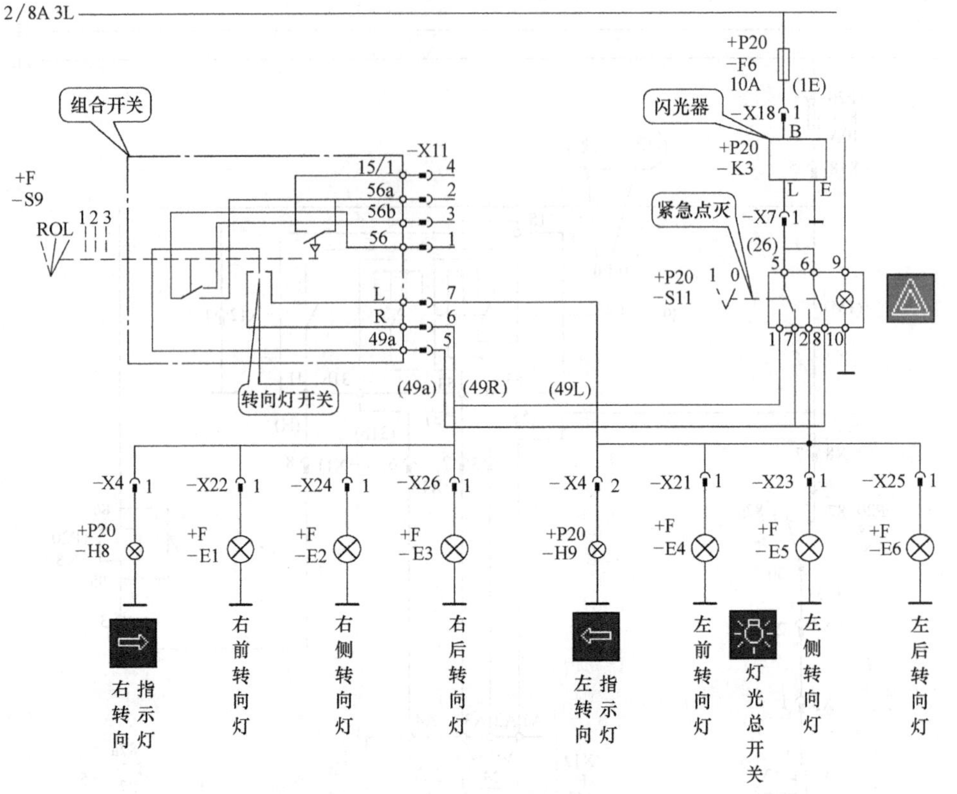

图 4-26　紧急点灭与转向灯电路

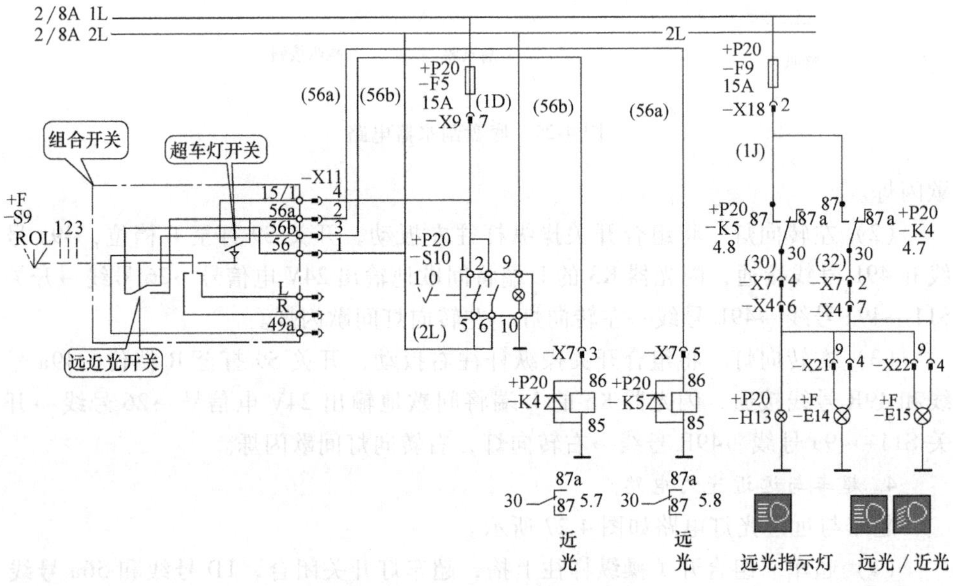

图 4-27　超车与远近光灯电路

接通，K5 继电器线圈得电，其常开触点 87 和 30 闭合，1J 号线和 30 号线接通，此时远光指示灯 H13、E14 和 E15 远光灯丝同时点亮。

（2）远光灯　组合开关拧至前照灯档位，操纵杆往下按，远近光开关至下位，2L 号线和 56a 号线接通，K5 继电器线圈得电，其常开触点 87 和 30 闭合，1J 号线和 30 号线接通，此时远光指示灯 H13、E14 和 E15 远光灯丝同时点亮。

（3）近光灯　组合开关拧至前照灯档位，操纵杆在中位，远近光开关至上位，2L 号线和 56b 号线接通，K4 继电器线圈得电，其常开触点 87 和 30 闭合，1J 号线和 32 号线接通，此时 E14 和 E15 近光灯丝同时点亮。

5. 上车电路

（1）系统压力建立电路　如图 4-28 所示，将翘板开关打到系统压力建立位

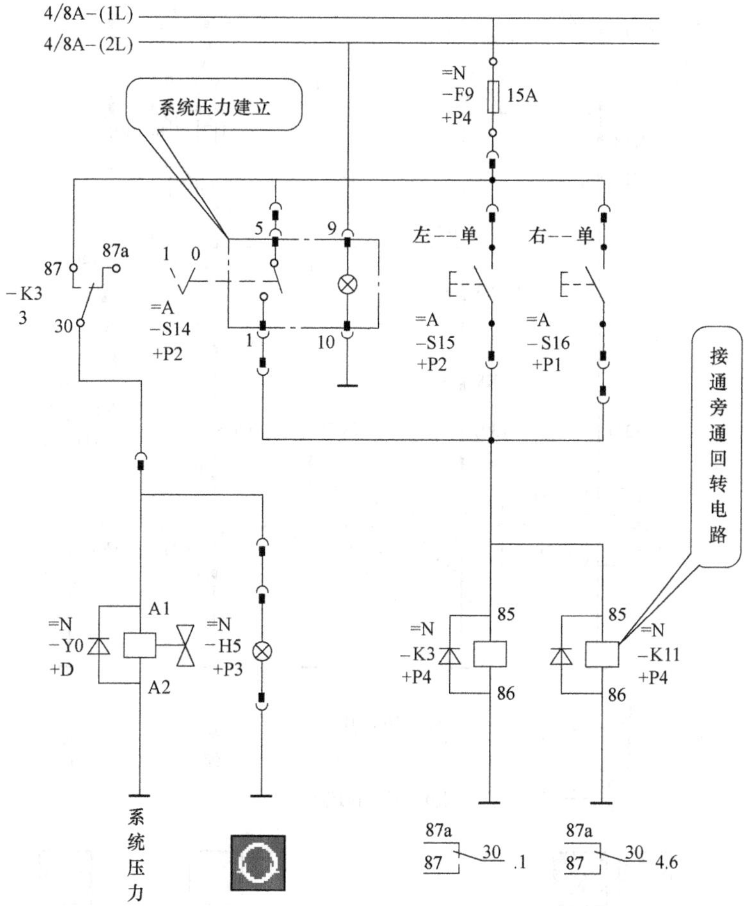

图 4-28　系统压力建立电路

置，则图中S14开关处于1位置，常开触点接通，继电器K3、K11线圈通电，先导阀中的电磁换向阀Y0线圈得电，同时指示灯H5点亮，系统压力建立电路接通；将翘板开关打到取消系统压力位置，则图中S14开关处于0位置，常开触点断开，继电器K3、K11线圈断电，电磁换向阀Y0线圈失电，同时指示灯H5熄灭，系统压力建立电路断开。

（2）伸缩变幅切换电路　如图4-29所示，汽车起重机的伸缩变幅切换控制

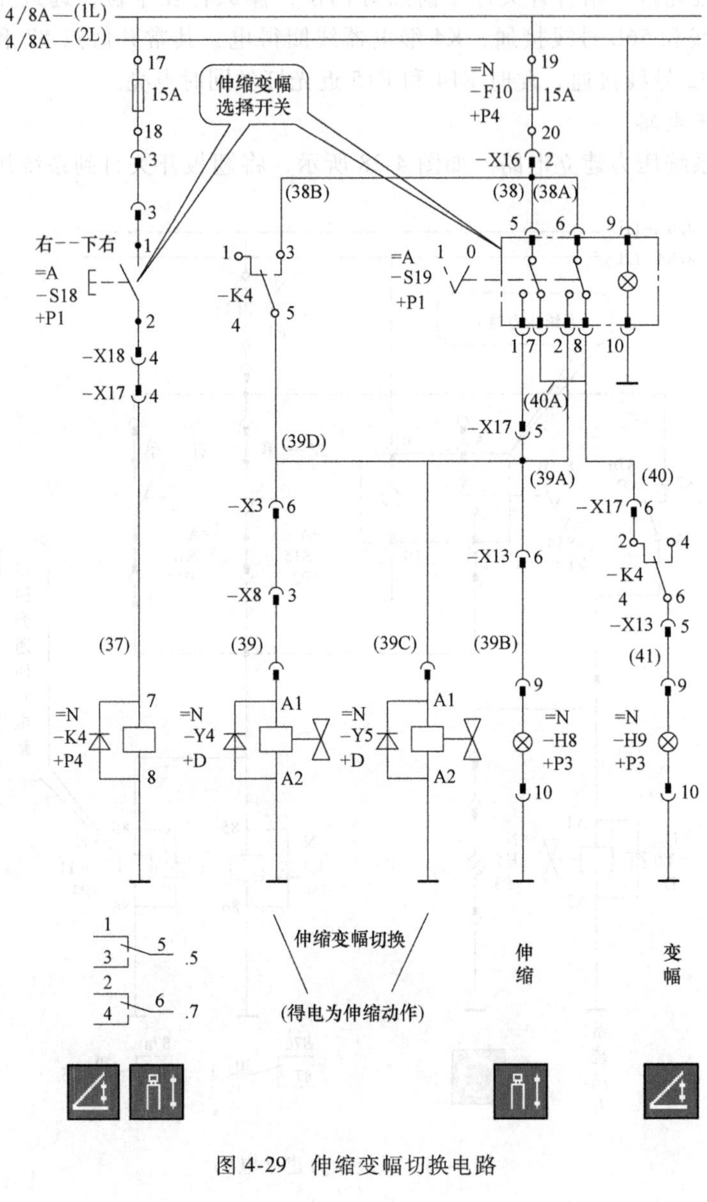

图4-29　伸缩变幅切换电路

有两种，一种是点动按钮控制，另一种是翘板开关控制。操作者可根据实际情况灵活选择使用。当松开 S18 按钮，同时将翘板开关 S19 置于 0 位时，电磁换向阀 Y4、Y5 线圈断电，变幅指示灯 H9 点亮，此时汽车起重机为变幅控制。当按下 S18 按钮或将翘板开关 S19 置于 1 位时，电磁换向阀 Y4、Y5 线圈得电，伸缩指示灯 H8 点亮，此时为汽车起重机伸缩控制。

（3）自由回转电路　如图 4-30 所示，同伸缩变幅切换控制一样，自由回转

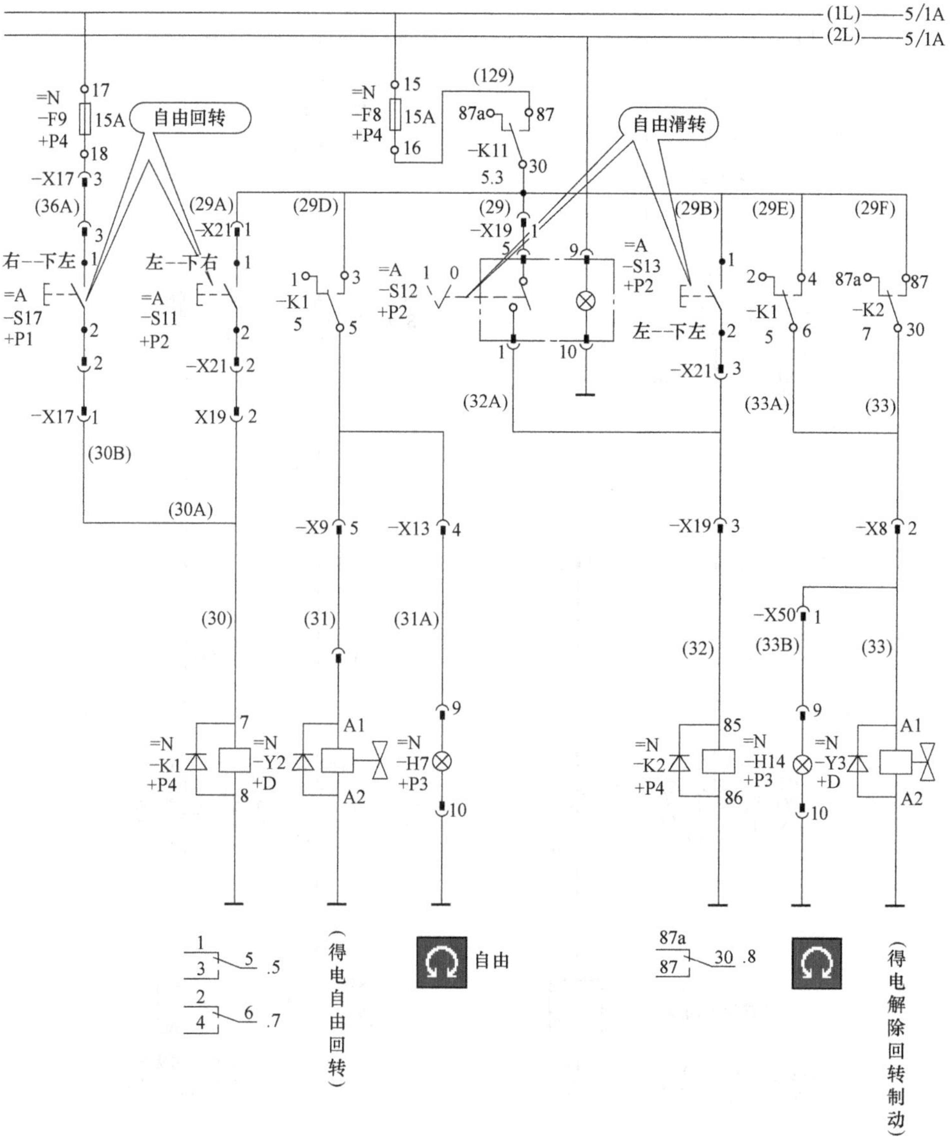

图 4-30　自由回转电路

控制也分为点动和连续控制两种，系统压力建立后，继电器 K11 线圈得电，K11 常开触点闭合，将翘板开关 S12 置于 1 位，或按下按钮 S13，继电器 K2 线圈得电，K2 常开触点闭合，电磁换向阀 Y3 得电，同时指示灯 H14 点亮，回转制动解除，此时按下 S17 或 S11，继电器 K1 线圈得电，K1 常开触点闭合，电磁换向阀 Y2 得电，指示灯 H7 点亮，实现自由回转。

（4）换臂与副卷工作选择电路　换臂与副卷工作选择电路如图 4-31 所示。

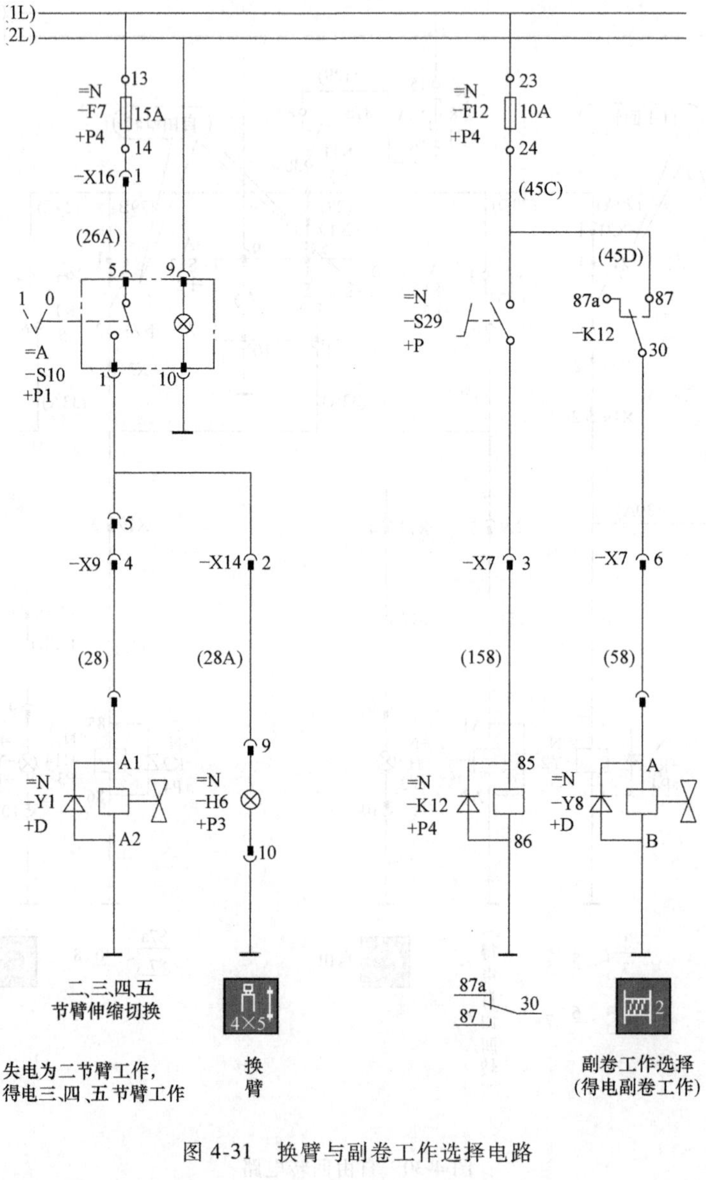

图 4-31　换臂与副卷工作选择电路

1）二节臂与三、四、五节臂切换　将翘板开关 S10 置于 0 位时，电磁换向阀 Y1 失电，此时二节臂工作；当 S10 置于 1 位时，电磁换向阀 Y1 得电，换臂指示灯 H6 点亮，此时三、四、五节臂可工作。

2）副卷工作选择　当脚踏开关 S29 未踩下时，其常开触点断开，继电器 K12 失电，K12 常开触点断开，电磁换向阀 Y8 失电，副卷不工作；当脚踏开关 S29 被踩下时，其常开触点处于闭合状态，继电器 K12 得电，K12 常开触点闭合，电磁换向阀 Y8 得电，副卷工作。

（5）过卷、过放、过载电路　过卷、过放、过载电路如图 4-32 所示。

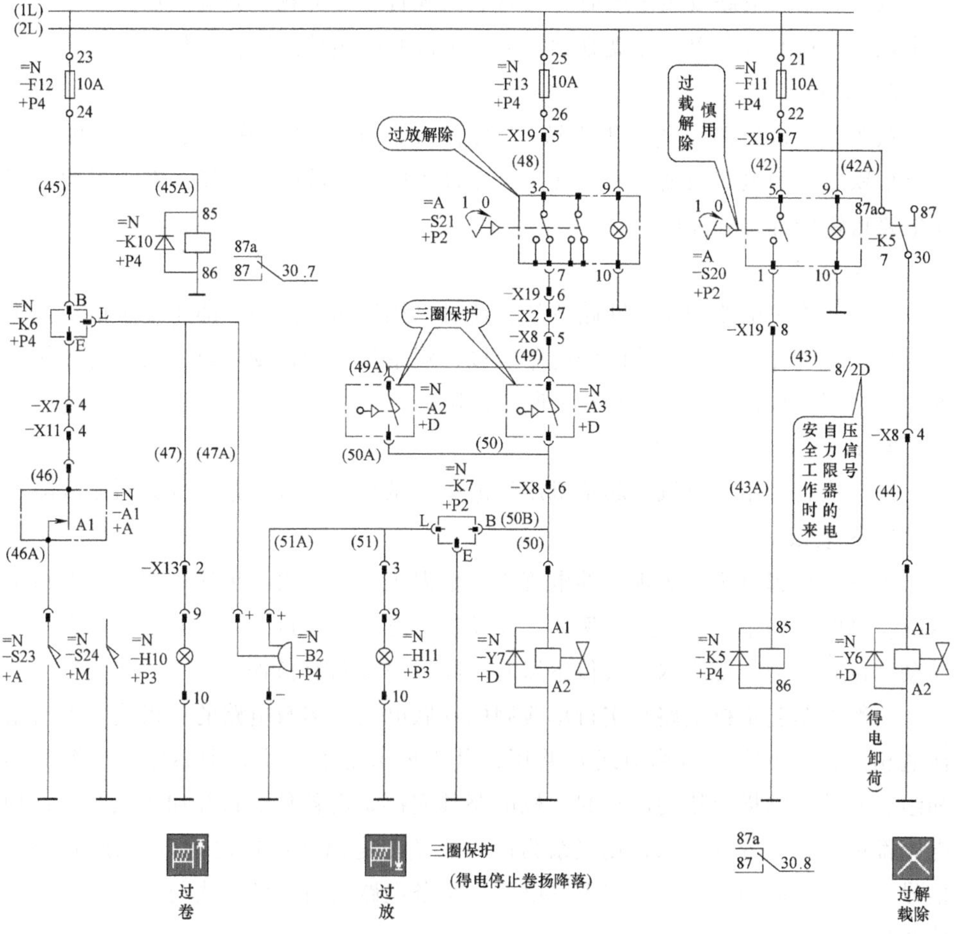

图 4-32　过卷、过放、过载电路

1）过卷时，限位开关 S23 或 S24 常开触点闭合，闪光器 K6 得电，输出脉冲信号，过卷报警灯 H10 闪亮，同时报警蜂鸣器 B2 响。

2）过放时，A2或A3常开触点闭合，电磁阀Y7得电，停止卷扬降落，同时闪光器K7得电，输出脉冲信号，过放报警指示灯H11闪亮，同时报警蜂鸣器B2响；将S21旋至1位置，可解除此报警信号。

3）过载时，电磁阀Y6得电卸荷。此时，如将S20旋至1位置，其常开与ECU接通，继电器K5得电，K5常闭触点断开，切断卸荷电路。

4.1.4 汽车起重机电气与电子系统故障分析与排除方法和步骤

一、汽车起重机电气故障的常用检修方法

1. 直观诊断法

汽车起重机电路发生故障时，有时会出现冒烟、火花、异响、焦臭、发热等异常现象。这些现象可直接观察到，从而可以判断出故障所在部位。

2. 断路法

汽车起重机电路设备发生搭铁（短路）故障时，可用断路法判断，即将怀疑有搭铁故障的电路段断开后，观察电器设备中搭铁故障是否还存在，以此来判断电路搭铁的部位和原因。

3. 短路法

汽车起重机电路中出现断路故障，还可以用短路法判断，即用十字槽螺钉旋具或导线将被怀疑有断路故障的电路短接，观察仪表指针变化或电器设备工作状况，从而判断出该电路中是否存在断路故障。

4. 试灯法

试灯法就是用一只汽车起重机用灯泡作为试灯，检查电路中有无断路故障。

5. 仪表法

观察汽车起重机仪表板上的电流表、水温表、燃油表、机油压力表等的指示情况，判断电路中有无故障。例如，发动机冷态，接通点火开关时，水温表指示满刻度位置不动，说明水温表传感器有故障或该线路有搭铁。

一般汽车起重机电路是实行单线制的并联电路，多数电路的正极线分别与熔体盒相接，负极线（俗称地线）共用，其重要节点有三个，即熔体盒、继电器和组合开关。纵横交错的汽车起重机电路其实都是由各种电路叠加而成的，每种电路都可以独立分列出来，化复杂为简单。整车电路按照用途可以划分为灯光、信号、仪表、起动、点火、充电等电路。每条电路有自己的导线与控制开关或熔体盒相连接。

绝大部分电线的一端接熔体或开关，另一端连接继电器或用电设备。例如前照灯电路：一路是电源支路，即熔体盒（正极线）→前照灯继电器→前照灯→负极线；另一路是控制支路，即熔体盒→组合开关→前照灯继电器→负极线。其他

用电设备，如小灯、制动灯、转向灯、车厢灯、刮水器等用电设备的电路也基本相似。

二、汽车起重机电气故障的检修步骤

1. 故障调查

（1）问　汽车起重机发生故障后，首先应向操作者了解故障发生的第一手情况，有利于根据电气工作原理来分析发生故障的原因。

（2）看　熔断器内熔丝是否熔断，其他电气元件有无烧坏、发热、断线，导线连接螺钉有无松动，电动机的转速是否正常。

（3）听　电动机、变压器和有些电气元件在运行时声音是否正常，可以帮助寻找故障的部位。

（4）摸　电动机、变压器和电气元件的线圈发生故障时，温度显著上升，可切断电源后用手去触摸。

2. 电路分析

根据调查结果，参考该汽车起重机的电气原理图进行分析，初步判断出故障产生的部位，然后逐步缩小故障范围，直至找到故障点并加以消除。

3. 断电检查

检查前先断开汽车起重机总电源，然后根据故障可能产生的部位，逐步找出故障点。检查时应先检查电源线进线处有无碰伤而引起的电源接地、短路等现象，熔断器的熔断指示器是否点亮，热继电器是否动作。然后检查电气外部有无损坏，连接导线有无断路、松动，绝缘是否过热或烧焦。

4. 通电检查

做断电检查仍未找到故障时，可对电气设备做通电检查。首先用万用表检查电源电压是否正常，有无断相或严重不平衡。然后再进行通电检查，检查的顺序：先检查控制电路，后检查主电路；先检查辅助系统，后检查主系统；合上开关，观察各电气元件是否按要求动作，有无冒火、冒烟、熔断器熔断的现象，直至查到发生故障的部位。

4.2　汽车起重机电气与电子系统维修技能训练

技能训练

技能训练1　电源系统故障诊断与排除

汽车起重机电源系统故障分析与排除见表4-4。

表 4-4 汽车起重机电源系统故障分析与排除

序号	故障内容	现象描述	原因分析	排除方法
一	整车无电	总开关扳到送电位置，钥匙开关不起到送电作用	1）蓄电池无电 2）线束接线端子 X1:3、X1:4 损坏（说明：数字 3 和 4 分别代表端子代号，后同） 3）熔断器 F1、F2 损坏 4）钥匙开关损坏 5）电流表损坏 6）K1 继电器损坏	1）检查蓄电池正极对地 24V 2）检查线束接线端子 X1:3—24V、X1:4—24V 3）检查熔断器 F2:2—24V；F1:2—24V 4）检查钥匙开关。原始位置 S1:B—24V ①开到Ⅰ档 S1:Br—24V、熔断器 F1:1—24V、F1:2—24V ②开到Ⅱ档 S1:R2—24V 5）检查电流表 P1:1、P1:2 两端对地均为 24V 6）检查 K1 继电器，当钥匙开关开到Ⅰ档时 K1:86—24V、K1:30—24V、K1:87—24V

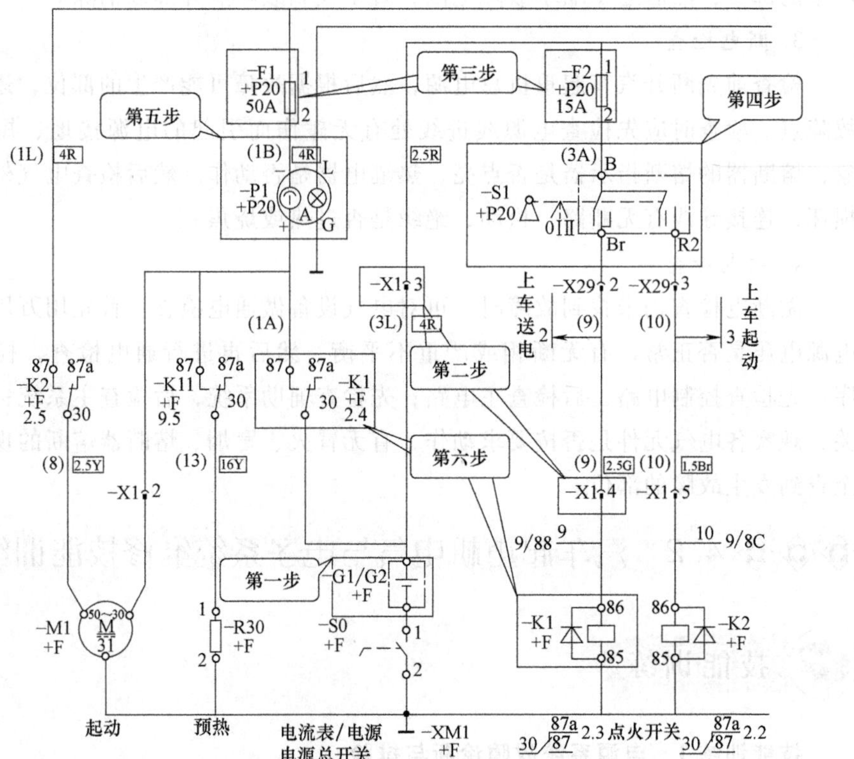

（续）

序号	故障内容	现象描述	原因分析	排除方法
二	上车无电源	下车各种动作正常，没给上车提供电源	1）熔断器 F15 损坏 2）X2:7 接线端子损坏 3）中心回转体集电环下部 X29:1 接线端子接触不好 4）回转体上部接线端子 1 号线损坏	1）熔断器 F15:2—24V 2）接线端子 X2:7(3C 号线)—24V 3）中心回转体集电环下部 X29:1—24V 4）回转体上部接线端子 1 号线—24V

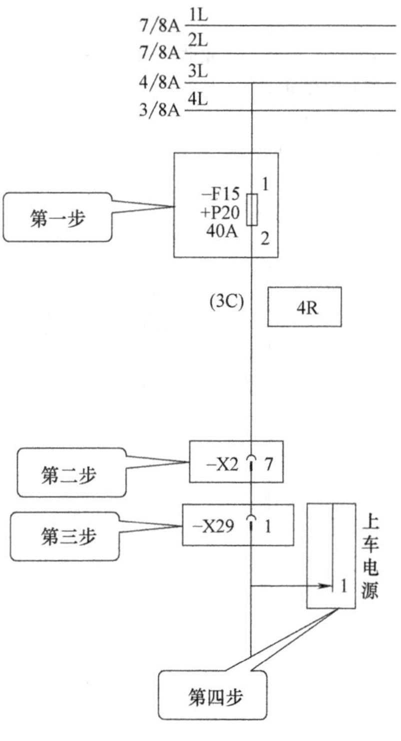

（续）

序号	故障内容	现象描述	原因分析	排除方法
三	上车无电	下车供电正常，但当钥匙开关打到Ⅰ档（送电）时，上车无电	1）钥匙开关 S0 损坏 2）继电器 K0 损坏	1）钥匙开关送电后 S0：BR—24V 2）继电器 K0：85—24V。K0：87—24V，上车供电
			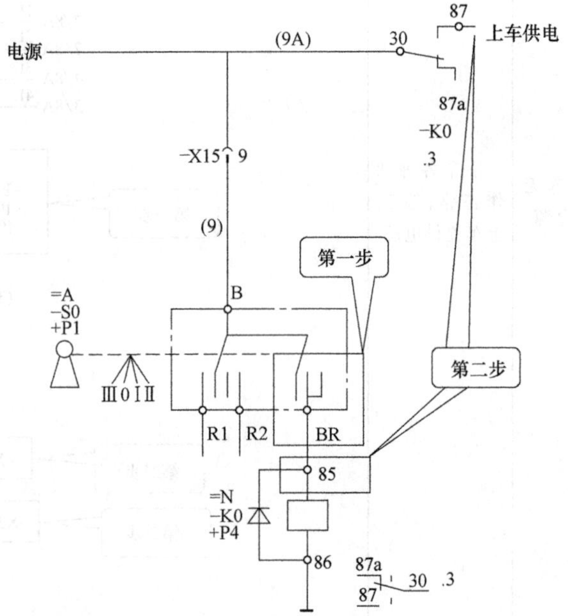	

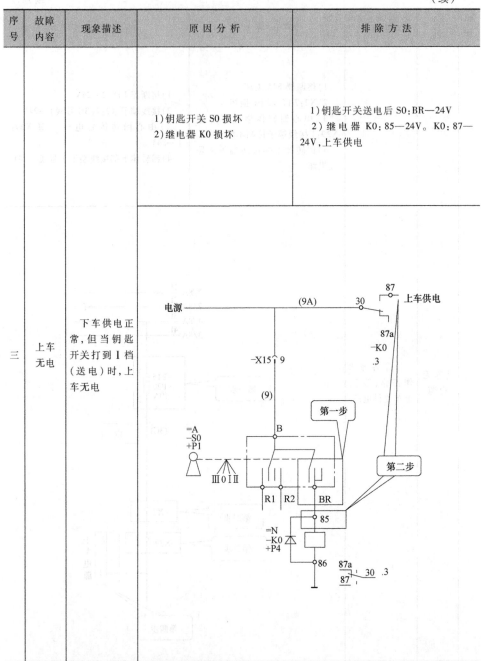

技能训练 2　起动系统故障诊断与排除

汽车起重机起动系统故障分析与排除见表 4-5。

表 4-5　汽车起重机起动系统故障分析与排除

<table>
<tr><th>序号</th><th>故障内容</th><th>现象描述</th><th>原因分析</th><th>排除方法</th></tr>
<tr><td rowspan="2">一</td><td rowspan="2">没有低温起动</td><td rowspan="2">气温在-15℃以下时发动机不起动</td><td>1)接线端子 X78:5、X77:6 损坏
2)K11 继电器损坏
3)加热器 R30 损坏</td><td>1)检查接线端子 X78:5—24V、X77:6—24V
2)检查继电器 K11:30—24V、继电器 K11:87—24V
3)检查加热器 R30:1—24V
4)检查低温加热起动后 ECU 的 X79:4(20)输出一个开关量是否使预热指示灯点亮</td></tr>
<tr><td colspan="2">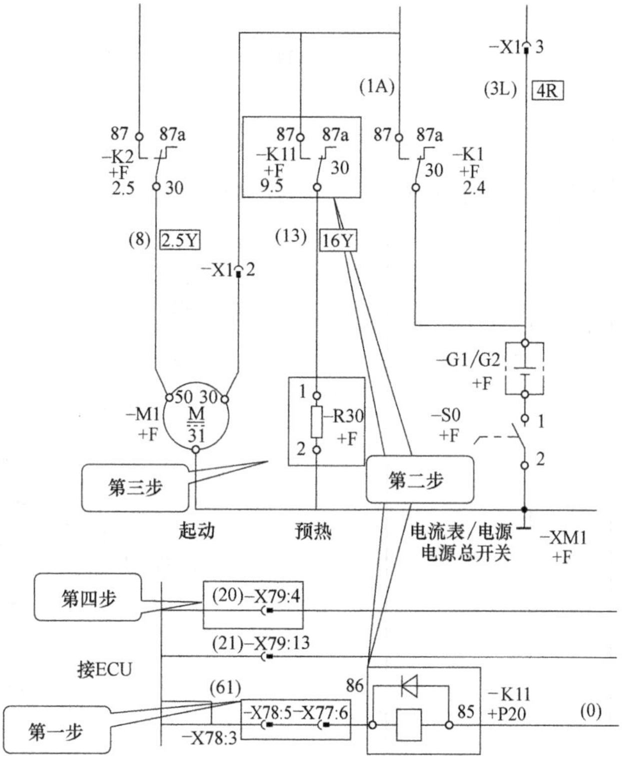</td></tr>
</table>

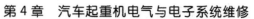

（续）

序号	故障内容	现象描述	原因分析	排除方法
二	上车无起动	下车供电正常，但钥匙开关打至Ⅱ档（起动）时无法起动	1）钥匙开关 S0 损坏 2）至集电环接线端子 X4：1 损坏	1）钥匙开关开至起动档后 S0：R2（2 号线）—24V 2）至集电环接线端子 X10：2（2 号线）—24V；接线端子 X4：1—24V 3）接线端子 X15：9—24V
			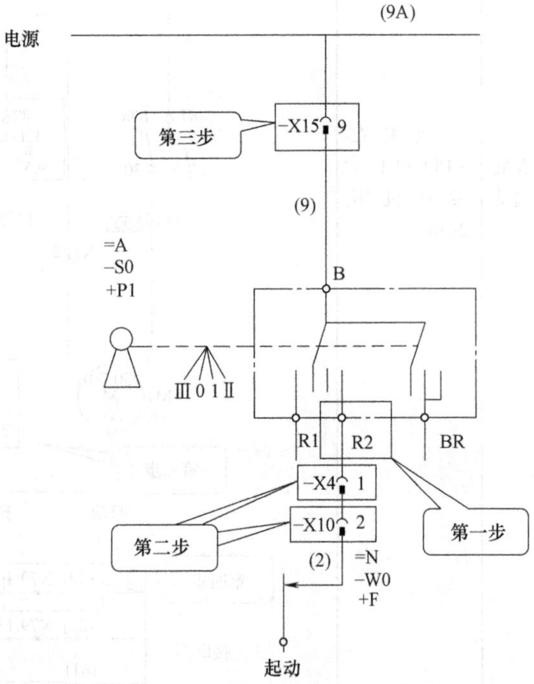	

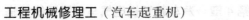

（续）

序号	故障内容	现象描述	原因分析	排除方法
三	上车无熄火	下车供电正常，但钥匙开关至熄火档时没有熄火	1）钥匙开关 S0 损坏 2）至集电环接线端子 X10:3 损坏 3）接线端子 X15:9 损坏 4）下车接线端子 X79:21 损坏	1）钥匙开关送电后 S0:R1（3 号线）—24V 2）至集电环接线端子 X10:3（3 号线）—24V（接到下车 X29:14） 3）接线端子 X15:9—24V 4）下车接线端子 X79:21（36 号线）—24V
			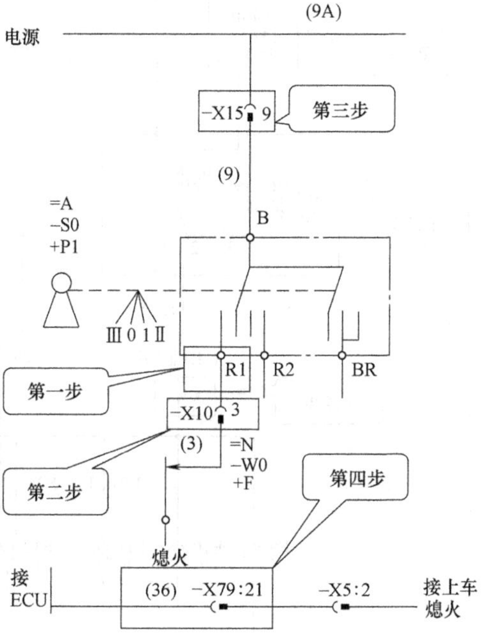	

技能训练 3　照明系统故障诊断与排除

汽车起重机照明系统故障分析与排除见表 4-6。

表 4-6　汽车起重机照明系统故障分析与排除

序号	故障内容	现象描述	原因分析	排除方法
一	驾驶室仪表和照明灯不亮	其他电器正常，驾驶室仪表和照明灯不亮	1）熔断器 F5 损坏 2）行车灯开关 S10 损坏 3）组合开关 S9 损坏 4）接线端子 X4：3 损坏	1）熔断器 F5：12—24V 2）行车灯开关 S10：2—24V 3）组合开关 S9 输出 24V 4）接线端子 X4：3—24V

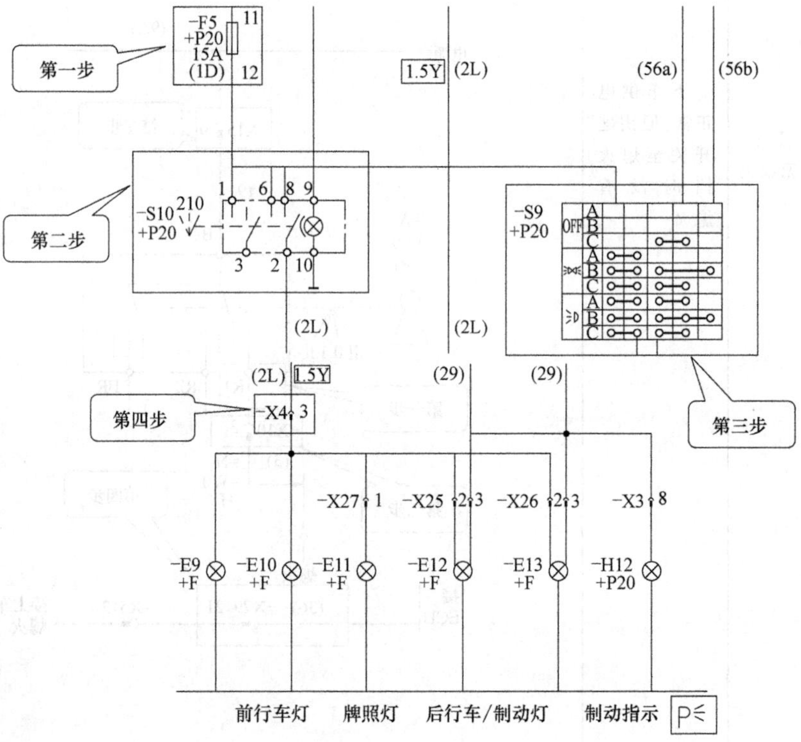

（续）

序号	故障内容	现象描述	原因分析	排除方法
二	雾灯不亮	其他灯正常,按下雾灯开关时雾灯不亮	1)熔断器 F10 损坏 2)雾灯开关 S15 损坏 3)继电器 K7 损坏 4)雾灯接线端子 X4:8(前)、X28:1(后)损坏 5)雾灯灯泡损坏	1)熔断器 F10:12—24V 2)当雾灯开关 S15 打到 1 档时,S15:5—24V 3)当打开雾灯开关 S15 时,继电器 K7:86(33 号线)、K7:30(34 号线)—24V 4)当打开雾灯开关 S15 时,前雾灯接线端子 X4:8—24V,后雾灯接线端子 X28:1—24V 5)检查灯泡是否损坏

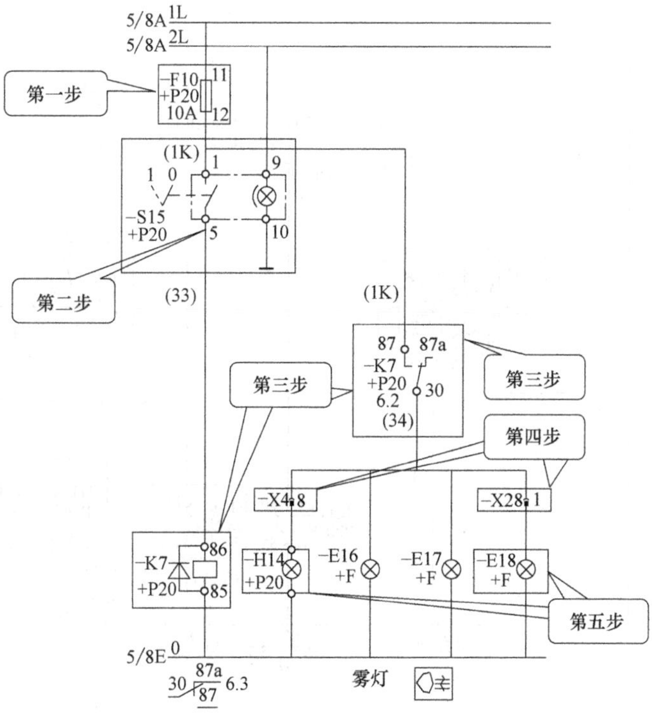

（续）

序号	故障内容	现象描述	原因分析	排除方法
三	下车无远光	下车有近光、无远光	1）组合开关远光开关触点损坏 2）远光继电器损坏 3）双灯丝烧断	1）检测组合开关打开远光时线号S9：56a—0V 2）检测组合开关打开远光时，继电器K5：87（30号线）—24V 3）用有源法判断前照灯灯丝的好与坏

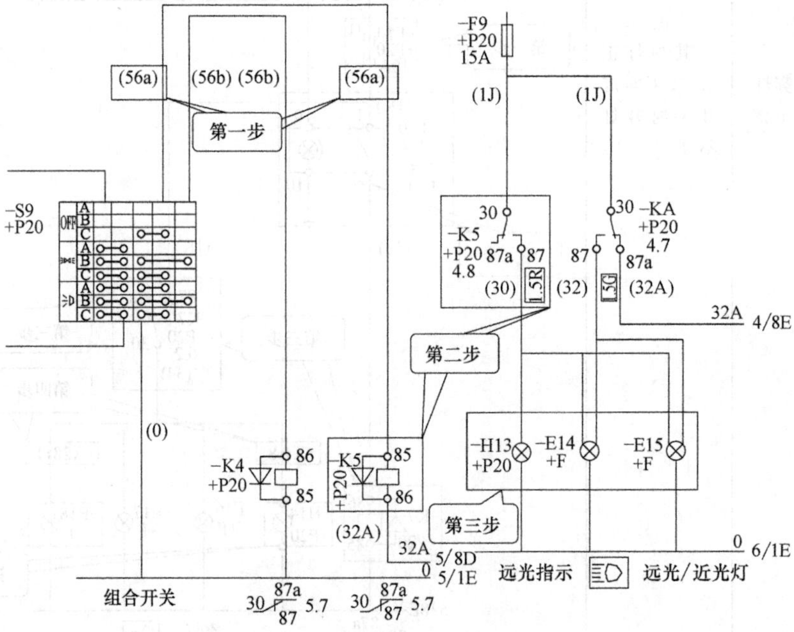

（续）

<table>
<tr><th>序号</th><th>故障内容</th><th>现象描述</th><th>原因分析</th><th>排除方法</th></tr>
<tr><td rowspan="2">四</td><td>前照灯不亮</td><td>有转向灯，无前照灯</td><td>1）组合开关前照灯开关S9：56a触点损坏
2）继电器K5损坏
3）前照灯损坏</td><td>1）组合开关前照灯开关扳到前照灯工作位置时
①远光灯位置：S9：56a触点—24V，继电器K4不工作，继电器K5工作
②近光灯位置：S9：56b触点—24V，继电器K5不工作，继电器K4工作
2）组合开关前照灯开关扳到前照灯工作位置时
①远光灯位置：K5：87（30号线）触点—24V
②近光灯位置：K4：87（32号线）触点—24V
3）用有源法判断前照灯灯丝的好与坏</td></tr>
<tr><td colspan="4">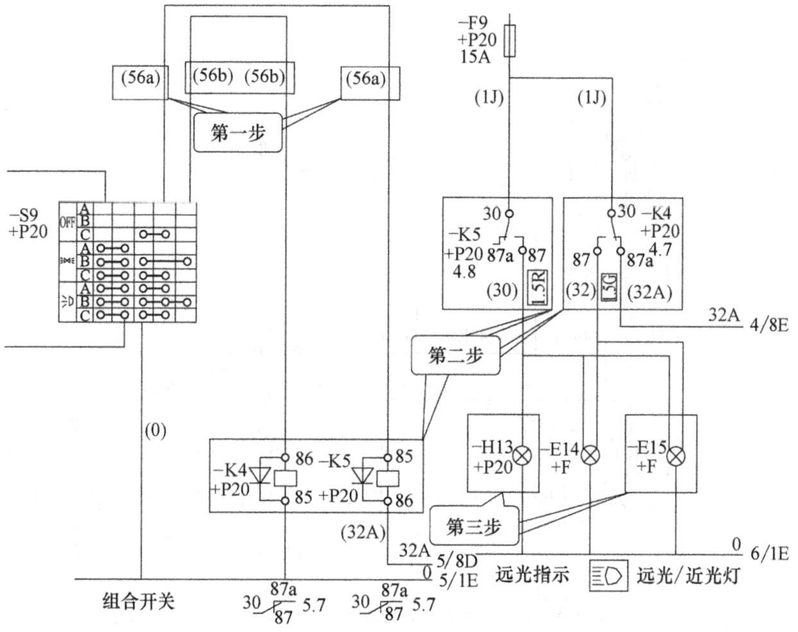
</td></tr>
</table>

（续）

序号	故障内容	现象描述	原因分析	排除方法
五	无转向灯	转向灯仪表盘无转向指示，底盘前、后侧均无转向指示	1）熔断器 F6 损坏 2）组合开关 S9 转向灯开关损坏 3）前接线端子 X4：1、X4：2 损坏；后接线端子 X25：1、X26：1 损坏 4）闪光继电器 K3 损坏 5）灯泡损坏	1）熔断器 F6：12（38 号线）—24V 2）组合开关大灯开关分别打到左或右转向灯工作位置时 ①左转向灯：49L 触点—24V，闪烁 ②右转向灯：49R 触点—24V，闪烁 3）组合开关大灯开关分别打到左或右转向灯工作位置时 ①左转向灯：接线端子 X4：2—24V、X25：1—24V，闪烁 ②右转向灯：接线端子 X4：1—24V、X26：1—24V，闪烁 4）组合开关大灯开关分别打到左或右转向灯工作位置时，闪光器 K3：B—24V、K3：L—24V，闪烁；K3：E 应有良好的接地 5）用有源法判断灯丝的好与坏

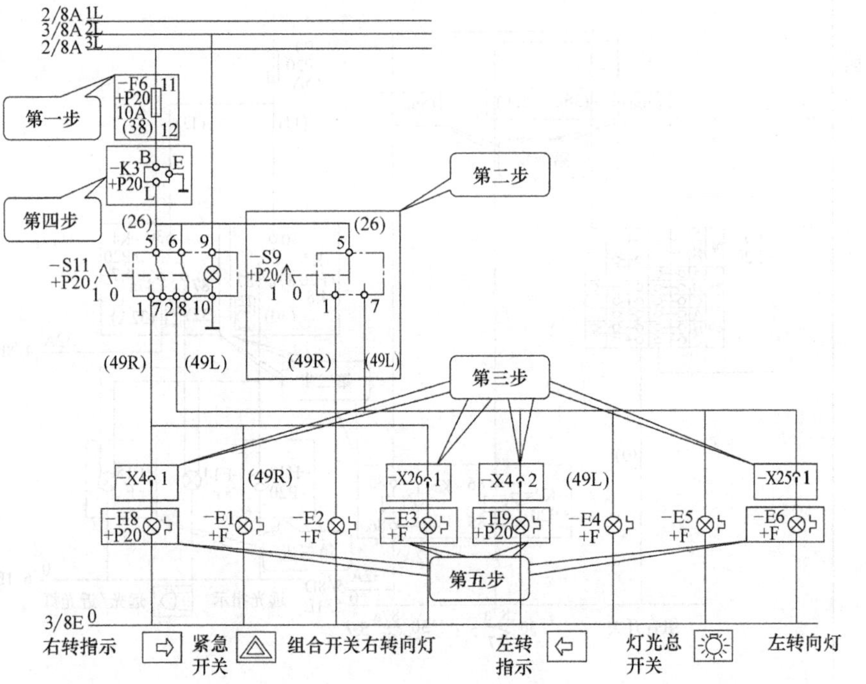

（续）

序号	故障内容	现象描述	原因分析	排除方法
六	紧急灯光不亮	其他电器及行驶灯正常，唯有紧急灯光不亮	1)熔断器 F6 损坏 2)闪光器 K3 损坏 3)紧急开关 S11 损坏	1)检查熔断器 F6:12(38 号线)—24V 2)紧急开关扳到工作位置时，闪光器 K3:B—24V、K3:L—24V，闪烁；K3:E 应有良好的接地 3)紧急开关扳到工作位置时 ①左转向灯：接线端子 X4:2—24V、X25:1—24V，闪烁 ②右转向灯：接线端子 X4:1—24V、X26:1—24V，闪烁 4)有转向灯说明灯泡完好，用通断法判断紧急开关的好与坏

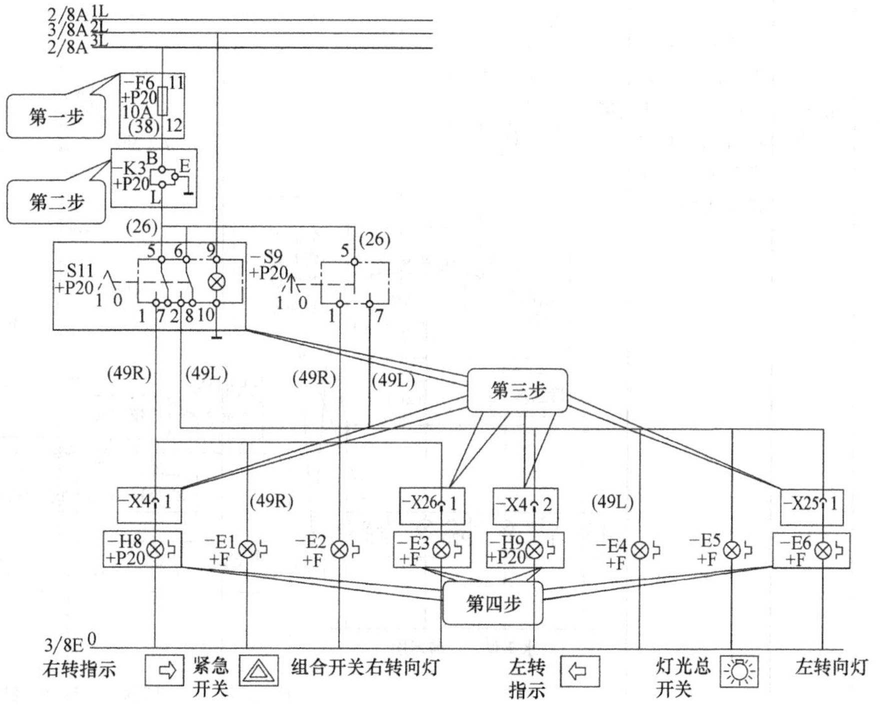

（续）

序号	故障内容	现象描述	原因分析	排除方法
七	无行车灯光	其他灯光正常，无行车灯（含侧灯）、无示廓灯、无水平仪照明、无仪表盘照明	1）熔断器 F5 损坏 2）行车灯开关 S10 损坏 3）接线端子 X4：3（接前行车灯）损坏（X4：3 还控制牌照灯、后行车灯等灯光） 4）X27：1（接牌照灯）、X25：2（2L 号线）—24V（接后行车灯）、X26：2 损坏	1）熔断器 F5：12（1D 号线）—24V 2）行车灯开关 S10：1（1D 号线）—24V、S10：2（2L 号线）—24V 3）行车灯状态时 ①接线端子 X4：3（2L 号线）—24V（接前行驶灯） ②接线端子 X27：1（2L 号线）—24V（接牌照灯） ③接线端子 X25：2（2L 号线）—24V（接后行车灯） ④接线端子 X26：2（2L 号线）—24V（接后行车灯）

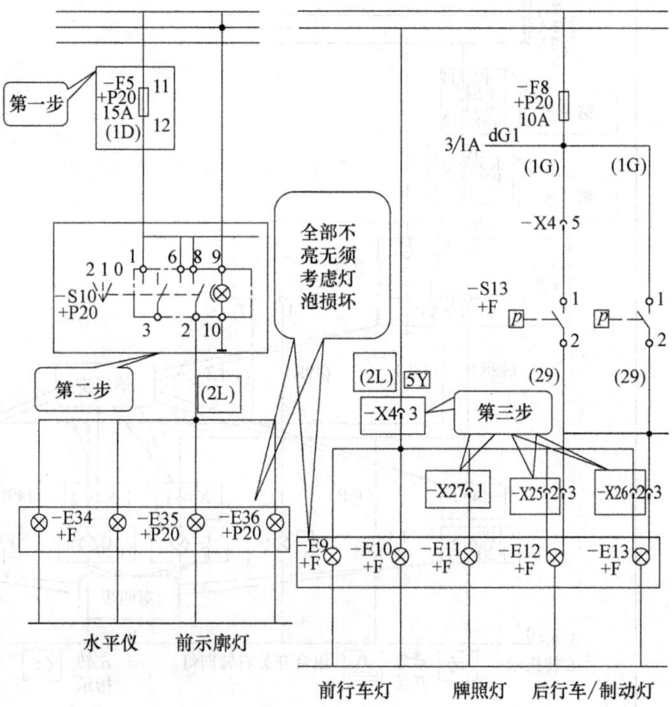

（续）

<table>
<tr><th>序号</th><th>故障内容</th><th>现象描述</th><th>原因分析</th><th>排除方法</th></tr>
<tr><td rowspan="2">八</td><td rowspan="2">制动灯不亮</td><td rowspan="2">行车灯正常，制动时制动灯全部不亮（单个制动灯不亮的故障情形可参照此故障进行排查）</td><td>1）熔断器 F8 损坏
2）气压压力开关 S13、S14 损坏
3）接线端子 X25：3、X26：3、X3：8 损坏</td><td>1）熔断器 F8：2（1G 号线）—24V
2）气压压力开关 S13：2（29 号线）—24V、S14：2（29 号线）—24V
3）接线端子 X25：3（29 号线）—24V 接左后制动灯
4）接线端子 X26：3（29 号线）—24V 接右后制动灯
5）接线端子 X3：8（29 号线）—24V 接仪表盘制动指示灯</td></tr>
<tr><td colspan="2">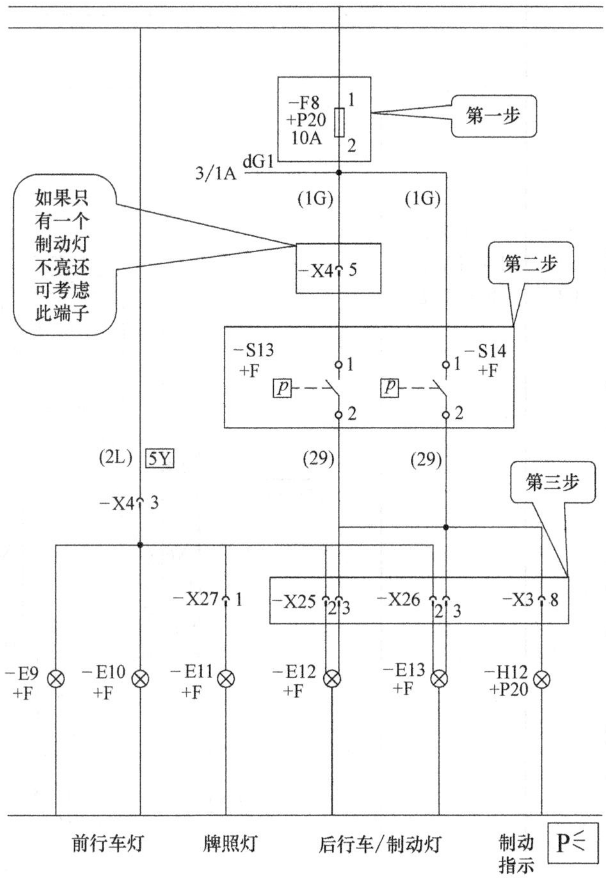
</td></tr>
</table>

（续）

<table>
<tr><th>序号</th><th>故障内容</th><th>现象描述</th><th>原 因 分 析</th><th>排 除 方 法</th></tr>
<tr><td rowspan="2">九</td><td rowspan="2">上车示廓灯不亮</td><td rowspan="2">下车电器一切正常，上车示廓灯不亮</td><td>1）集电环上方接线端子 X10：7 损坏
2）接线端子 X6：7、X4：3、X4：4、X7：1、X11：1 损坏
3）平衡重接线端子（无标记）损坏
4）灯泡损坏</td><td>1）检查集电环上方 X10：7（2L 号线）—24V
2）检查接线端子 X6：7—24V、X4：3—24V、X4：4—24V、X7：1—24V、X11：1—24V
3）检查平衡重接线端子（无标记）24V
4）用有源法判断灯泡是否完好
说明：上车示廓灯开关 S1 原始状态为用下车电源示廓（下车可控），出现故障后可用上车电源，这时，只要操作一下 S1 开关即可</td></tr>
<tr><td colspan="2">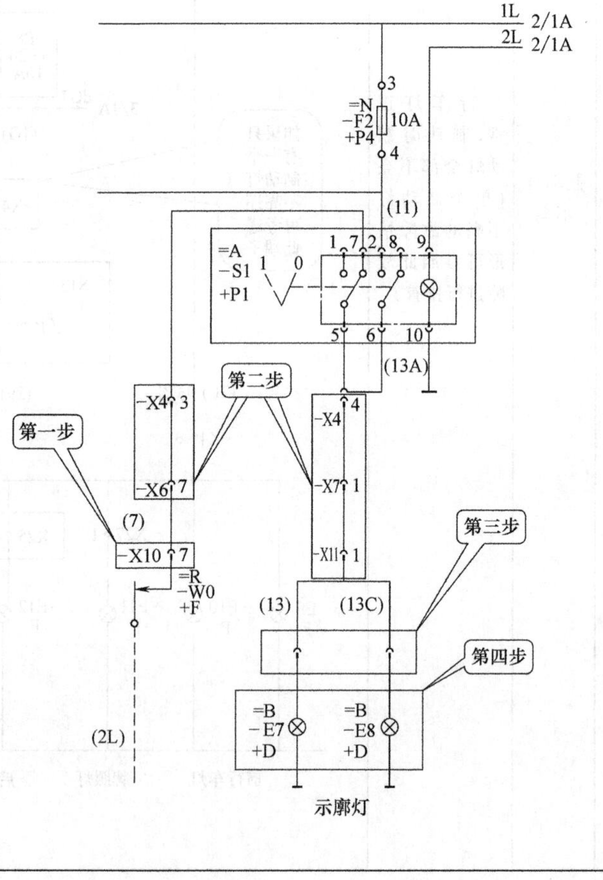

示廓灯</td></tr>
</table>

（续）

序号	故障内容	现象描述	原因分析	排除方法
十	上车工作灯不亮	打开钥匙开关，其他电器正常；打开工作开关，转台工作灯及伸臂灯不亮	1）熔断器 F3 损坏 2）工作灯开关 S3 损坏 3）接线端子 X15：3、X3：1、X3：2、X9：2、X7：2、X11：3 损坏 4）工作灯（E3、E4、E5）损坏	1）检查上车熔断器 F3：12（14 号线）—24V 2）检查工作灯开关 S3：1（16 号线）—24V；S3：6（15 号线）—24V；S3：8（15A 号线）—24V 3）检查接线端子 X15：3—24V、X3：1—24V、X3：2—24V、X9：2—24V、X7：2—24V、X11：3—24V 4）用有源法判断工作灯（E3、E4、E5）是否完好
			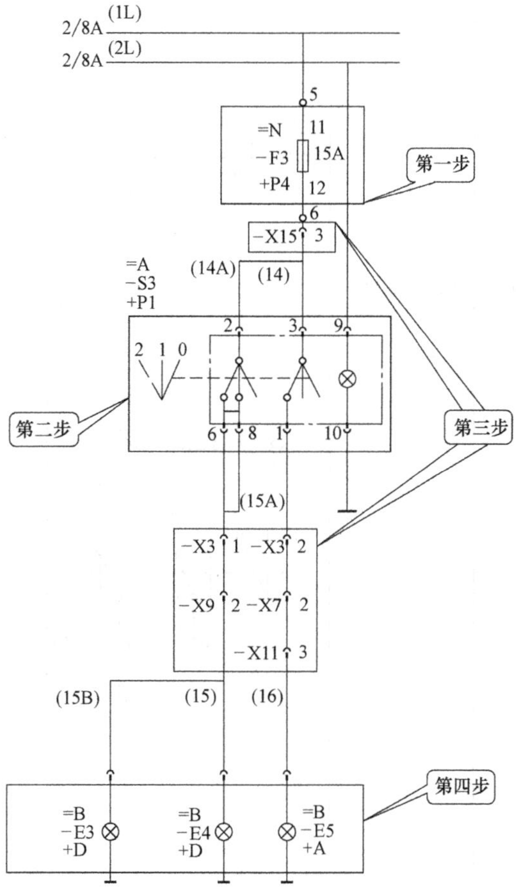 工作灯	

（续）

序号	故障内容	现象描述	原因分析	排除方法
十一	上车开关照明不亮	上车电源正常，开关照明不亮	1）熔断器 F4 损坏 2）开关 S4 损坏	1）检查熔断器 F4：8—24V 2）打开开关时，工作灯开关 S4：9—24V
			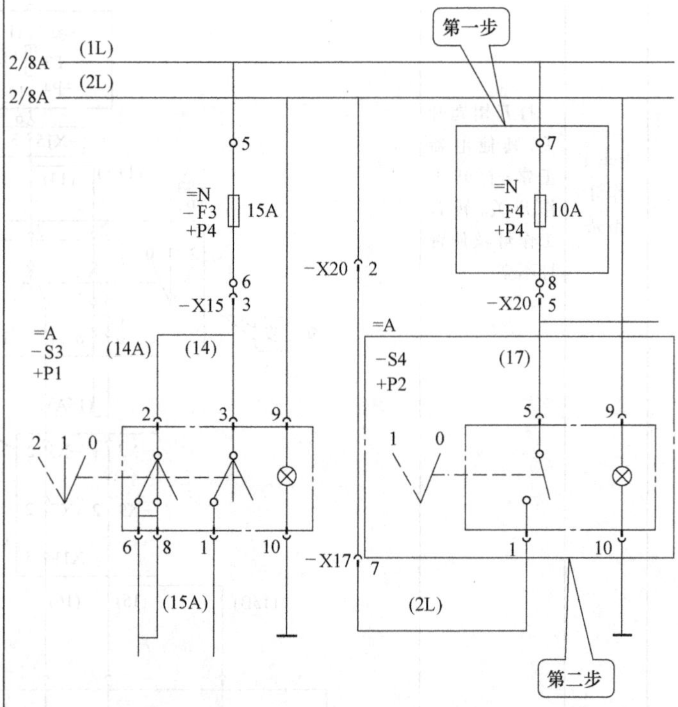	

（续）

序号	故障内容	现象描述	原因分析	排除方法
十二	上车警告灯不亮	打开开关后，开关照明正常，警告灯不亮	1）开关 S5 损坏 2）接线端子 X3:3 损坏 3）上车卷线盒 18 号线断路 4）警告灯损坏 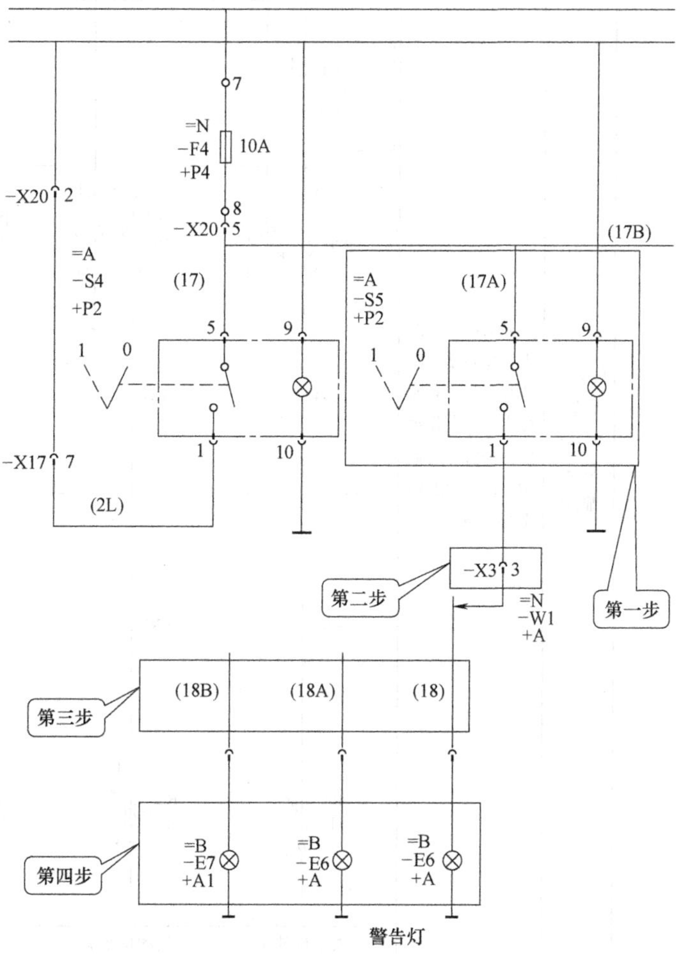	1）检查开关 S5:1（17A 号线）—24V 2）检查接线端子 X3:3—24V 3）检查上车卷线盒 18 号线 = 24V 4）用有源法判断灯泡是否完好

技能训练 4　仪表及辅助系统故障诊断与排除

汽车起重机仪表及辅助系统故障分析与排除见表 4-7。

表 4-7　汽车起重机仪表及辅助系统故障分析与排除

<table>
<tr><th>序号</th><th>故障内容</th><th>现象描述</th><th>原因分析</th><th>排除方法</th></tr>
<tr><td rowspan="2">一</td><td rowspan="2">发动机仪表及所有指示信号灯无显示</td><td rowspan="2">发动机燃油表、水温表、机油压力表及所有非照明指示信号全部不显示，其他电路工作正常</td><td>熔断器 F4 损坏</td><td>检测熔断器 F4:2(4L 号线)—24V</td></tr>
<tr><td colspan="2">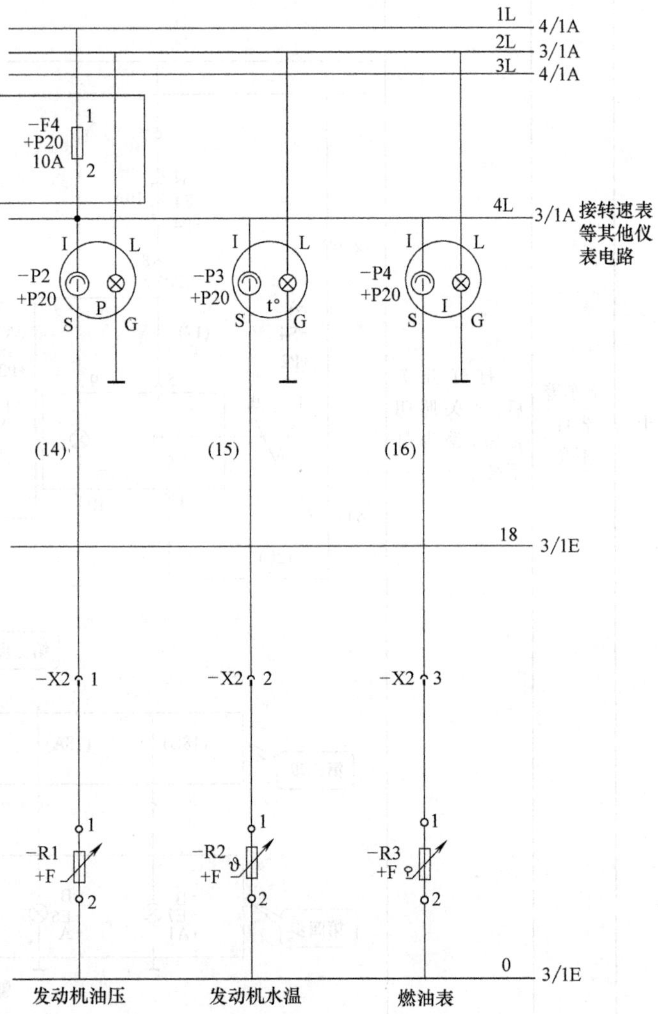
</td></tr>
</table>

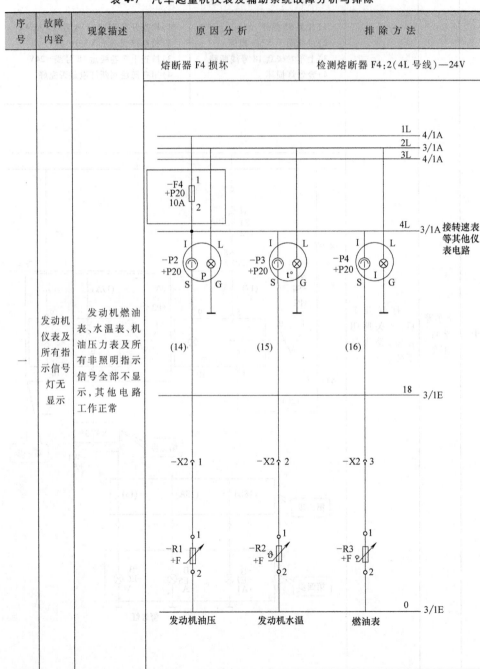

（续）

序号	故障内容	现象描述	原因分析	排除方法
二	发动机水温表不显示数据	发动机水温表不显示数据，其他正常	1）接线端子 X2:2 损坏 2）水温表损坏 3）水温传感器损坏	1）接线端子 X2:2（15 号线）是否有开路现象 2）水温表 P3:I 端口—24V 3）水温传感器 R2:1 对地电阻约 287Ω
			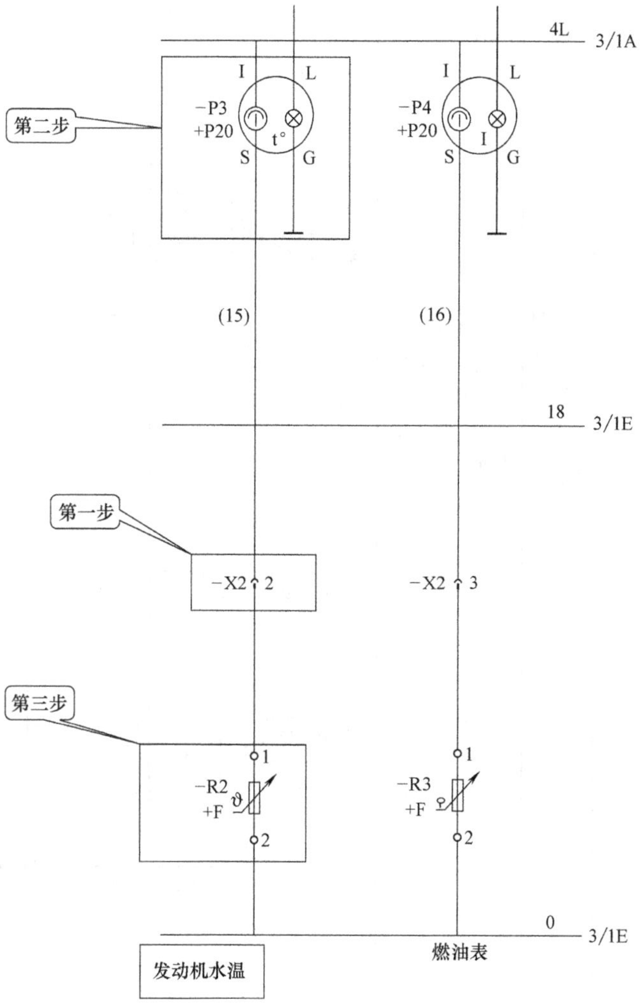	

（续）

序号	故障内容	现象描述	原因分析	排除方法
三	发动机机油压力到压力后，信号灯不报警	发动机机油压力足够大，但信号灯不报警，其他工作正常	1）接线端子 X2：1（14 号线）损坏 2）机油压力表损坏 3）接线端子 X2：6（19 号线）损坏 4）机油压力开关 S2 损坏 5）机油压力传感器损坏	1）接线端子 X2：1—24V 2）机油压力表 P2：I 端口—24V 3）接线端子 X2：6—24V 4）机油压力开关 S2：2—24V 5）机油压力传感器 R1：1 对地电阻约 10Ω

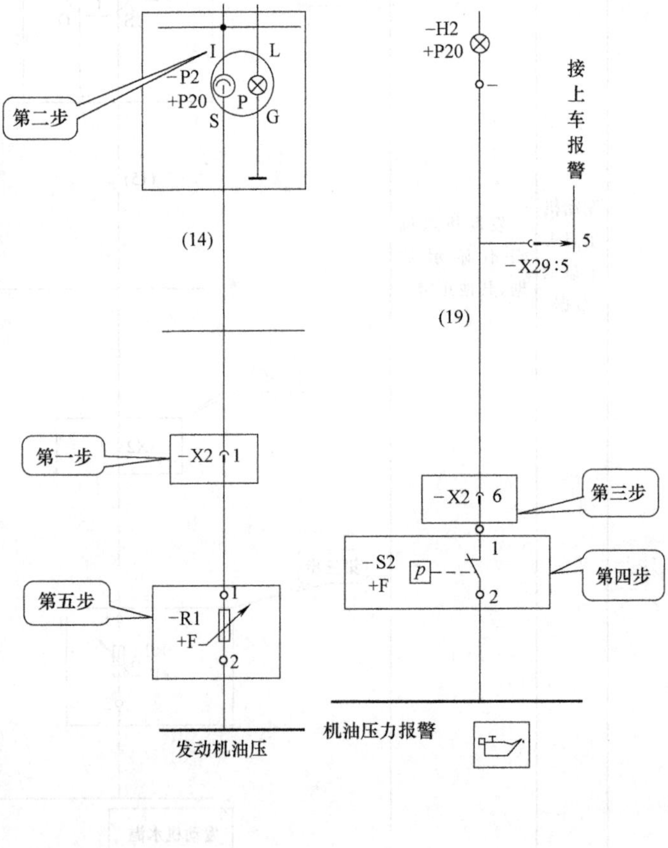

（续）

<table>
<tr><th>序号</th><th>故障内容</th><th>现象描述</th><th>原因分析</th><th>排除方法</th></tr>
<tr><td rowspan="2">四</td><td rowspan="2">发动机燃油表不显示数据</td><td rowspan="2">发动机燃油表不显示数据，其他工作正常</td><td>1）接线端子 X2：3 损坏
2）燃油表损坏
3）燃油传感器损坏</td><td>1）接线端子 X2：3（16 号线）—24V
2）燃油表 P4：I 端口—24V
3）燃油传感器 R3：1 对地电阻30～240Ω</td></tr>
<tr><td colspan="2">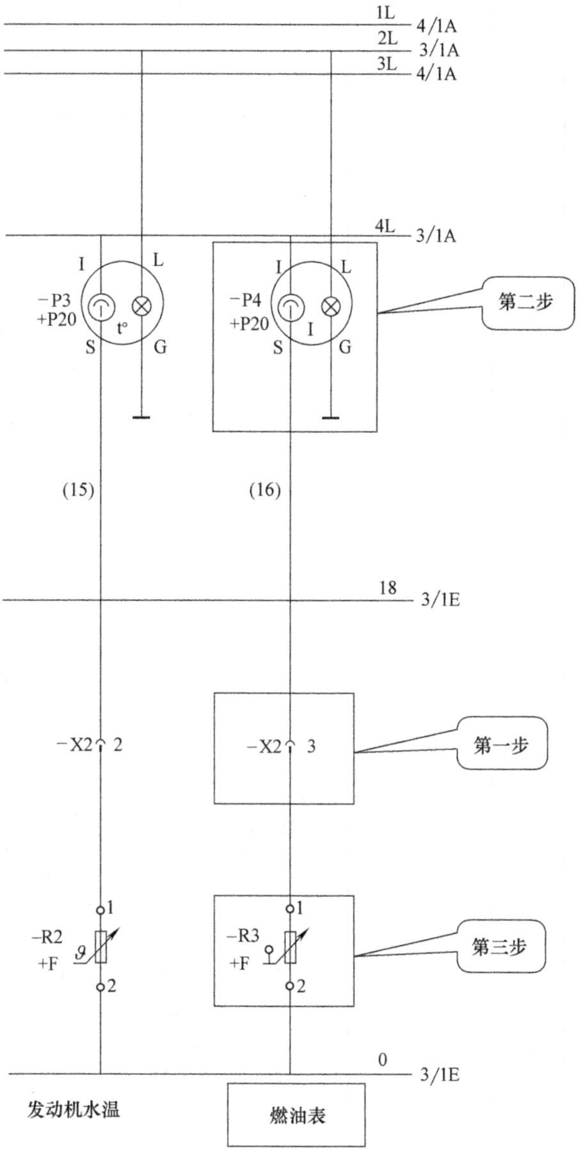
</td></tr>
</table>

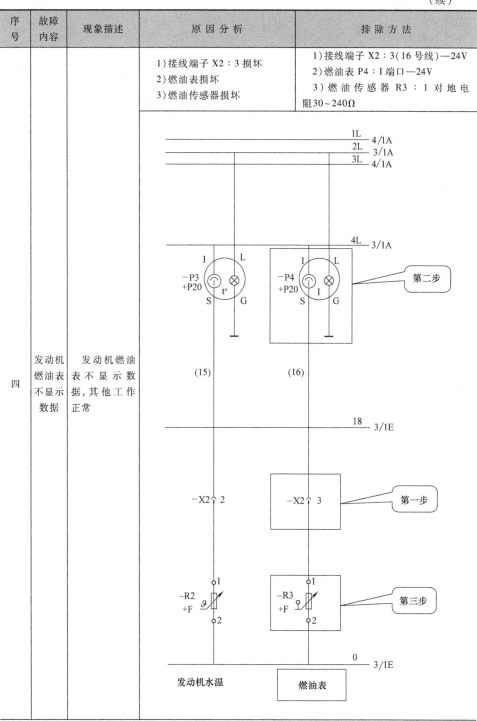

（续）

序号	故障内容	现象描述	原因分析	排除方法
五	无低气压警告	低气压时，其警告灯不亮	1)接线端子 X3：1 损坏 2)气压开关 S5 损坏 3)气压警告灯 H5 损坏	1)检查接线端子 X3：1(22 号线)是否接触良好 2)测气压开关 S5：用万用表测气压低时两触点接通为完好；断开为损坏 3)确认警告灯接上的是有效电源。若仍不亮，说明警告灯损坏，警告灯 H5：3—24V

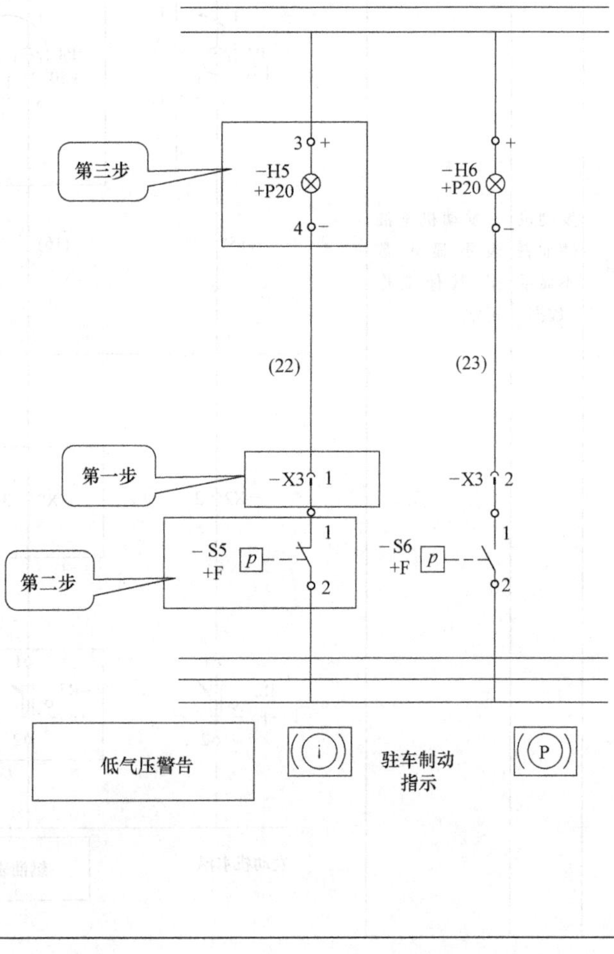

（续）

序号	故障内容	现象描述	原因分析	排除方法
六	转速表不显示	转速表不显示，其他工作正常	1）接线端子 X2：5 损坏 2）转速表损坏 3）发电机 W 端口损坏	1）检查接线端子 X2：5（18 号线）是否接触良好 2）转速表 S 端口正常输出 DC6～16V，无显示则损坏 3）发电机 W 端口正常输出 DC6～16V
			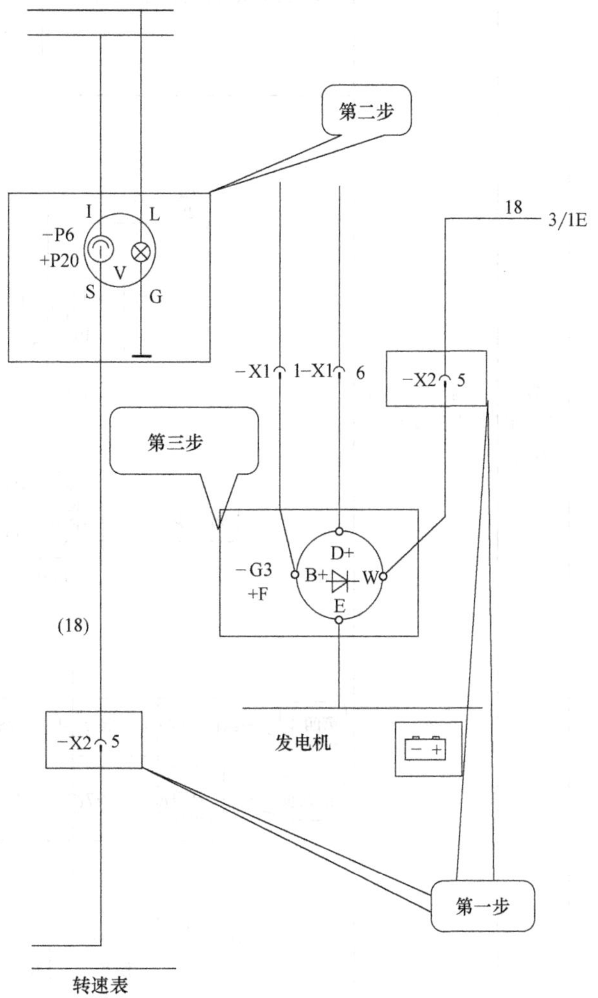	

（续）

序号	故障内容	现象描述	原因分析	排除方法
七	无倒车警告灯及倒车喇叭	倒车时倒车警告都没有	1）熔断器 F7 损坏 2）倒车开关 S12 损坏 3）倒车继电器 K6 损坏 4）接线端子 X4：4、X25：4、X26：4 损坏 5）倒车讯响器和灯泡损坏	1）熔断器 F7：4—24V 2）用万用表通断档判断倒车开关好与坏 3）挂上倒档时，继电器 K6：30—24V 4）前接线端子 X4：4（28 号线）—24V、后接线端子 X25：4（28 号线）—24V、后接线端子 X26：4（28 号线）—24V 5）用有（电）源法判断倒车讯响器和灯泡是否完好

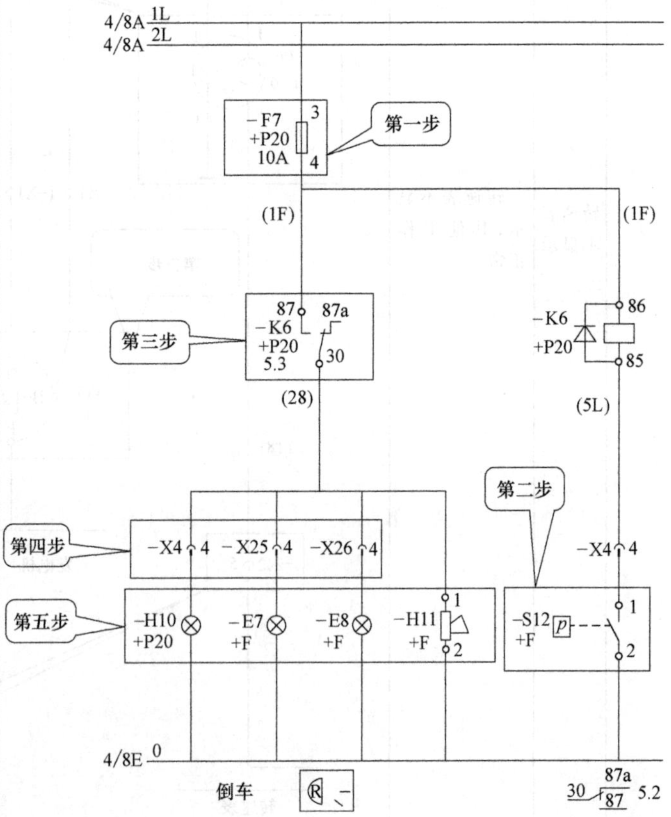

（续）

<table>
<tr><th>序号</th><th>故障内容</th><th>现象描述</th><th>原因分析</th><th>排除方法</th></tr>
<tr><td rowspan="2">八</td><td rowspan="2">空气干燥器不工作</td><td rowspan="2">电源正常，空气干燥器不工作</td><td>1）熔断器 F12 损坏
2）接线端子 X3：6 损坏
3）空气干燥器损坏</td><td>1）检查熔断器 F12：4—24V
2）接线端子 X3：6（1N 号线）—24V
3）用有（电）源法判断空气干燥器是否完好</td></tr>
<tr><td colspan="2">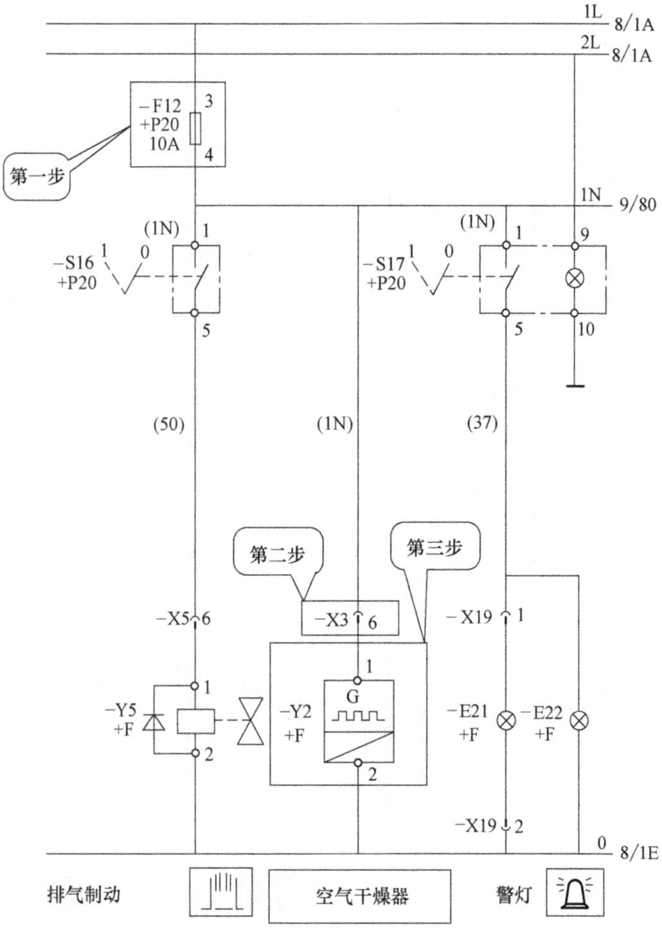
</td></tr>
</table>

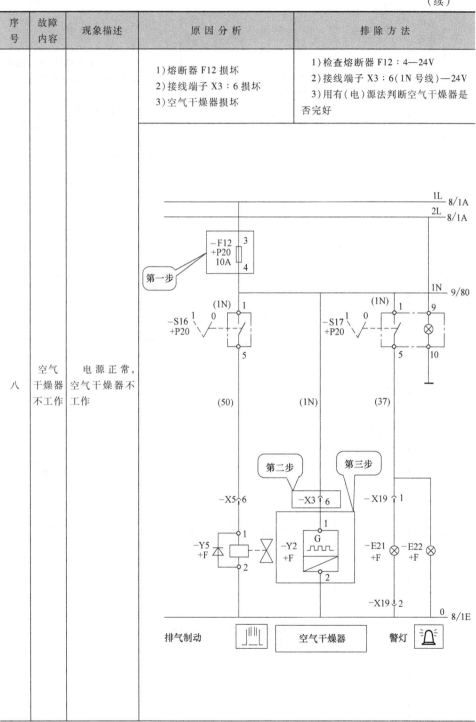

（续）

序号	故障内容	现象描述	原因分析	排除方法
九	驻车制动无指示	发动机起动后，其他显示正常，气压也满足，在驻车制动位置，仪表盘上驻车制动指示灯不亮	1）驻车制动压力开关 S6 损坏 2）接线端子 X3：2（23 号线）损坏 3）灯泡损坏	1）当在驻车制动位置时，驻车制动压力开关 S6：1-0V，指示灯 H5 亮，说明驻车制动压力开关 S6 损坏 2）检查接线端子 X3：2（23 号线）—24V，说明灯泡完好，反之说明灯泡损坏 3）更换灯泡
			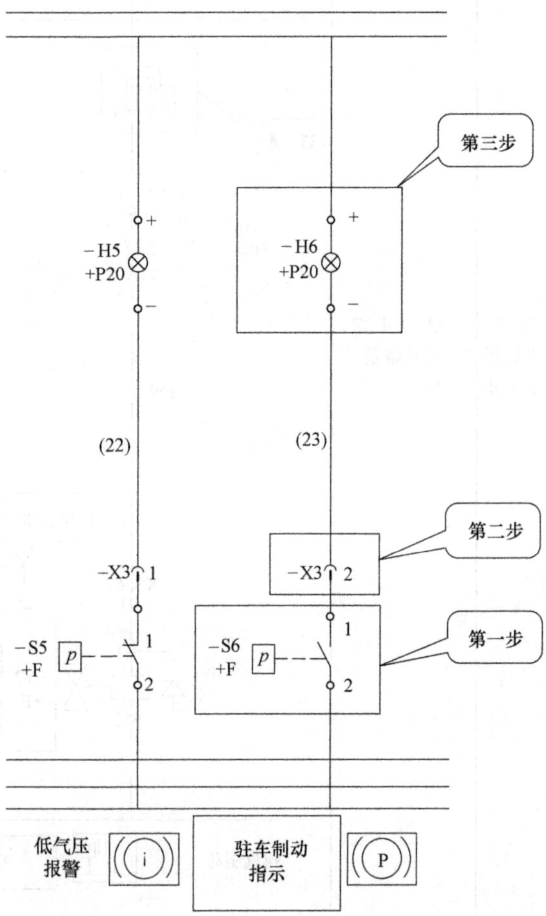 	

（续）

序号	故障内容	现象描述	原因分析	排除方法
十	排气制动不工作	电源正常，打开排气制动开关，排气制动不工作	1）熔断器 F12 损坏 2）排气制动开关 S16 损坏 3）接线端子 X5：6 损坏 4）电磁阀 Y5 损坏	1）检查熔断器 F12：4（1N 号线）—24V 2）检查排气制动开关 S16：5（50 号线）—24V 3）检查接线端子 X5：6（50 号线）—24V 4）用有源法判断电磁阀 Y5 是否完好

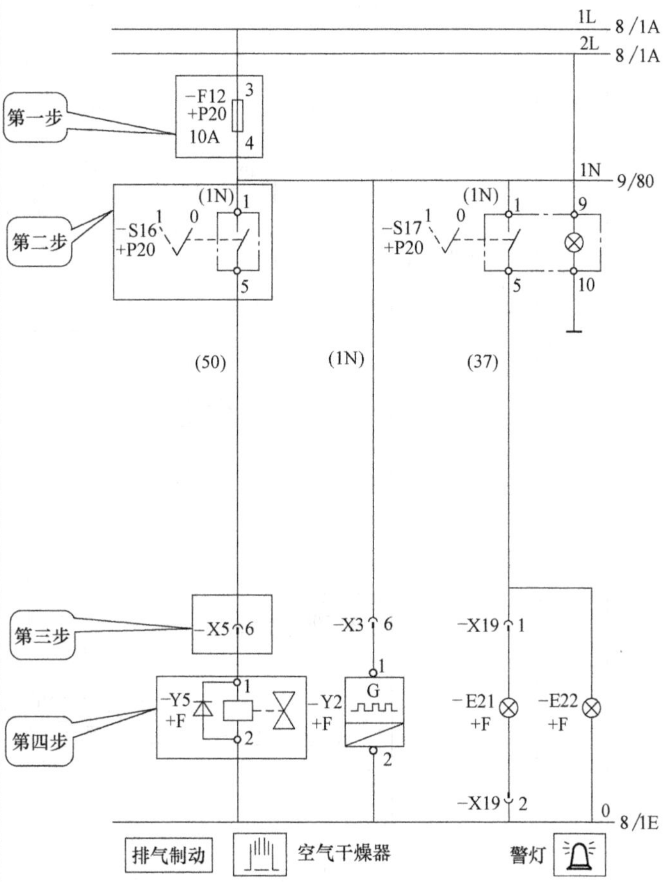

（续）

序号	故障内容	现象描述	原因分析	排除方法
十一	差速电磁阀不工作	当电源正常时打开差速开关，差速电磁阀不工作	1）熔断器 F16 损坏 2）差速开关 S19 损坏 3）接线端子 X5：4 损坏 4）差速电磁阀 Y3 损坏	1）检查熔断器 F16：12（1Q 号线）—24V 2）检查差速开关 S19：5—24V 3）检查接线端子 X5：4（39 号线）—24V 4）用有源法判断差速电磁阀 Y3 是否完好
			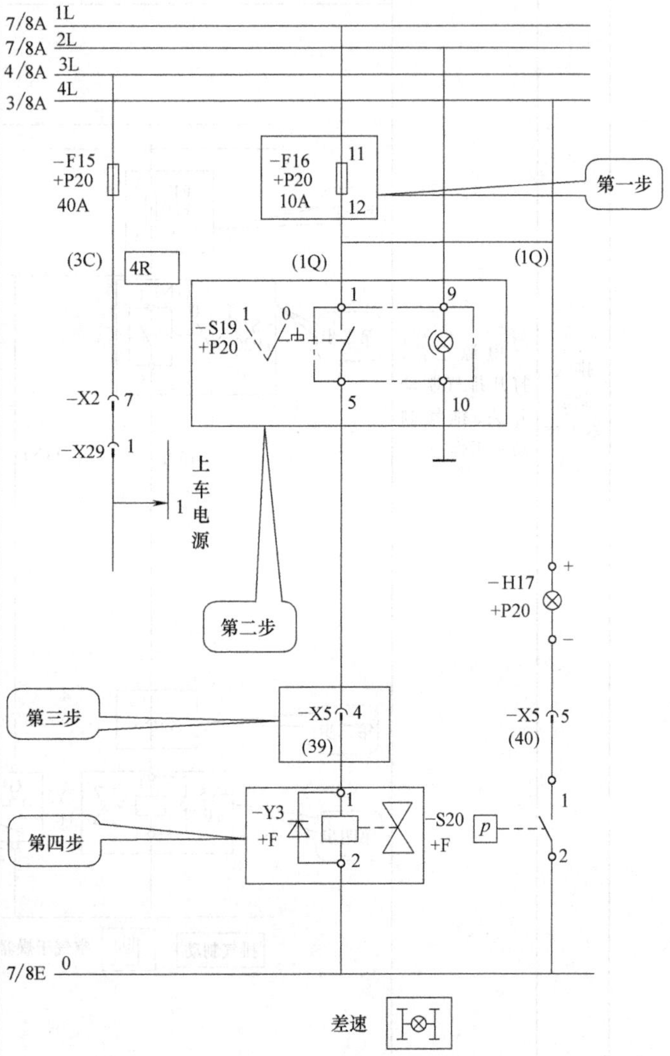	

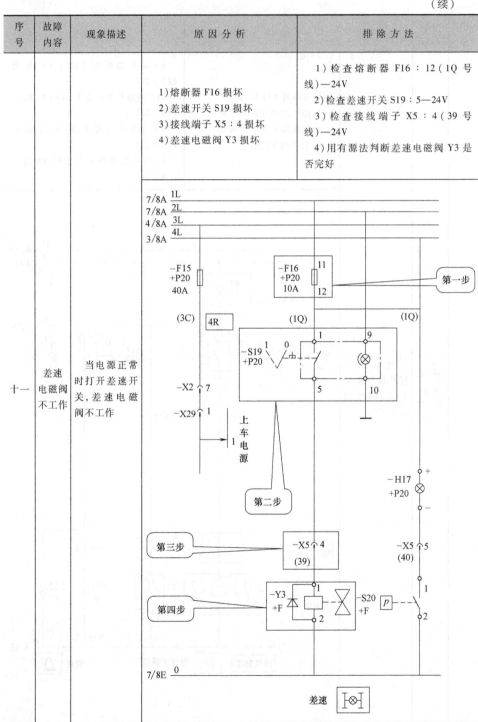

（续）

序号	故障内容	现象描述	原因分析	排除方法
十二	刮水器工作异常	钥匙开关送上电以后，打开刮水器开关，刮水器不工作，或只有一个速度或洗涤无法工作，其他电器正常	1）熔断器 F11 损坏 2）刮水器或洗涤开关损坏 3）刮水器或洗涤电动机损坏	1）检查熔断器 F11：2（1M 号线）—24V 2）检测刮水器、洗涤开关 S9 3）检测刮水器、洗涤电动机 M2 和 M8

档位	线号及数据			工作状态
	53	53b	53d	
0	0V	0V	0V	不工作
1	24V	0V	0V	一速
2	0V	24V	0V	二速
提档	0V	0V	24V	洗涤

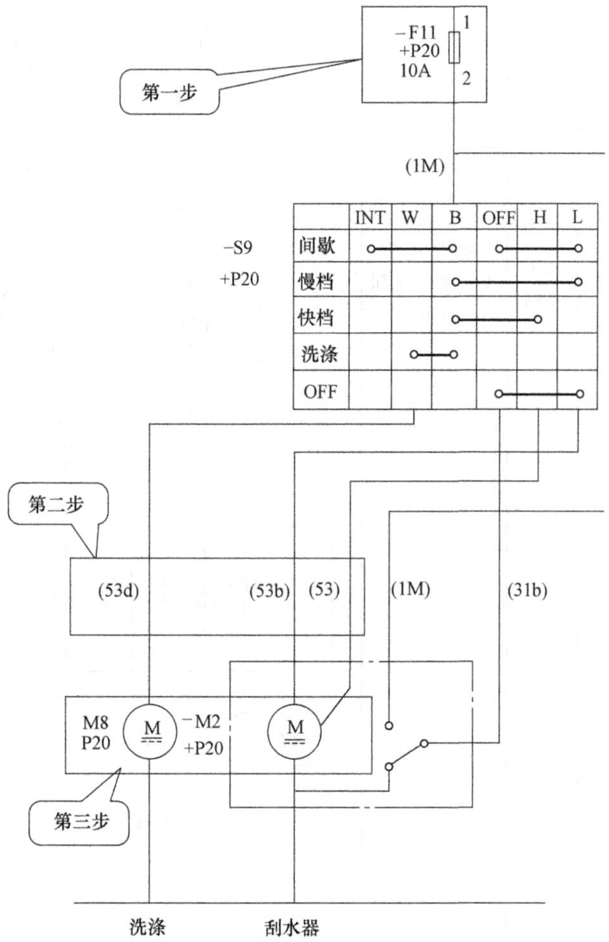

（续）

序号	故障内容	现象描述	原因分析	排除方法
十三	喇叭不响	电源正常，按下喇叭按钮后喇叭不响	1）熔断器 F11 损坏 2）喇叭按钮接地端接地不良 3）喇叭继电器 K8 损坏 4）接线端子 X5：1 损坏 5）喇叭损坏	1）检查熔断器 F11：4—24V 2）检查喇叭按钮接地端接地电阻为 0Ω 3）检查喇叭继电器 K8：86—24V、K8：30（35 号线）—24V 4）检查接线端子 X5：1（35 号线）—24V 5）用有源法判断喇叭 H15 是否完好

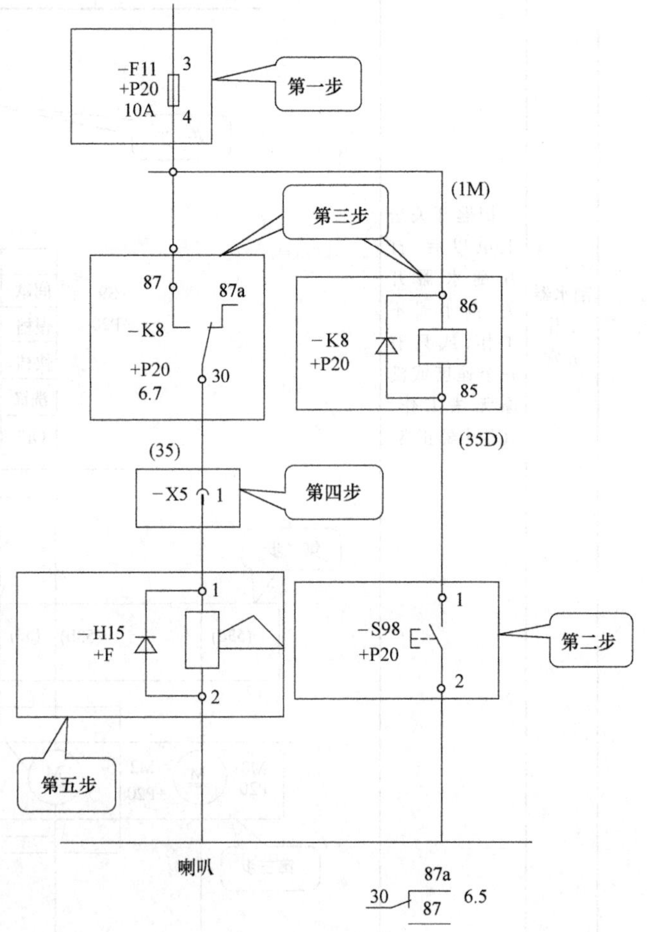

（续）

序号	故障内容	现象描述	原因分析	排除方法
十四	驾驶室电动门窗无动作	其他电器正常，驾驶室门窗玻璃电动开关不起作用	1）熔断器 F17 损坏 2）左门开关 S27、S28 损坏；右门开关 S29 损坏 3）左电动机 M5 损坏；右电动机 M6 损坏	1）检查熔断器 F17：2—24V 2）检查电动窗开关中位：S27：0—24V、S28：0—24V、S29：0—24V 3）检查电动窗开关 1 档：S27：1—24V、S28：1—24V、S29：1—24V 4）检查电动窗开关 2 档：S27：2—24V、S28：2—24V、S29：2—24V 5）检查电动机开关 1 档：M5：1（54 号线）或 M6：1（57 号线）—24V 6）检查电动机开关 2 档：M5：2（55 号线）或 M6：2（58 号线）—24V 注：开关 S27、S28、S29 的 4、5 接线端子为地线

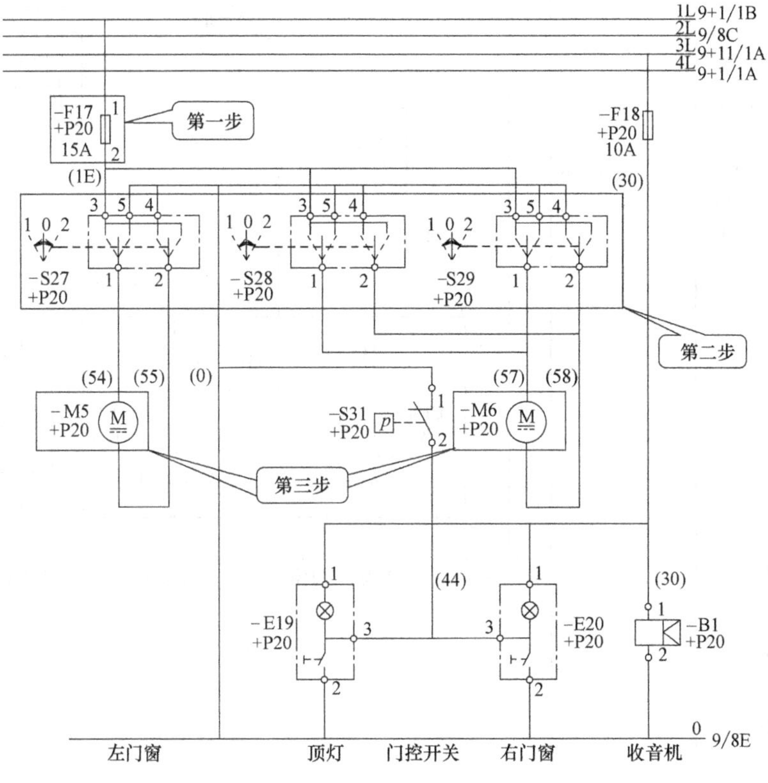

（续）

序号	故障内容	现象描述	原因分析	排除方法
十五	顶灯、右门窗灯不亮，收音机不响	下车电器一切正常，顶灯、右门窗灯不亮，收音机不响	1）熔断器 F18 损坏 2）右门开关 S31 损坏 3）灯泡损坏 4）收音机损坏	1）检查熔断器 F18：2—24V 2）用通断法检查右门开关是否完好 3）用有源法判断灯泡是否完好 4）若第一步检查无效，则应检查收音机是否损坏
			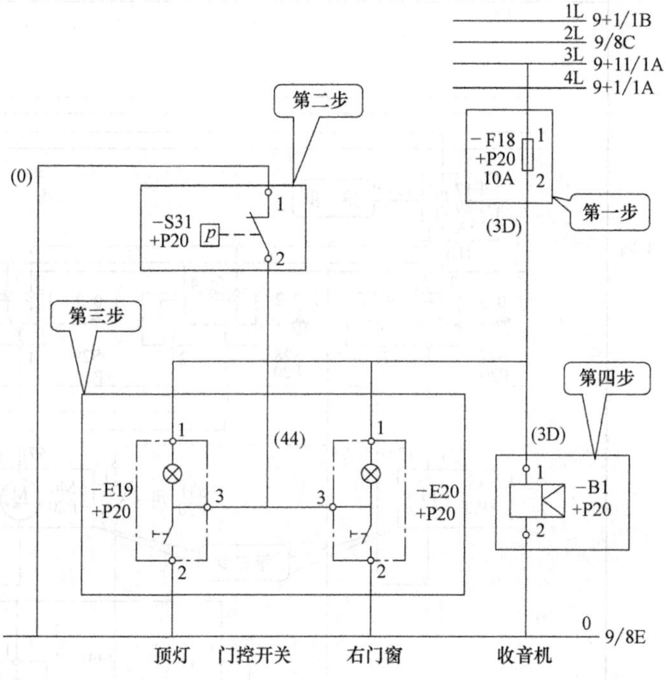	

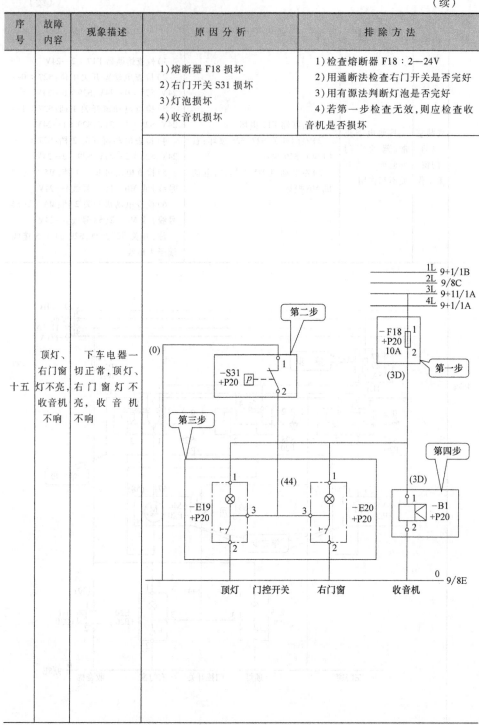

（续）

序号	故障内容	现象描述	原因分析	排除方法
十六	车速里程表不显示	其他电器正常，车速里程表不显示	1）熔断器 F4、F8 损坏 2）车速里程表损坏 3）车速里程传感器损坏 4）接线端子 X2：4 损坏	1）检查上车熔断器 F4：2—24V；F8：2（1G 号线）—24V 2）检查车速里程表 P5：I—24V 3）检查车速里程传感器 1（UE）号端子 24V；2（UD）号端子 0V 4）当把 X2：4 端子拔下时，3（A1）号端子为 DC6～16V

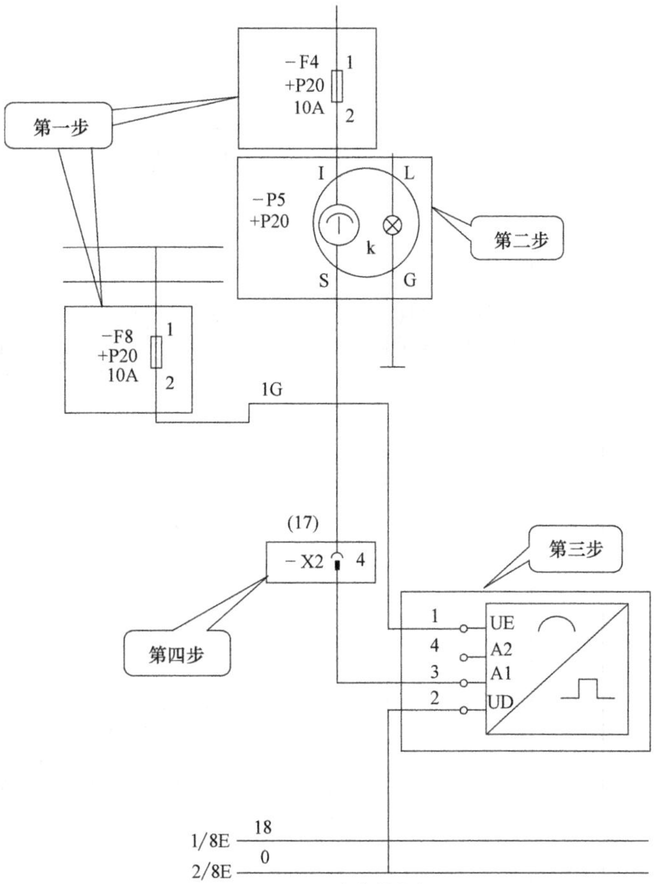

车速里程表

（续）

序号	故障内容	现象描述	原因分析	排除方法
十七	发动机故障指示灯不显示	诊断发动机故障时，故障指示灯不显示故障码	1）熔断器 F4 损坏 2）接线端子 X79：13 损坏 3）指示灯损坏	1）检查熔断器 F4：2—24V 2）检查工作灯开关 X79：13（21 号线）—24V 3）用有源法判断指示灯是否完好

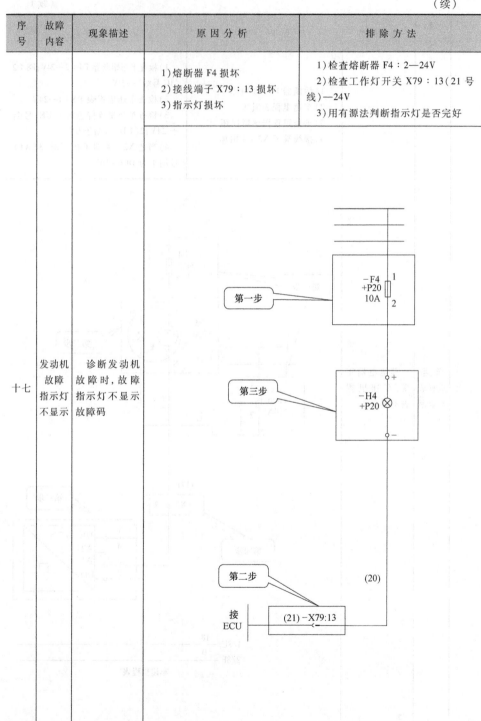

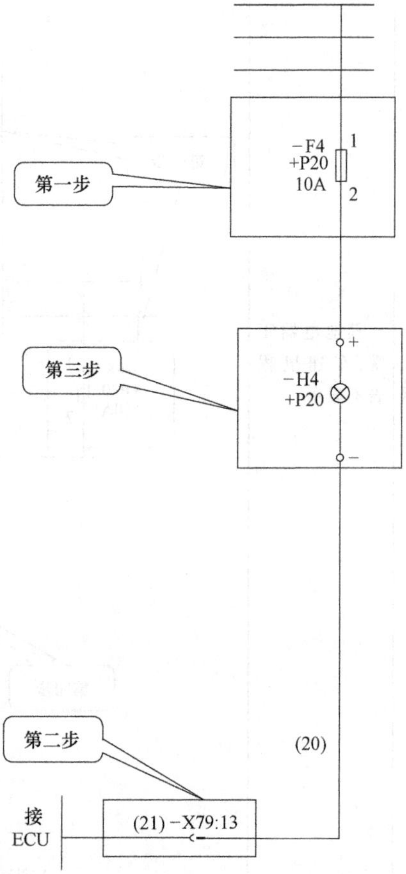

（续）

序号	故障内容	现象描述	原因分析	排除方法
十八	机油压力过低上车不报警	下车正常，上车机油压力过低不报警，其他电器正常	1）熔断器 F2 损坏 2）灯泡 H1 损坏 3）接线端子 X5：1、X6：4 损坏 4）集电环接线端子 X10：4 损坏	1）检查熔断器 F2：2（11B 号线）—24V 2）用有源法判断灯泡 H1 是否完好 3）检查接线端子 X5：1、X6：4—24V 4）检查集电环接线端子 X10：4—24V
	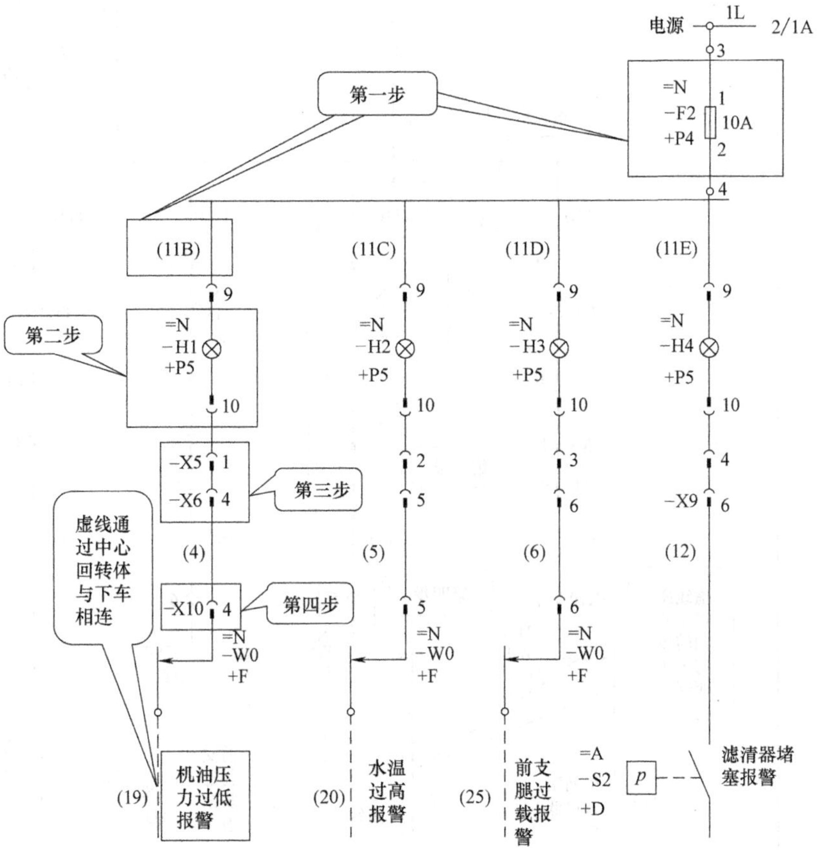			

（续）

序号	故障内容	现象描述	原因分析	排除方法
十九	水温过高上车不报警	下车正常，上车水温过高不报警，其他一切正常	1)熔断器 F2 损坏 2)灯泡 H2 损坏 3)接线端子 X5：2、X6：5 损坏 4)集电环接线端子 X10：5 损坏	1）检查熔断器 F2：2（11C 号线）—24V 2)用有源法判断灯泡 H2 是否完好 3）检查接线端子 X5：2、X6：5—24V 4）检查集电环接线端子 X10：5—24V

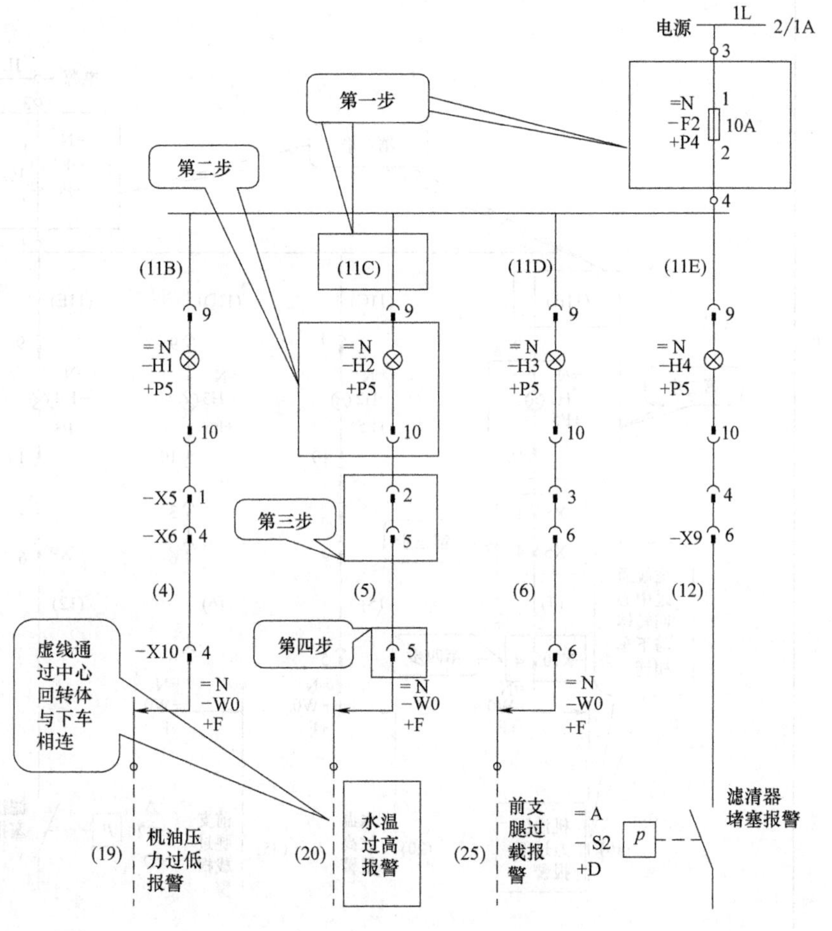

（续）

序号	故障内容	现象描述	原因分析	排除方法
二十	操作上车时，下车有油门（电子油门）	国Ⅲ发动机要求上车工作时下车不应有油门，但操作上车时下车却有油门	1）熔断器 F2 损坏 2）集电环上接线端子 X10：13 损坏 3）集电环下接线端子 X29：13 损坏 4）下车接线端子 X79：19 损坏	1）熔断器 F2：4（11 号线）—24V 2）集电环上接线端子 X10：13（11 号线）—24V 3）集电环下接线端子 X29：13（76 号线）—24V 4）下车接线端子 X79：19—24V

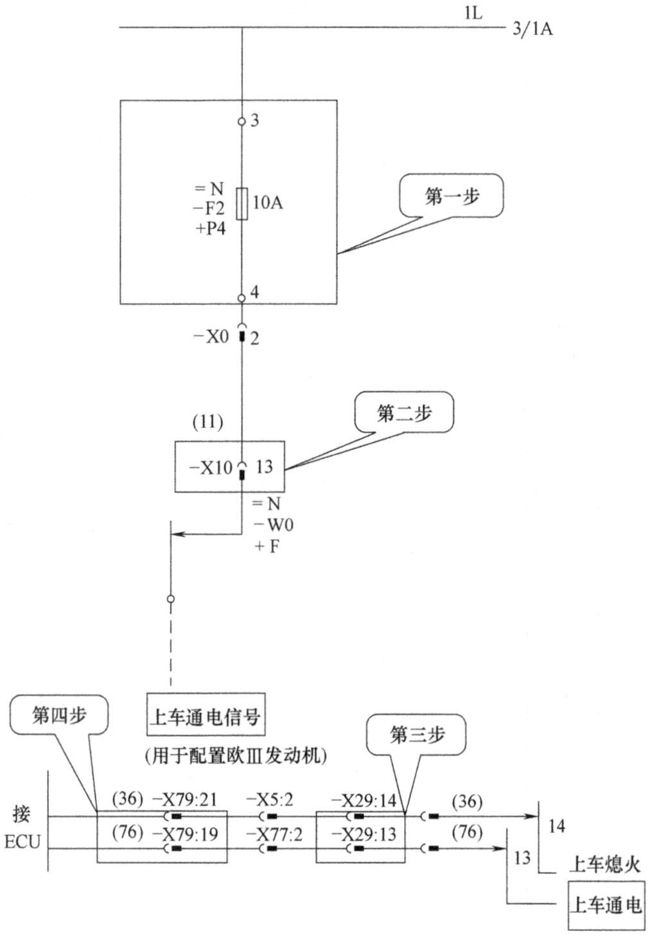

（续）

序号	故障内容	现象描述	原因分析	排除方法
二十一	收音机不响	其他电器正常，收音机不响	1）熔断器 F15 损坏 2）接线端子 X20：2 损坏 3）收音机损坏	1）检查熔断器 F15：30（56 号线）—24V 2）检查接线端子 X20：2—24V 3）用有源法判断收音机是否完好
			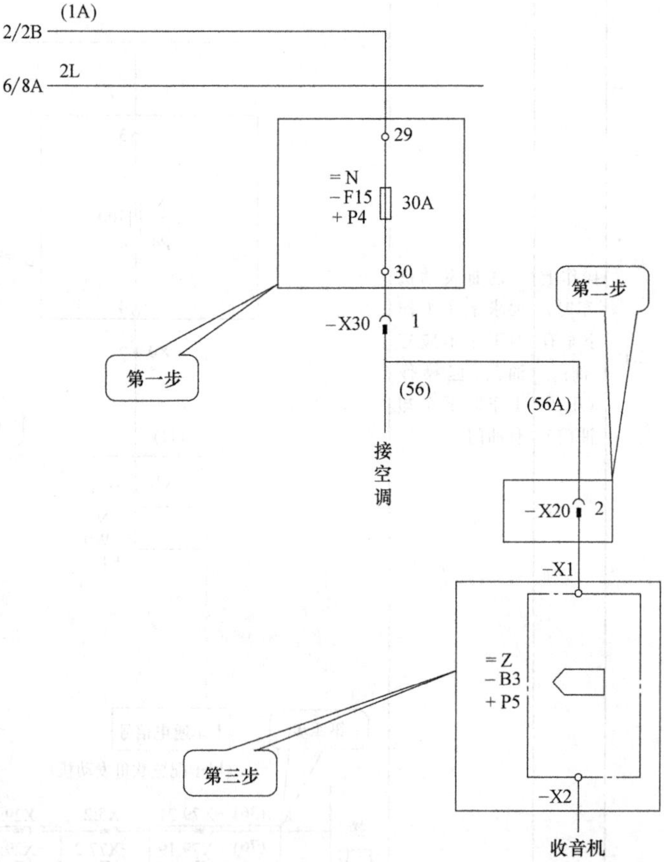	

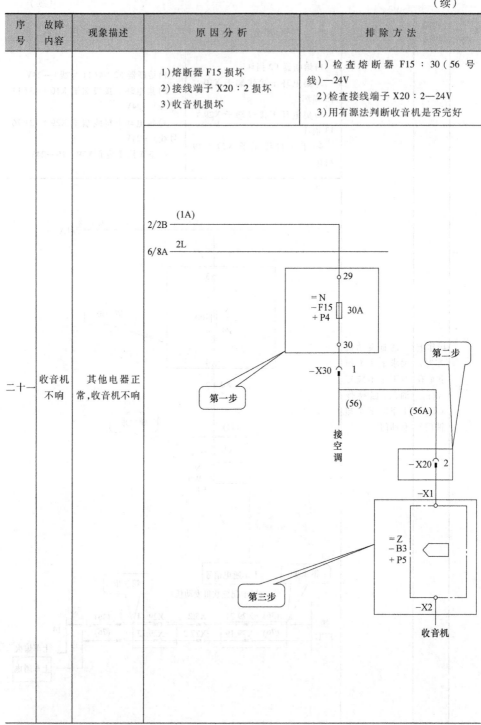

（续）

序号	故障内容	现象描述	原 因 分 析	排 除 方 法
二十二	上车空调不工作	其他电器正常，空调不工作	1）熔断器 F15 损坏 2）空调开关 S23 损坏 3）接线端子 X30：1、X30：2、X31：1 损坏 4）空调损坏	1）检查熔断器 F15：30（56 号线）—24V 2）检查空调开关 S23：1—24V 3）检查接线端子 X30：1—24V、X30：2—24V、X31：1—24V 4）用有源法判断空调是否完好

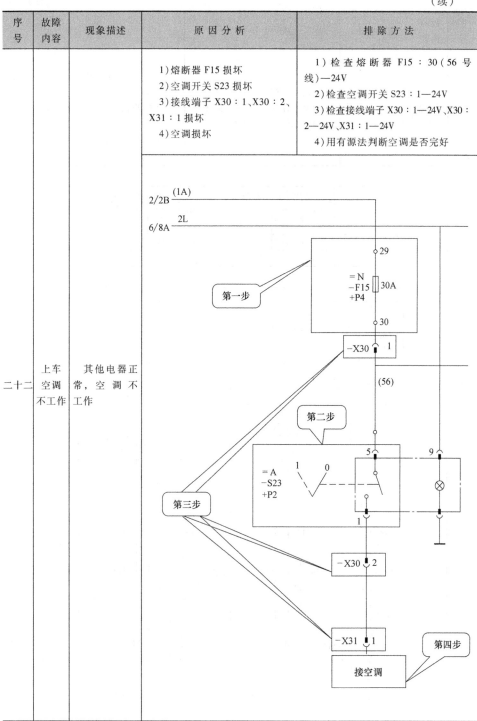

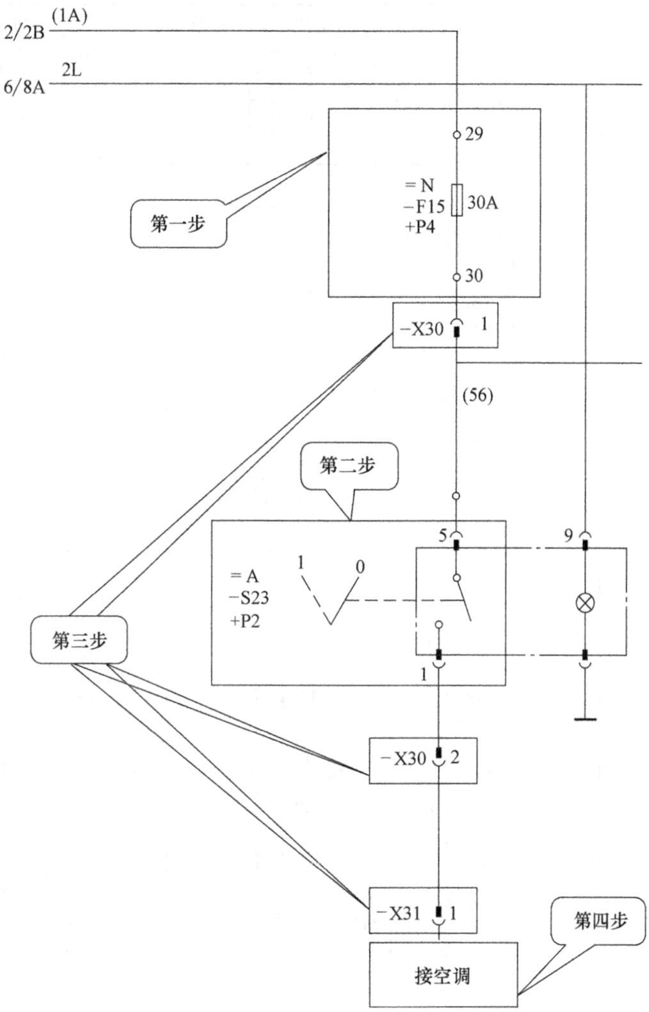

（续）

序号	故障内容	现象描述	原因分析	排除方法
二十三	上车刮水器不工作	上车刮水器不工作，其他正常	1）刮水器熔断器 F5 损坏 2）刮水器开关 S6、S27 损坏 3）刮水器电动机损坏	1）检查刮水器熔断器 F5：10（19 号线）—24V 2）检测刮水器开关 S6、S27（见下表） 3）检测刮水器电动机 M2 和 M4

档位	前风窗刮水器线号				顶窗刮水器线号			
	19	20	21	22	19B	120	121	122
0	24V	24V	24V		24V	24V	24V	
1	24V	24V			24V	24V		
2	24V		24V		24V		24V	

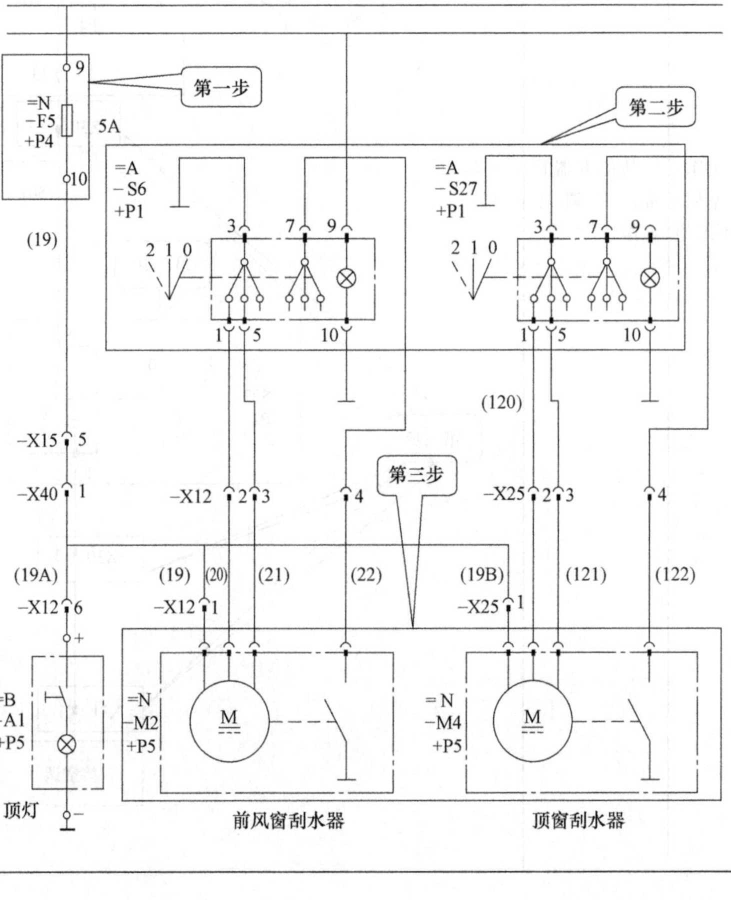

（续）

序号	故障内容	现象描述	原因分析	排除方法
二十四	上车洗涤不工作	上车洗涤不工作，其他工作正常	1）洗涤熔断器 F6 损坏 2）洗涤开关 S7 损坏 3）接线端子 X15：6、X12：5 损坏 4）洗涤电动机损坏	1）检查洗涤熔断器 F6：12（23 号线）—24V 2）检测洗涤开关 S7 3）检测接线端子 X15：6—24V、X12：5—24V 4）检测洗涤电动机 M1
			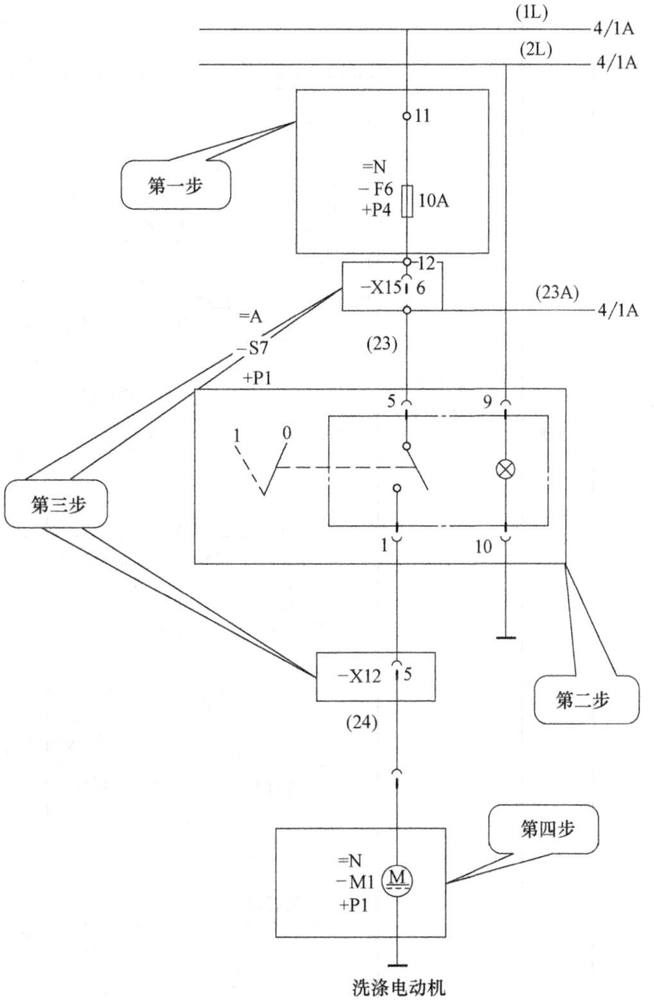	

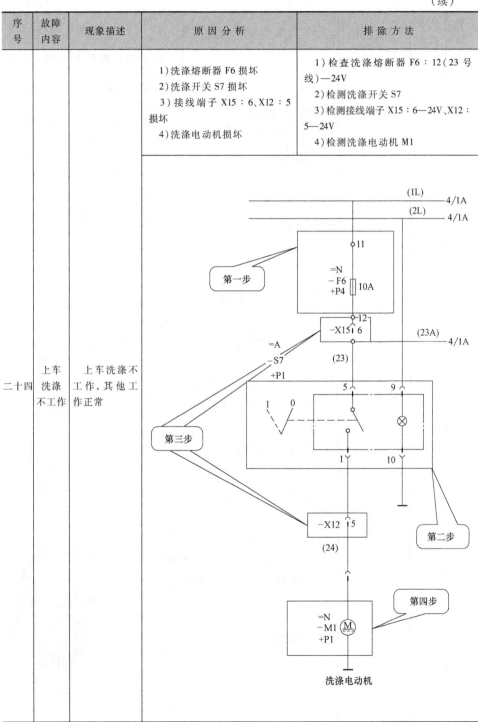

（续）

序号	故障内容	现象描述	原因分析	排除方法
二十五	上车喇叭不响	其他电器正常，喇叭不响	1）熔断器 F6 损坏 2）面板喇叭开关 S26 及手柄喇叭开关损坏 3）喇叭损坏	1）检查熔断器 F6：12（23 号线）—24V 2）按下面板喇叭开关时，S26：1—24V 3）按右上手柄喇叭开关时，接线端子 X18：6（25B 号线）—24V 4）按左上手柄喇叭开关时，接线端子 X21：7（25A 号线）—24V 5）无论按那个开关时，接线端子 X8：1（25 号线）都有 24V 6）用有源法判断喇叭 B1 是否完好

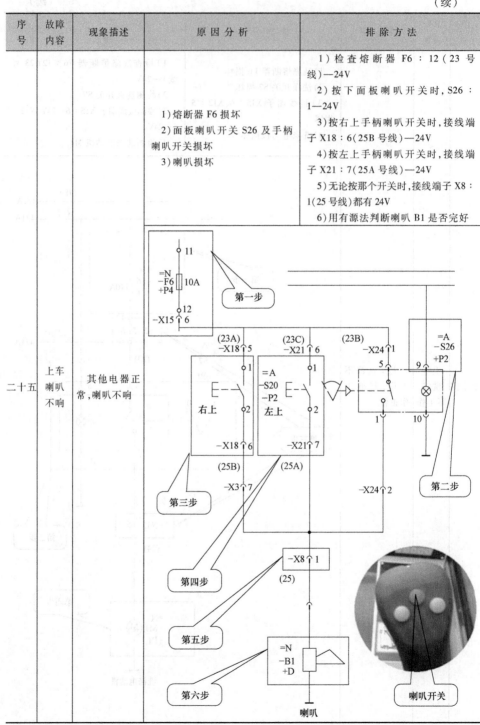

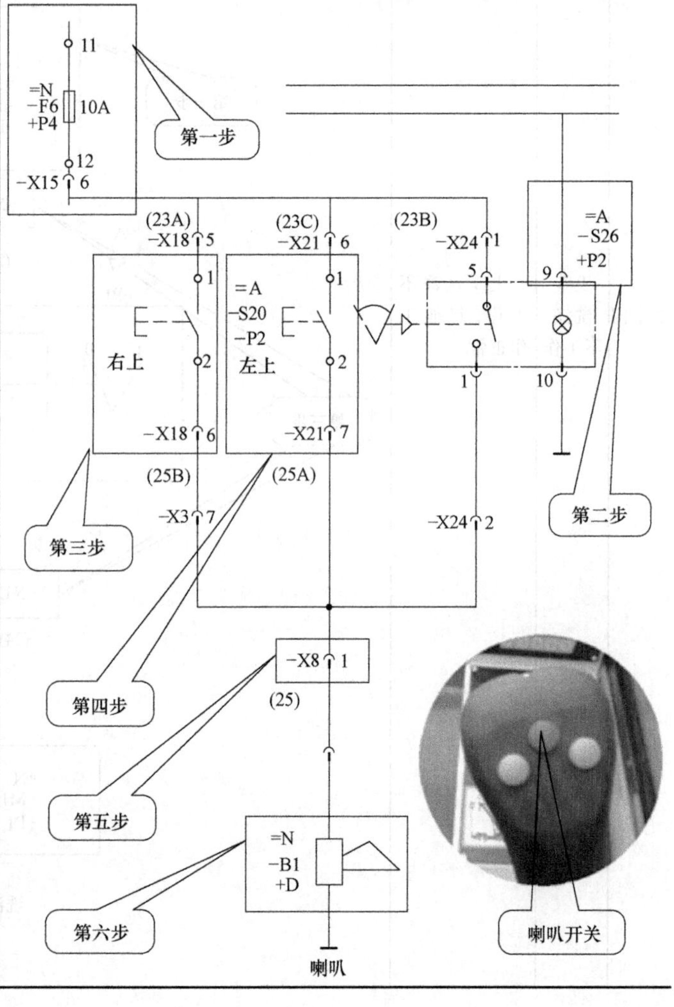

技能训练 5　工作装置电气系统故障诊断与排除

汽车起重机工作装置电气系统故障诊断与排除见表 4-8。

表 4-8　汽车起重机工作装置电气系统故障诊断与排除

序号	故障内容	现象描述	原因分析	排除方法
一	支腿无油门	驾驶室有油门，但支腿无油门	1）熔断器 F12 损坏 2）支腿油门开关损坏 3）X77：1、X79：12（72 号线）接线端子损坏	1）熔断器 F12：2（1N 号线）—24V 2）支腿油门开关 S61：B—24V、S62：B—24V 3）接线端子 X77：1、X79：12（72 号线）—24V

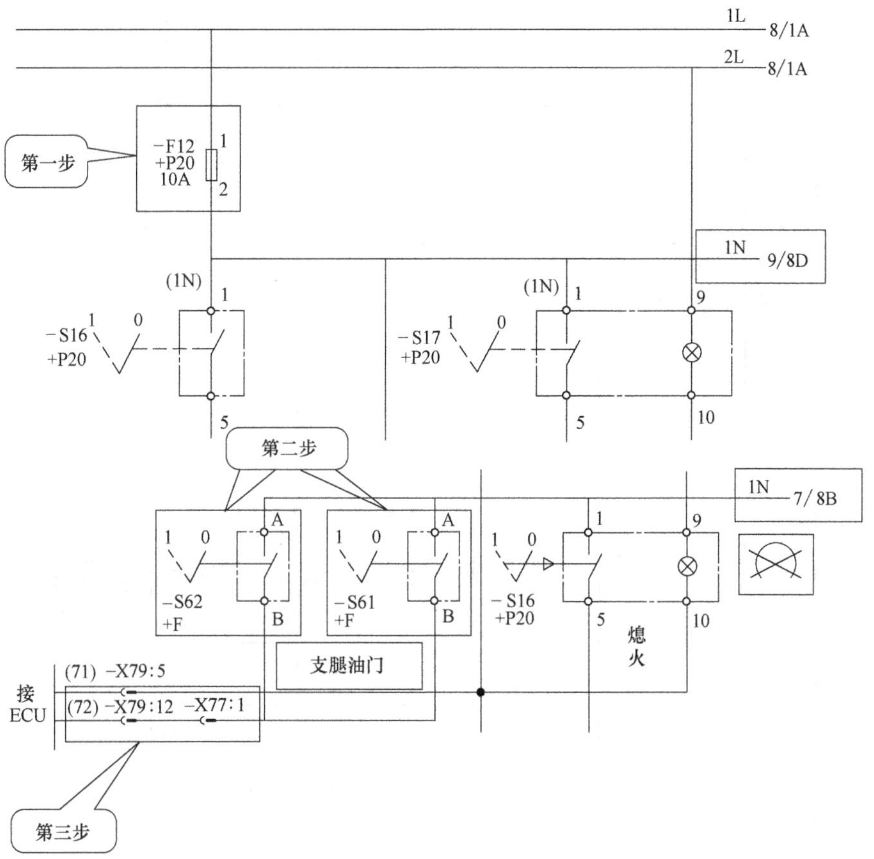

（续）

序号	故障内容	现象描述	原因分析	排除方法
二	第5支腿上车不报警	其他电器正常，第5支腿上车无信号	1）压力开关S8损坏 2）集电环接线端子X29：7损坏	1）用通断法判断压力开关S8是否完好 2）检查集电环接线端子X29：7连接是否可靠
			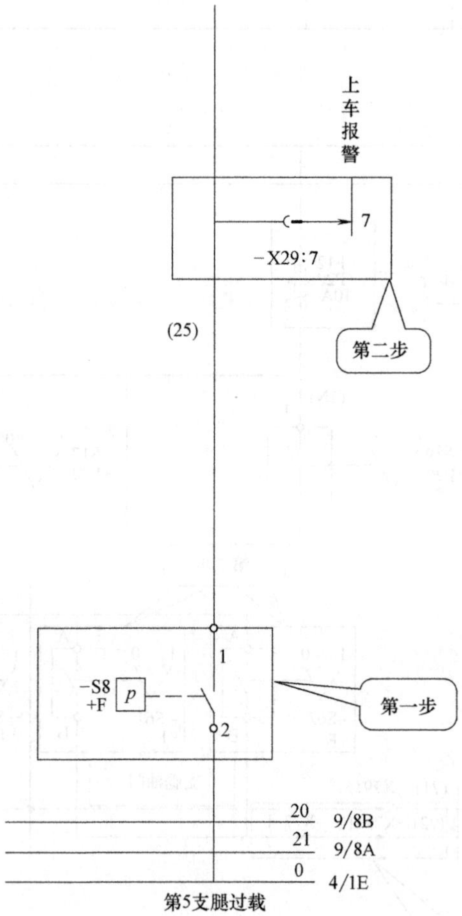	

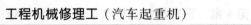

（续）

序号	故障内容	现象描述	原因分析	排除方法
三	第 5 支腿过载上车不报警	下车正常，第 5 支腿过载不报警，其他电器一切正常	1）熔断器 F2 损坏 2）灯泡 H3 损坏 3）接线端子 X5：3、X6：6 损坏 4）集电环接线端子 X10：6 损坏	1）检查熔断器 F2：4（11D 号线）—24V 2）用有源法判断灯泡 H3 是否完好 3）检查接线端子 X5：3、X6：6—24V 4）检查集电环接线端子 X10：6—24V

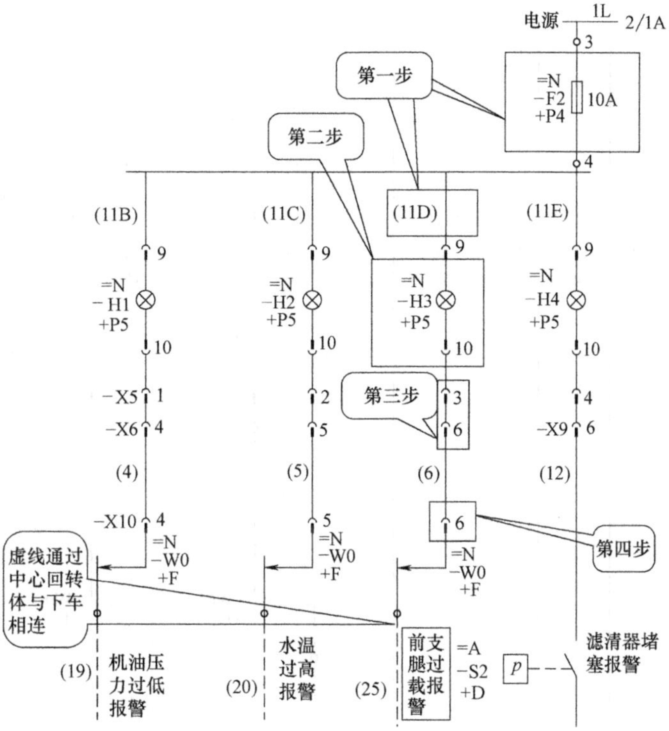

（续）

序号	故障内容	现象描述	原因分析	排除方法
四	滤清器堵塞不报警	其他电器一切正常，滤清器堵塞不报警	1）熔断器 F2 损坏 2）灯泡 H4 损坏 3）接线端子 X5：4、X9：6 损坏 4）滤清器堵塞传感器（压力开关）S2 损坏	1）检查熔断器 F2：4（11E 号线）—24V 2）用有源法判断灯泡 H4 是否完好 3）检查接线端子 X5：4、X9：6—24V 4）检查滤清器堵塞传感器（压力开关）S2 是否完好

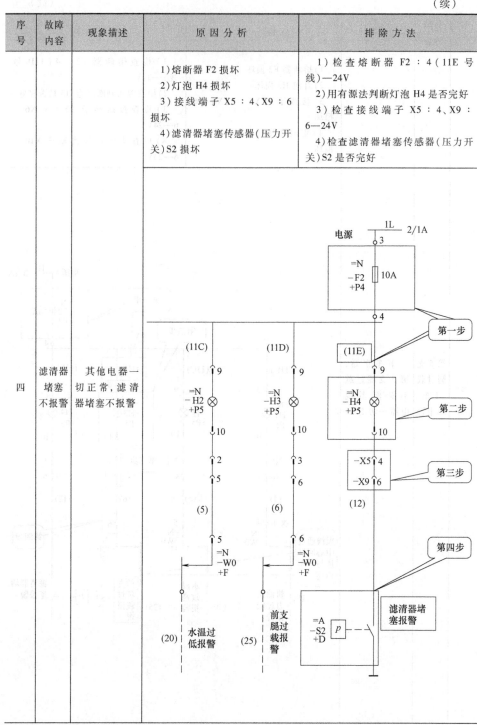

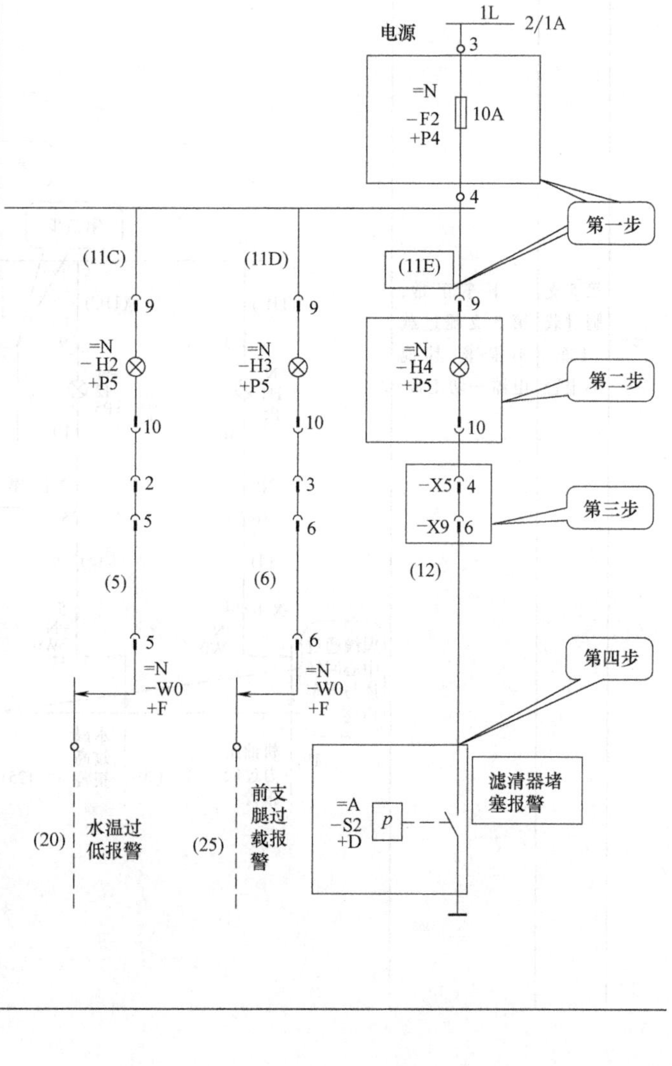

（续）

<table>
<tr><th>序号</th><th>故障内容</th><th>现象描述</th><th>原 因 分 析</th><th>排 除 方 法</th></tr>
<tr><td rowspan="2">五</td><td rowspan="2">卸荷无法解除</td><td rowspan="2">解除危险状态或按下强制解除开关时，卸荷仍无法解除</td><td>1）熔断器 F11 损坏
2）卸荷解除开关 S20 损坏
3）继电器 K5 损坏
4）力矩限制器强制开关损坏
5）卸荷电磁阀 Y6 损坏</td><td>1）检查熔断器 F11：22（42 号线）—24V（X19：7—24V）
2）检查卸荷解除开关 S20：1—24V（X19：8—24V）
3）检查继电器 K5：30（44 号线）—24V（X8：4—24V）
4）打开力矩限制器强制开关检查 43 号线—24V
5）用有源法判断卸荷电磁阀 Y6 是否完好</td></tr>
<tr><td colspan="2">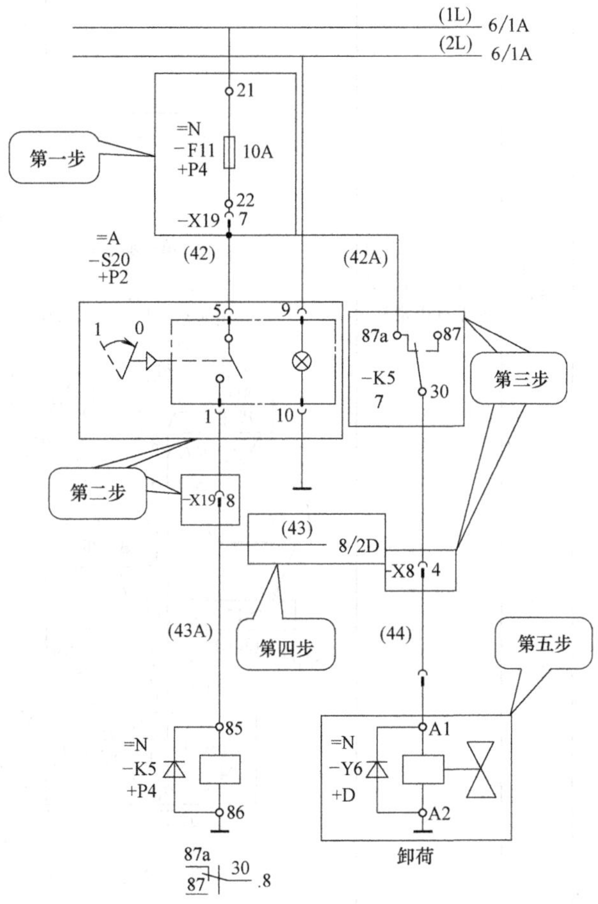</td></tr>
</table>

（续）

序号	故障内容	现象描述	原因分析	排除方法
六	无自由滑转	先导电磁阀工作正常，出现无自由滑转	1）接线端子 X21：1、X19：1 损坏 2）S11、S17 自由滑转开关损坏 3）K1 继电器损坏 4）接线端子 X9：5、X13：4 损坏 5）自由滑转电磁阀 Y2 损坏	1）检查接线端子 X21：1（29A 号线）—24V；接线端子 X19：1（29 号线）—24V（注：自由滑转时同时解除回转制动） 2）检查自由滑转开关 S11：2（30 号线）—24V；S17：2（30A 号线）—24V 3）检查继电器 K1：7（30 号线）—24V；K1：5—24V 4）检查接线端子 X9：5（31 号线）—24V；接线端子 X13：4（31A 号线）—24V（至面板指示灯 H7） 5）用有源法判断自由滑转电磁阀 Y2 是否完好

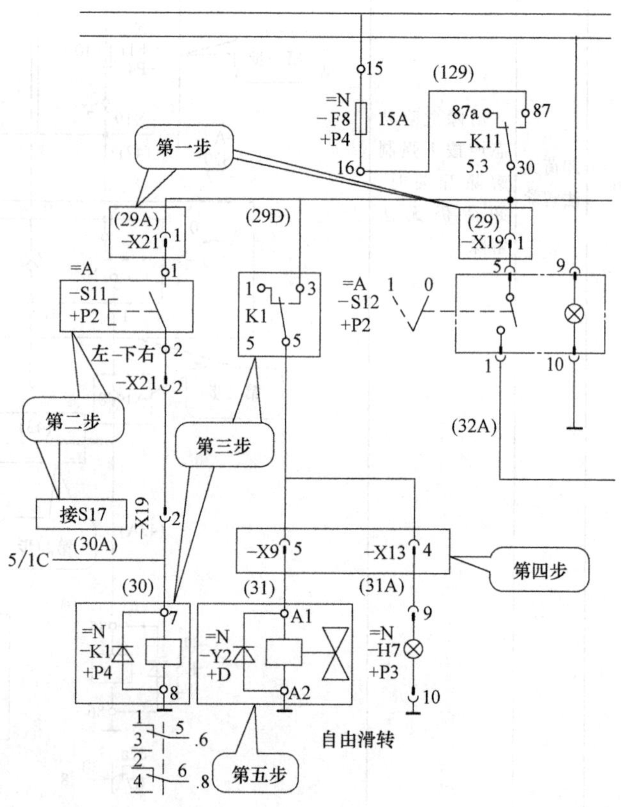

（续）

序号	故障内容	现象描述	原因分析	排除方法
七	无回转制动解除	先导电磁阀工作正常，出现无回转制动解除	1）接线端子 X19：1 损坏 2）S12、S13 回转制动解除开关损坏 3）K2 继电器损坏 4）接线端子 X8：2、X50：1 损坏 5）电磁阀 Y3 损坏	1）检查接线端子 X19：1（29 号线）—24V 2）检查制动解除开关 S12：1（32A 号线）—24V；S13：2（32A 号线）—24V 3）检查继电器 K2：85（32 号线）—24V；K2：30（33 号线）—24V 4）检查接线端子 X8：2（33 号线）—24V；检查接线端子 X50：1（33B 号线）—24V 5）用有源法判断电磁阀 Y3 是否完好

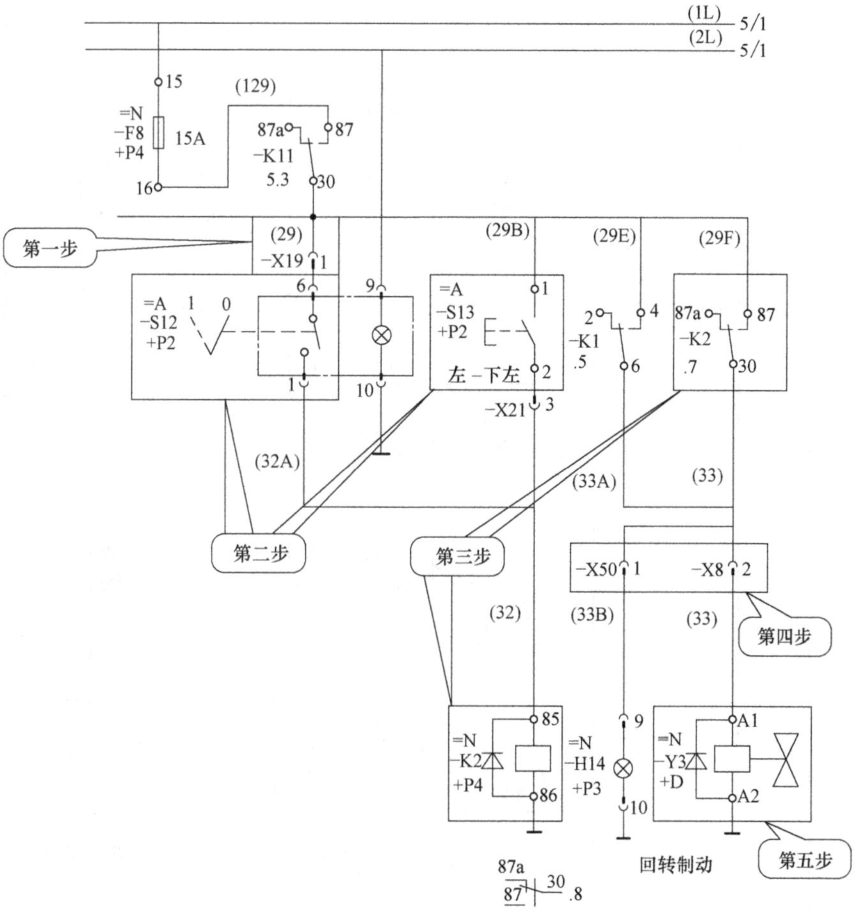

（续）

<table>
<tr><th>序号</th><th>故障内容</th><th>现象描述</th><th>原 因 分 析</th><th>排 除 方 法</th></tr>
<tr><td rowspan="2">八</td><td rowspan="2">液压油散热器不工作</td><td rowspan="2">其他电器正常，液压油散热器不工作</td><td>1）熔断器 F7 损坏（X16：1 接线端子损坏）
2）散热器开关 S9 损坏
3）接线端子 X3：4、X9：3 损坏
4）散热器电动机损坏</td><td>1）检查熔断器 F7：14（26 号线）—24V（X16：1—24V）
2）按下面板散热器开关时，S9：1—24V
3）检查接线端子 X3：4、X9：3（27 号线）—24V
4）用有源法判断散热器电动机 M3 是否完好</td></tr>
<tr><td colspan="2">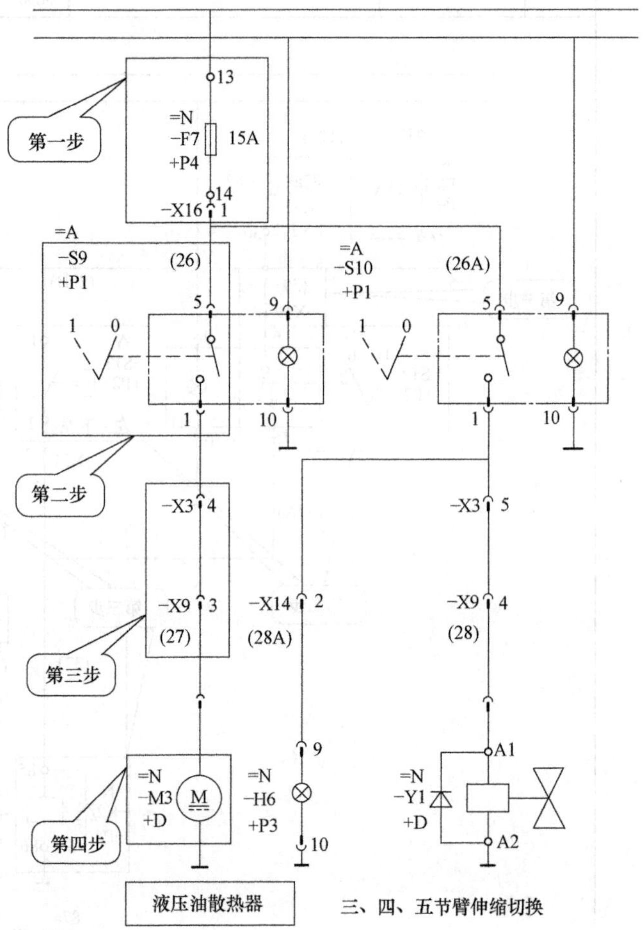
</td></tr>
</table>

（续）

序号	故障内容	现象描述	原因分析	排除方法
九	伸缩缸（二级缸）不切换	其他电器正常，伸缩缸（二级缸）不切换	1）熔断器 F7 损坏（X16：1 接线端子损坏） 2）切换开关 S10 损坏 3）接线端子 X3：5、X9：4（28 号线）、X14：2（28A 号线）损坏 4）切换电磁阀 Y1 损坏	1）检查熔断器 F7：14（26A 号线）—24V（X16：1—24V） 2）按下面板切换开关 S10 时，S10：1—24V 3）接线端子 X3：5、X9：4（28 号线）、X14：2（28A 号线）—24V 4）用有源法判断切换电磁阀 Y1（含指示灯 H6）是否完好

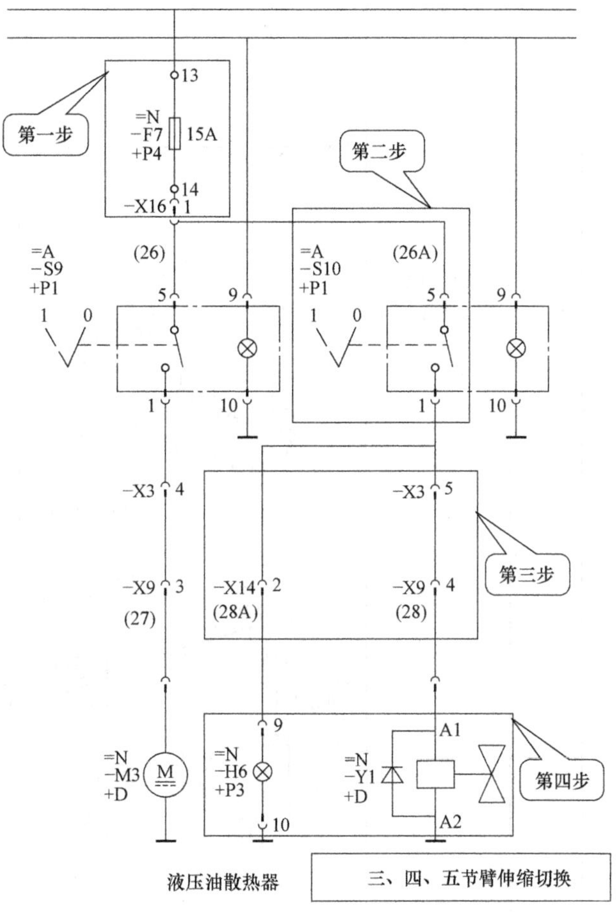

（续）

序号	故障内容	现象描述	原因分析	排除方法
十	无先导压力	其他电器正常，无先导压力	1）熔断器 F9 损坏 2）面板切换开关 S14 损坏 3）先导开关 S15 损坏（左手柄位置）；先导开关 S16 损坏（右手柄位置） 4）继电器 K3 损坏 5）先导电磁阀 Y0 损坏	1）检查熔断器 F9：18（36 号线）—24V（X17：3—24V） 2）按下面板切换开关时，S14：1—24V，即 X19：4（35B 号线）—24V 3）按下（左手柄）先导开关 S15，X21：4（35A 号线）—24V。按下（右手柄）先导开关 S16，X18：2、X17：2（35 号线）—24V 4）检查继电器 K3：85（35 号线）—24V、X9：6（34 号线）—24V（也可以检查继电器触点 K3：30—24V） 5）用有源法判断先导电磁阀 Y0 是否完好

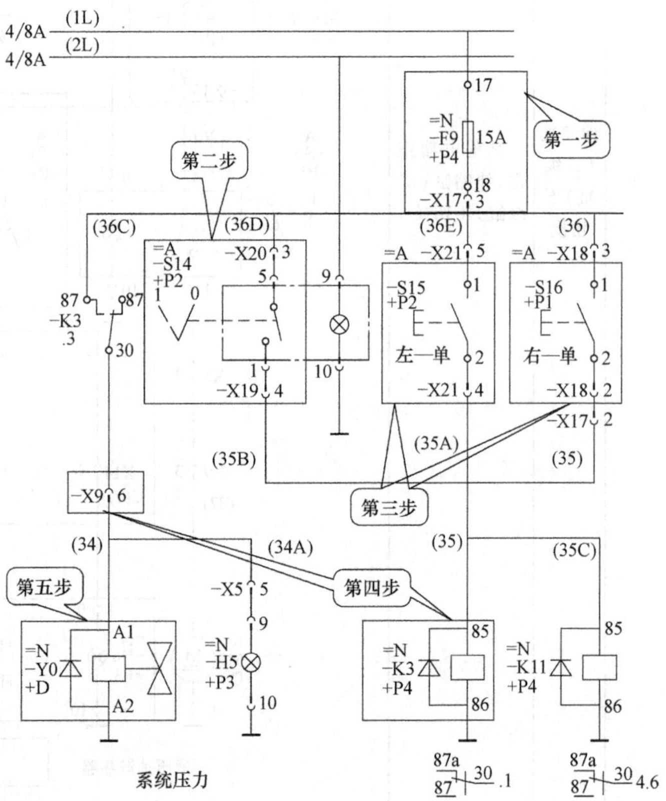

（续）

序号	故障内容	现象描述	原因分析	排除方法
十一	无伸缩变幅切换	其他电器正常，无伸缩变幅切换	1）熔断器 F10 损坏 2）面板切换开关 S19 损坏 3）伸缩变幅切换开关 S18 损坏（右手柄） 4）伸缩变幅切换继电器 K4 损坏 5）切换电磁阀 Y4、Y5 损坏	1）检查熔断器 F10：20（38 号线）—24V（X16：2—24V） 2）按下面板切换开关时：S19：1—24V；S19：2 —24V；X17：5（39A 号线）—24V 3）按下（右手柄）切换开关时，S18：2—24V（同时检查 X18：4、X17：4—24V） 4）继电器 K4：7；K4：5（39D 号线）—24V（同时检查 X3：6、X8：3—24V） 5）用有源法判断切换电磁阀 Y4、Y5 是否完好
			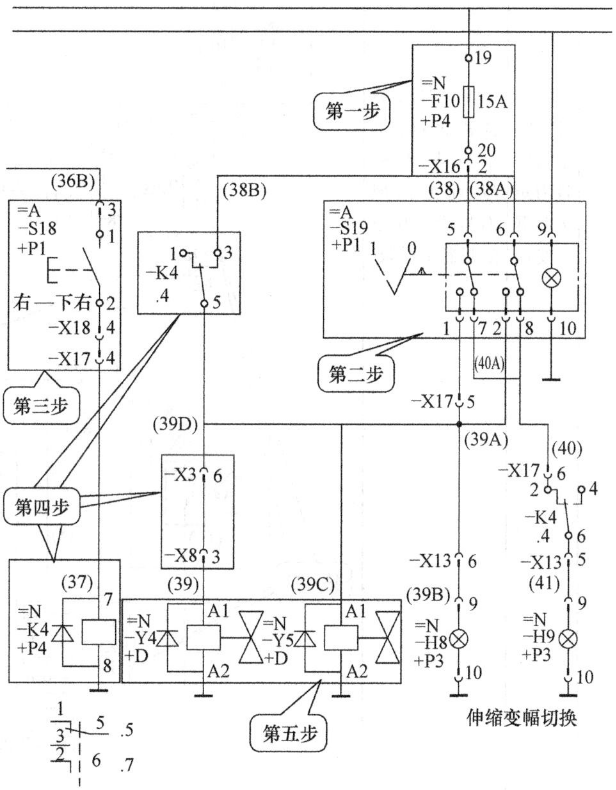	

（续）

序号	故障内容	现象描述	原因分析	排除方法
十二	前方区域不报警且力矩限制器不受限	集电环安装位置正确，上车电源无故障，前方区域不报警，力矩限制器不受限	1）熔断器 F12、F14 损坏 2）继电器 K9、K10 损坏 3）集电环触点损坏 4）闪光器 K8 损坏	当集电环进入前方区域后，X6：8（08 号线）—24V，按以下步骤进行检查 1）检查熔断器 F12：24—24V、F14：28—24V 2）检查继电器 K9：85（8 号线）—24V、K10：85（45B 号线）—24V 3）检查 S22：2、X1：5（54A 号线）断电，力矩限制器受限 4）检查闪光器 K8：B、K8：L—24V，同时，蜂鸣器 B3 断续警鸣，警告灯 H13 断续闪动

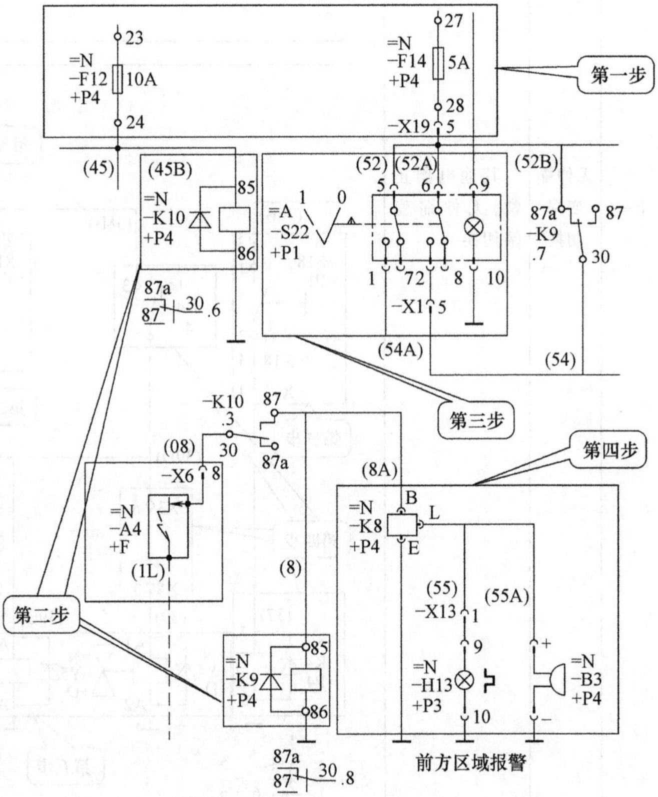

（续）

序号	故障内容	现象描述	原因分析	排除方法
十三	三圈保护不起作用	当钢丝绳落至三圈时，三圈保护无警示、无卸荷	1）熔断器 F13 损坏 2）强制开关 S21 损坏 3）三圈保护器开关 A2、A3 损坏 4）三圈保护电磁阀 Y7 损坏 5）闪光器 K7 故障	1）检查熔断器 F13：26—24V（X19：6-24） 2）检查强制开关 S21：7—24V，同时检查 X19：6、X2：7、X8：5（49 号线）—24V 3）检查开关 A2、A3 通断情况，同时检查 X2：8、X8：6（50 号线）—24V 4）三圈保护电磁阀 Y7 应为 24V，同时停止卷扬下降动作 5）闪光器 K7：B—24V、K7：L 断续带电，以带动蜂鸣器 B2 和信号灯 H11 报警
			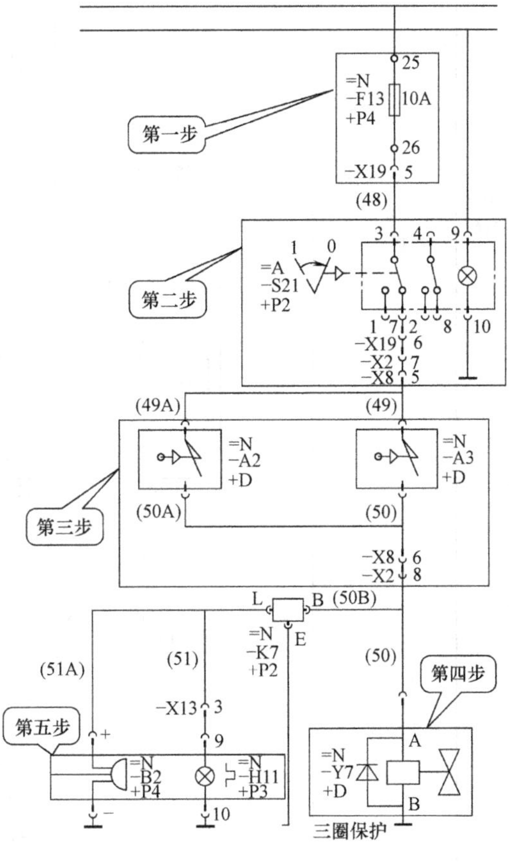	

（续）

序号	故障内容	现象描述	原因分析	排除方法
十四	无副卷选择	其他电器一切正常，无副卷选择	1)熔断器 F12 损坏 2)脚踏开关 S29 损坏 3)继电器 K12 损坏 4)副卷选择电磁阀 Y8 损坏	1）检查熔断器 F12：24(45C 号线)—24V 2)检查脚踏开关 S29：N、X7：5(45C 号线)—24V；脚踏开关 S29：P、X7：3(158 号线)—24V 3)检查继电器 K12：85、继电器 K12：30、X7：6(58 号线)—24V 4)检查副卷选择电磁阀 Y8：A(58 号线)—24V，同时用有源法判断副卷选择电磁阀 Y8 是否完好
			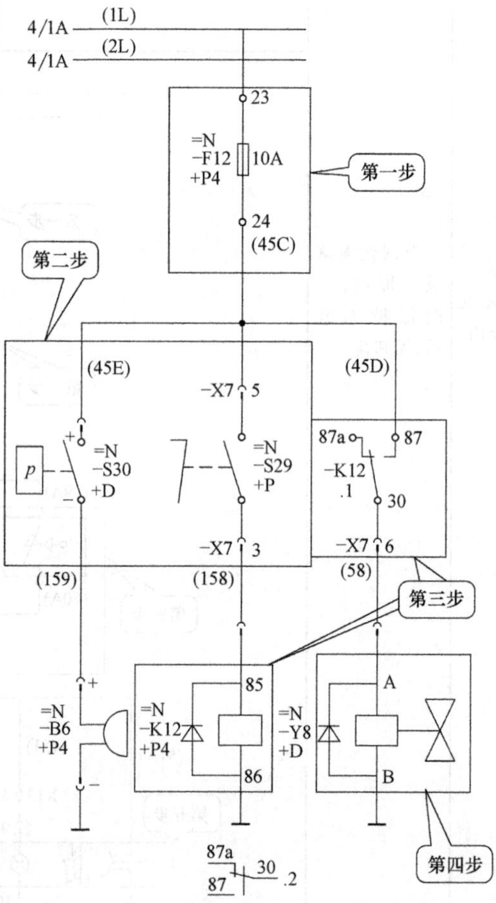 副卷工作选择	

（续）

序号	故障内容	现象描述	原因分析	排除方法
十五	半伸支腿工况选择没有输出信号	其他电器一切正常，半伸支腿工况选择没有输出信号	1）熔断器 F14 损坏 2）半伸支腿工况选择开关 S28 损坏	1）检查熔断器 F14：28、X16：3（17B 号线）—24V 2）检查半伸支腿工况选择开关 S28：1、X24：4（71 号线）—24V（接信号灯 H15） 3）检查半伸支腿工况选择开关 S28：7、X24：3（70 号线）—24V
			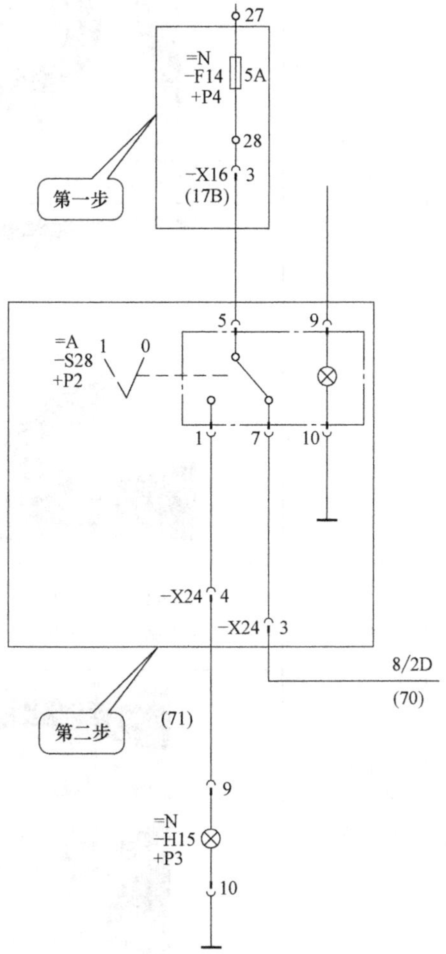半伸支腿工况选择开关	

技能训练 6　力矩限制器系统故障诊断与排除

汽车起重机力矩限制器系统故障分析与排除见表 4-9。

表 4-9　汽车起重机力矩限制器系统故障分析与排除

序号	故障内容	现象描述	原因分析	排除方法
一	高度限位开关报警	主卷或副卷只能落钩不能起钩	1)高度限位开关损坏	检查高度限位开关是否正常

			2)测长线断路或短路	检查测长线有无短路或断路现象
			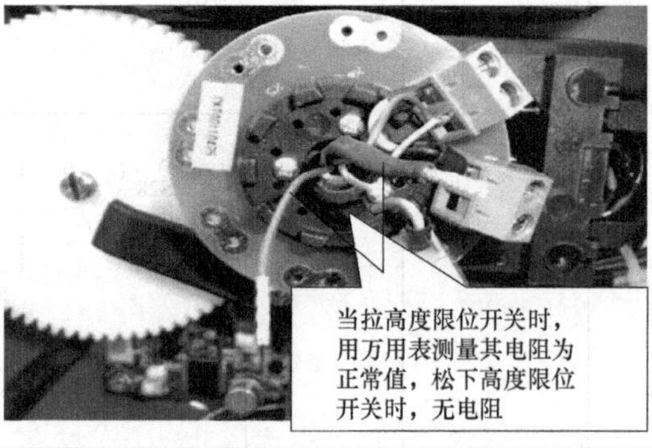	
二	前、后方力矩限制器不转换	回转到任何方向，都只显示前方或后方	1)前、后方转换无信号 2)力矩限制器主板故障	1)检查前、后方转换信号是否正常 2)根据第五支腿开关，可以判断力矩限制器主板是否有问题
			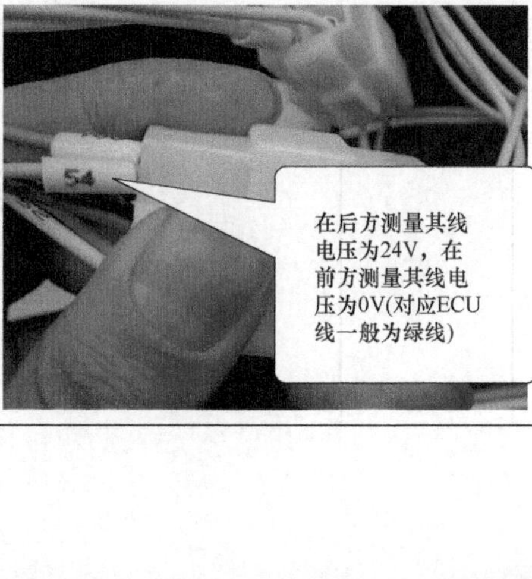	

（续）

<table>
<tr><th>序号</th><th>故障内容</th><th>现象描述</th><th>原因分析</th><th>排除方法</th></tr>
<tr><td>二</td><td>前、后方力矩限制器不转换</td><td>回转到任何方向，都只显示前方或后方</td><td colspan="2">
</td></tr>
<tr><td rowspan="4">三</td><td rowspan="4">前、后方工况，一直显示半伸支腿</td><td rowspan="4">在前、后方一直显示半伸支腿</td><td>半伸支腿开关打开或半伸支腿开关一直有信号</td><td>1）检查前方半伸支腿显示
2）检查后方半伸支腿显示
3）检查半伸支腿信号开关接线
4）检查半伸支腿开关</td></tr>
<tr><td colspan="2">

</td></tr>
<tr><td colspan="2">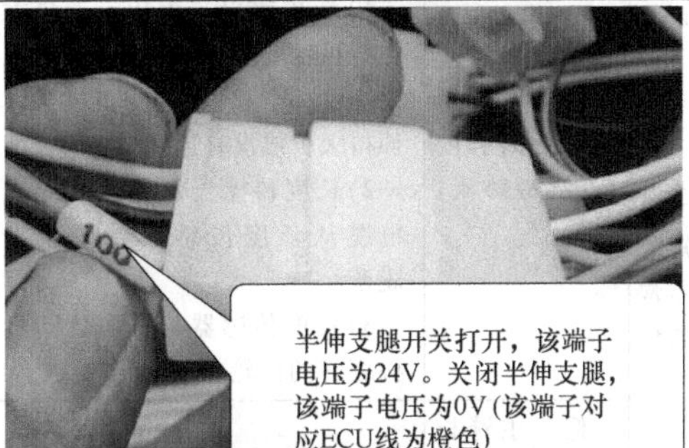
</td></tr>
<tr><td colspan="2">
</td></tr>
</table>

（续）

序号	故障内容	现象描述	原因分析	排除方法
四	蜂鸣器长鸣	开机后系统显示正常，无故障代码，但蜂鸣器长鸣	测长线与高度限位器的连接处有故障	检查测长线与高度限位器的连接处是否脱落或进水短路
五	长度传感器测长线回缩不正常	起重机在吊臂回缩时，测长线不能正常收回或吊臂回缩到基本臂时测长线松弛	卷线盒内卷簧机械特性故障或卷线盒中的测长线脱槽，回收力减小	1）起重机收车，并将起重机吊臂放到臂架上摆好 2）将卷线盒预紧若干圈，松紧程度以测长线正常拉出，并能够顺利回位为准 3）预紧卷线盒后，会造成吊臂臂长显示不准，此时，应该调整长度传感器，直至长度显示与实际臂长相符为止
六	HC4900力矩限制器常见典型故障	超出幅度范围或低于角度范围（故障码：E02）	超出性能表中规定的最大幅度或低于性能表中规定的最小角度	向上变幅至性能表中规定的幅度或角度
		无此工况或无此回转区域（故障码：E04）	1）选择了一个不存在的工况 2）起重机机臂不在指定的回转区域	1）正确选择当前使用的工况 2）回转起重机机臂至指定的区域
		禁止的长度范围（故障码：E05）	1）禁止超出一个指定的最大主臂长度或使用副臂吊重曲线规定主臂一个长度时，起重机机臂伸得太长或没有达到规定的长度 2）长度传感器调整值改变或电缆从长度传感器卷线盒上脱落 3）长度传感器旋钮和传动机构之间的齿轮有问题	1）伸出或回缩起重机机臂至正确的长度 2）缩回主臂，检查卷线盒的预紧力（电缆必须拉紧），打开长度传感器，借助螺孔小心、逆时针旋转长度传感器旋钮，直到锁住 3）依照上述步骤，更换整套长度单元
		低于主臂长度测量通道下限值（故障码：E11）	1）长度电位器有故障 2）测量通道电子元件有故障	1）更换长度电位器 2）更换测量通道电子元件
		低于上下腔压力测量通道下限值（故障码：E12）	1）压力传感器有故障 2）测量通道电子元件有故障	1）更换压力传感器 2）更换测量通道电子元件
		低于主臂角度测量通道下限值（故障码：E15）	1）角度电位器有故障 2）测量通道电子元件有故障	1）更换角度电位器 2）更换测量通道电子元件

复习思考题

1. 汽车起重机驾驶室电气系统由哪些部分组成？
2. 力矩限制器的结构组成有哪些？
3. 熔断器的作用有哪些？
4. 三圈保护器的作用有哪些？
5. 根据图 4-28 描述系统压力建立电路的工作原理。
6. 汽车起重机电气故障常用的检查方法有哪些？
7. 整车无电故障的产生原因及排除方法有哪些？
8. 雾灯不亮故障的产生原因及排除方法有哪些？
9. 前照灯不亮故障的产生原因及排除方法有哪些？
10. 无转向灯故障的产生原因及排除方法有哪些？
11. 上车工作灯不亮故障的产生原因及排除方法有哪些？
12. 空气干燥器不工作故障的产生原因及排除方法有哪些？
13. 差速阀不工作故障的产生原因及排除方法有哪些？
14. 车速里程表不显示故障的产生原因及排除方法有哪些？
15. 液压油散热器不工作故障的产生原因及排除方法有哪些？
16. 无先导压力的产生原因及排除方法有哪些？
17. 无伸缩变幅切换故障的产生原因及排除方法有哪些？
18. 无副卷选择故障的产生原因及排除方法有哪些？
19. 高度限位器报警故障的产生原因及排除方法有哪些？
20. 蜂鸣器长鸣故障的产生原因及排除方法有哪些？

第5章

汽车起重机工作装置维修

培训学习目标

1. 能说出伸臂结构和伸缩机构的分类。
2. 能说出滑块在伸臂上的安装位置。
3. 了解伸臂结构维修装配与注意事项。
4. 能根据伸缩机构的工作原理图描述其伸缩原理。
5. 能排除伸臂机构抖动、不能回缩、三~五节臂回缩不同步、细拉索掉道及吊臂回缩不到位的故障。
6. 能完成 QY25 五节臂细拉索掉道维修装配。

◈◈◈ 5.1 汽车起重机工作装置维修相关知识

相关知识

5.1.1 转台机构

1. 含义及分类

(1) 含义　转台机构是汽车起重机的主要承载结构件，用于安装汽车起重机上车回转机构、起升机构、液压系统和电气系统等各部件，也是安装在回转支承上的能进行水平回转运动的主要部件。

(2) 分类　根据回转支承的形状可以将转台机构分为外齿圈和内齿圈两种类型，如图 5-1 所示。

2. 回转支承软带区的调整

(1) 外齿圈型回转支承软带区调整　对于外齿圈型回转支承，外齿圈的软带区（堵塞孔）应放在起重机的前进方向上，内齿圈的软带区（“S”标记）应放在起重机的侧面方向上，如图 5-2 所示。

a)

b)

图 5-1　回转机构类型

a）外齿圈型　b）内齿圈型

（2）内齿圈型回转支承软带区调整　与外齿圈型回转支承软带区调整相反，内齿圈型回转支承软带区调整应将“S”标记调整至起重机前进方向，外齿圈的软带区调整至起重机左侧面，如图 5-3 所示。

图 5-2　外齿圈型回转支承软带区调整

5.1.2　伸臂机构

吊臂是起重机在起重作业时的又一主要受力件。各节臂间（上、下、两侧）由滑块支承，中小吨位起重机依靠伸缩缸和粗、细拉索（大吨位起重机采用单缸插销式伸缩机构）保证吊臂

a)

b)

图 5-3　内齿圈型回转支承软带区调整

a）外齿圈软带区调整至起重机左侧面　b）“S”标记调整至起重机前进方向

的伸缩。吊臂伸缩时，滑块与吊臂之间有相对摩擦运动。两相对运动的吊臂之间的滑块间隙调整不均匀或润滑脂涂抹不均匀，都会造成吊臂伸缩时发生抖动、伸出后旁弯等现象；若细拉索装配不可靠或不预紧，都会造成细拉索掉道、挤伤或拉断，势必影响到整机性能质量。

1. 伸臂机构分类

汽车起重机伸臂机构主要分为伸缩式箱形吊臂、桁架式吊臂和椭圆形吊臂三种，其中椭圆形吊臂是最为先进的一种，如图 5-4 所示。

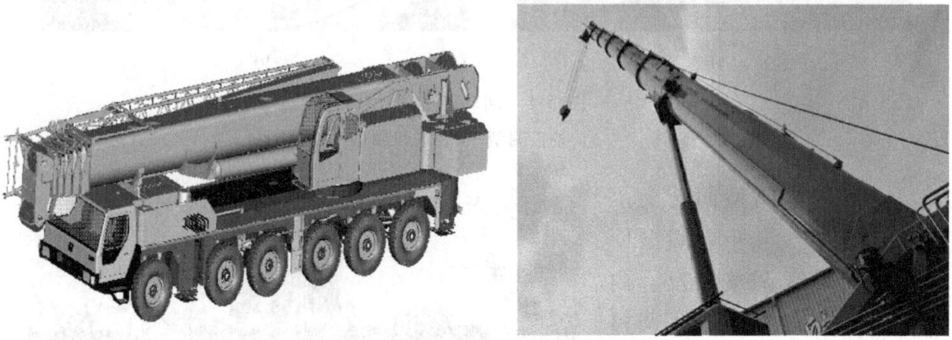

a)　　b)

图 5-4　椭圆形吊臂外形图

2. 伸缩机构

汽车起重机伸缩机构主要分为同步伸缩式机构、顺序伸缩式机构、顺序加同步伸缩式机构和单缸插销式机构四种，其中后两者在移动式起重机上应用最为广泛，图 5-5 所示即为单缸插销式伸缩机构示意图。

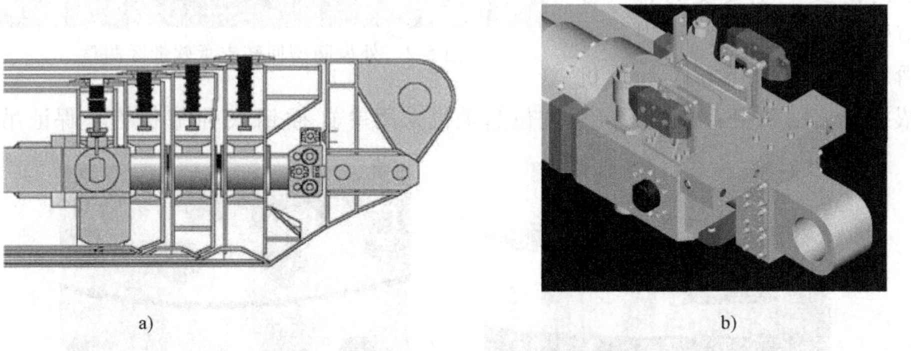

a)　　b)

图 5-5　单缸插销式伸缩机构示意图

3. 滑块的位置分布

汽车起重机伸臂的两臂筒之间都安装有滑块装置，主要分布在起重臂的臂头和臂尾位置，如图 5-6 所示。

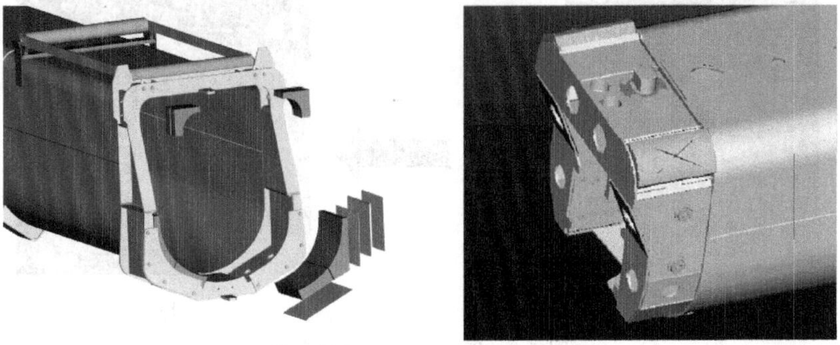

a)　　b)

图 5-6　滑块在起重机臂头和臂尾位置示意图

a）臂头滑块　b）臂尾滑块

4. 伸臂结构维修装配与注意事项

（1）粗拉索维修装配　将两根粗拉索Ⅱ分别从四节臂尾部两侧孔中穿入，从四节臂头部穿出，再分别挂在五节臂后尾两侧的轮子支架上，将轮子、销轴装配在支架上，在臂尾内侧用轴挡板及螺栓紧固。在支架前后分别装上导轨和滑块。粗拉索维修装配如图 5-7 所示。

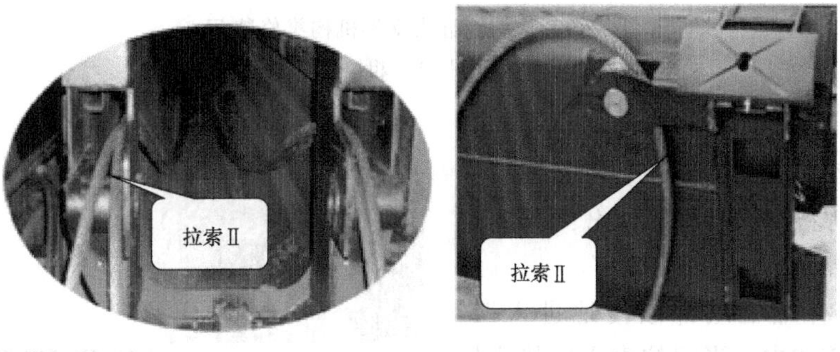

a)　　b)

图 5-7　粗拉索维修装配

a）四节臂尾部　b）五节臂尾部

（2）四、五节臂维修装配　四、五节臂维修装配时，要保证粗拉索Ⅱ上面两根拉索位于导轨上，拉索没有打绞现象。四、五节臂维修装配如图 5-8 所示。

（3）伸缩缸缸头支架机构维修装配　伸缩缸缸头支架机构维修装配主要包括导向支架、一根细拉索Ⅱ、两根粗拉索Ⅰ和伸缩缸导向轮的装配，如图 5-9 所示。

（4）四、五节臂与下缸组件维修装配（图 5-10）

a)　　b)

图 5-8　四、五节臂维修装配

a）五节臂尾部　b）五节臂送入四节臂头部

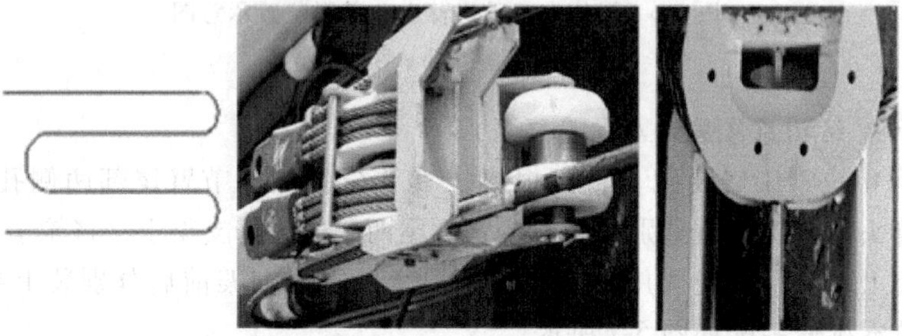

a)　　b)　　c)

图 5-9　伸缩缸缸头支架机构维修装配

a）细拉索Ⅱ走向示意图　b）粗拉索Ⅰ　c）细拉索Ⅱ

1）伸缩缸导向轮对着四节臂尾部，将细拉索Ⅱ两端螺杆穿过四节臂筒体，从五节臂头部穿出，拧上螺母、垫圈。

2）伸缩缸组件缓慢地进入四、五节臂筒体内，当粗拉索Ⅰ的接头接近尾部时，装拉索座并回收滑轮。

3）粗拉索Ⅱ的拉索座固定在三节臂尾。注意粗拉索Ⅱ的拉索座与三节臂尾连接时拉索不得打绞。

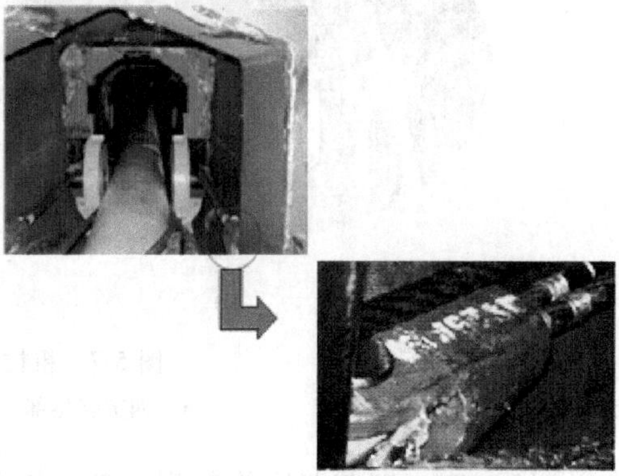

图 5-10　四、五节臂与下缸组件维修装配

（5）细拉索Ⅰ螺杆的固定　细拉索Ⅰ装配后，细拉索螺杆的螺纹部分应完好无损，如图 5-11 所示。

（6）粗拉索Ⅰ的拉索座与二节臂尾的连接　粗拉索Ⅰ的拉索座与二节臂尾连接时拉索不得打绞，如图 5-12 所示。

图 5-11 细拉索Ⅰ螺杆的固定

图 5-12 粗拉索Ⅰ的拉索座与二节臂尾的连接

5. 伸臂机构的工作原理

最为常见的伸臂机构主要有两种：一种是以小吨位起重机为代表的液压缸+绳排机构，另一种是以大吨位起重机为代表的单缸插销式伸缩机构。

(1) 液压缸+绳排机构

1) 三节臂伸缩机构伸缩工作原理如图 5-13 所示。

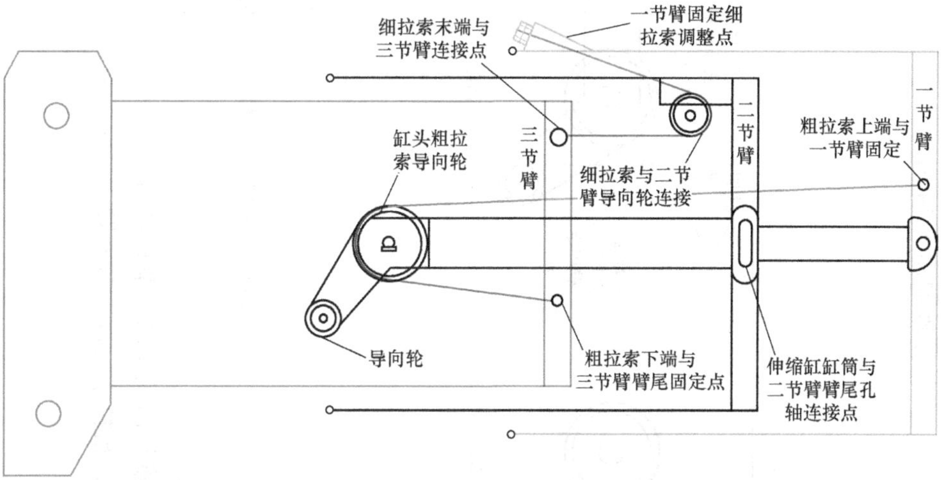

图 5-13 三节臂伸缩机构伸缩工作原理

① 伸出原理。

a. 伸缩缸带动二节臂伸出。

b. 二节臂伸出的同时，在伸缩缸和粗拉索的作用下，三节臂伸出，此时伸出完毕。

② 回缩原理。

a. 伸缩缸带动二节臂回缩。

b. 二节臂回缩的同时，在细拉索的作用下三节臂回缩，此时回缩完毕。

2）四节臂伸缩机构（伸出）工作原理如图 5-14 所示。

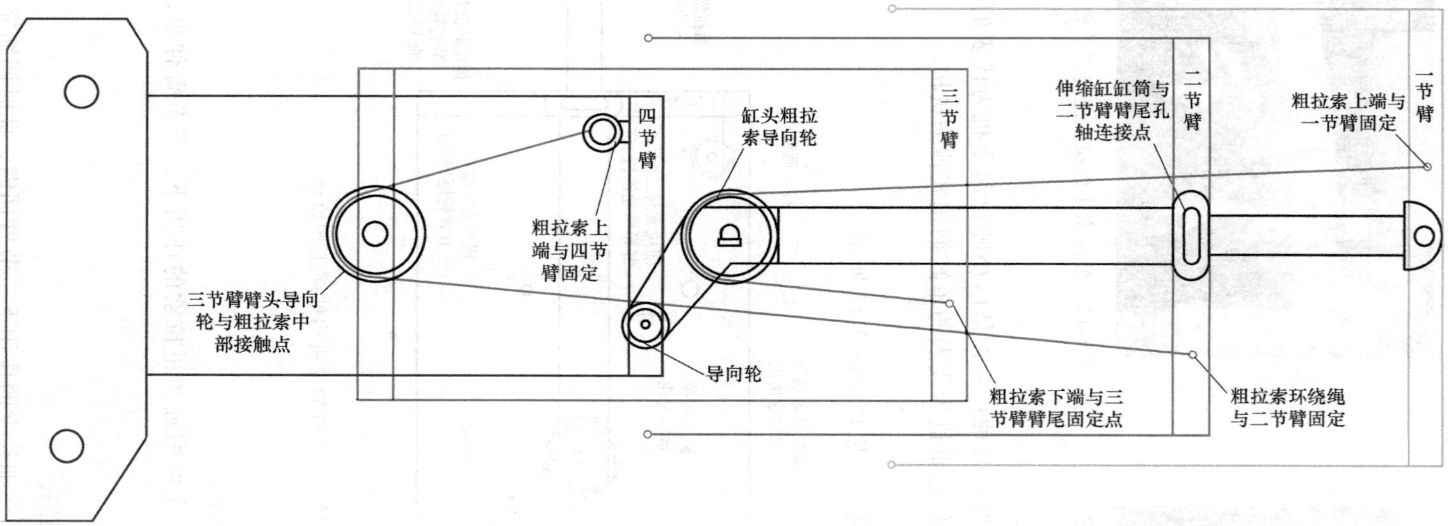

图 5-14　四节臂伸缩机构（伸出）工作原理

① 伸缩缸推动二节臂伸出。

② 粗拉索通过缸头粗拉索导向轮拉动三节臂伸出。

③ 在三节臂伸出的同时，粗拉索通过三节臂臂头导向轮带动四节臂伸出，此时四节臂伸出完毕。

3）四节臂伸缩机构（回缩）工作原理如图 5-15 所示。

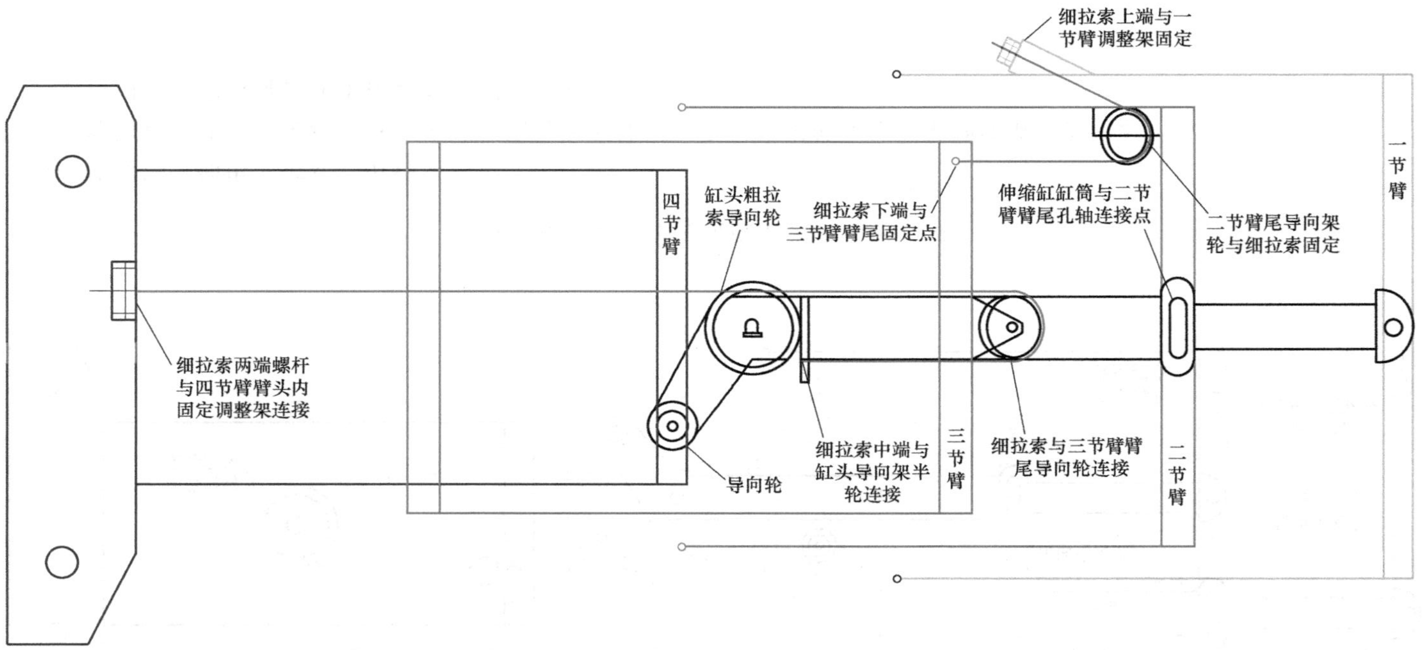

图 5-15　四节臂伸缩机构（回缩）工作原理

① 伸缩缸回缩时，带动二节臂回缩。

② 在二节臂回缩的同时，在细拉索作用下带动三、四节臂回缩，此时三、四节臂回缩完毕。

4）五节臂伸缩机构（伸出）工作原理如图 5-16 所示。

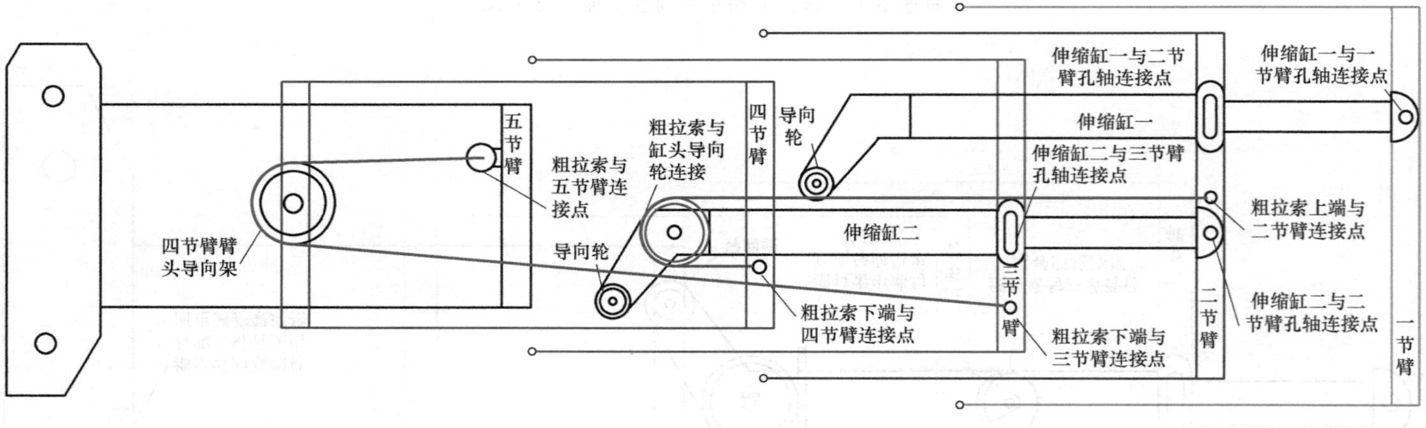

图 5-16　五节臂伸缩机构（伸出）工作原理

① 伸缩缸一伸出，带动二节臂运动。

② 伸缩缸二伸出，带动三节臂运动，同时在伸缩缸二和粗拉索的作用下带动四节臂伸出。

③ 当四节臂伸出时，在粗拉索的作用下带动五节臂伸出。

5）五节臂伸缩机构（回缩）工作原理如图 5-17 所示。

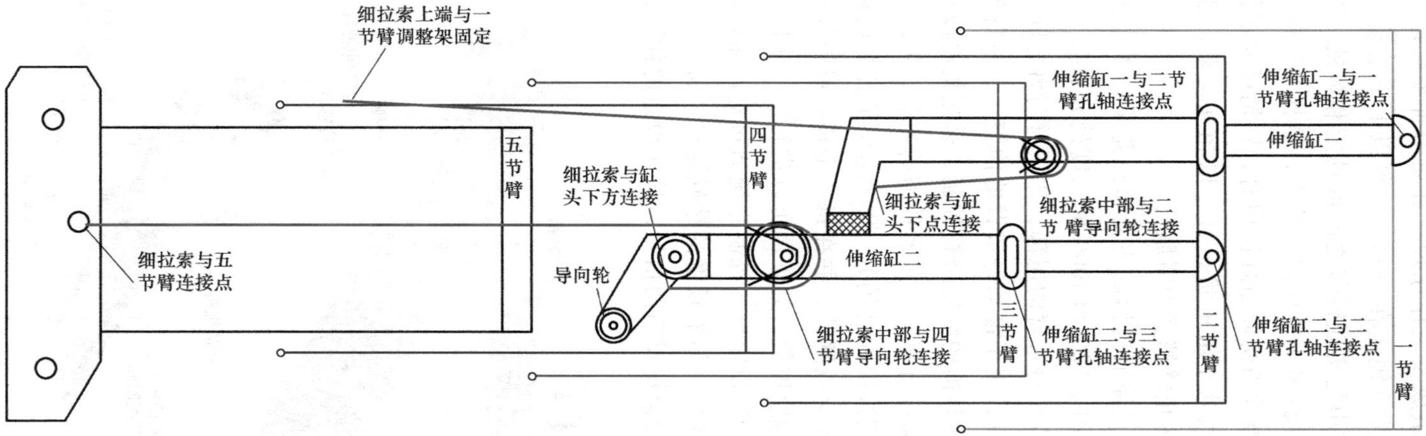

图 5-17　五节臂伸缩机构（回缩）工作原理

① 伸缩缸一回缩时带动二节臂回缩。

② 伸缩缸二回缩时带动三节臂回缩，同时在细拉索作用下带动四节臂回缩。

③ 四节臂回缩的同时，在细拉索作用下带动五节臂回缩。

（2）单缸插销式伸缩机构组成及工作原理　在每节伸缩臂尾端的上方，有一个能够把该节臂与其外面的臂节锁定在一起，并可以上下运动的销轴（由于安装在吊臂上称为臂销），其作用是实现臂节之间的锁定和解锁。臂销初始位置在弹簧力的作用下可以向上运动到另一节臂的臂孔中，这样臂与臂之间不能相互运动，以达到刚性锁定目的。当臂销受伸缩缸作用时，臂销可向下移动并从另一节臂的臂孔中缩回，臂与臂之间处于解锁状态就可以相互运动，达到解锁的目的。臂销的上端有互锁机构，防止臂销受力时脱落。

如图 5-18 所示，单缸插销式伸缩机构的主要特点是采用单个伸缩缸来推动各节臂的伸缩，每节臂在 0、46%、92%和 100%的长度处分别有一个臂销孔，尾部两侧各有一个缸销孔，臂销位于每节臂的尾部，用于臂与臂之间的锁定，伸缩缸销位于伸缩缸缸筒的缸帽部位，用于推动每节臂的伸缩。起重臂伸出时按照从前到后的顺序，缩回时按照从后到前的顺序进行控制。采用机电液相结合的综合控制技术来实现单个伸缩缸自动进行多节起重臂伸缩的控制，伸缩机构的控制对象是可以运动的销轴（包括伸缩缸销和臂销），设计思想是各个销轴能够按照设定的逻辑顺序接受控制，进行锁定或解锁，并在每一个锁定或解锁动作完成指令后，进行检测并反馈完成信号给处理器，处理器可以进行下一步的运动操作。操作者根据工况进行起重臂伸缩长度设定后，控制系统通过对伸缩缸尾部缸销和各节臂上臂销位置的检测以及对伸缩缸伸缩长度的精确测量，将检测的开关量和模拟量信号传送给控制器，控制器根据反馈的信号，按照设定的伸缩目标和控制逻辑自动进行起重臂的伸缩控制。

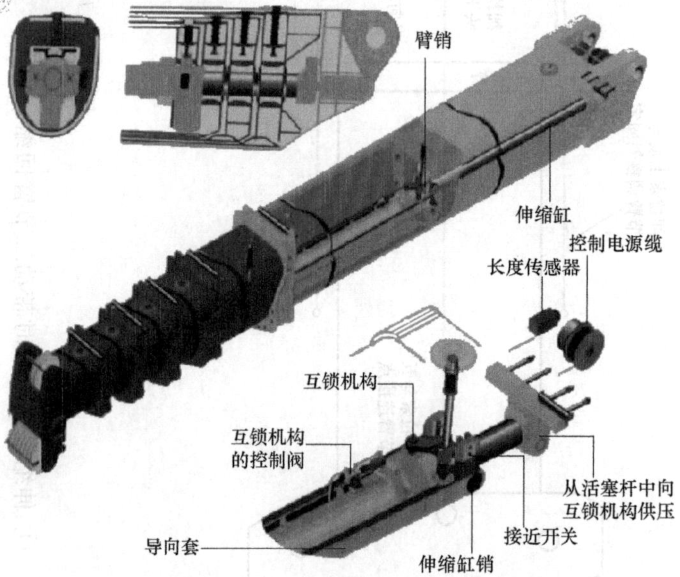

图 5-18　单缸插销式伸缩机构示意图

5.2 汽车起重机工作装置维修技能训练

技能训练

汽车起重机伸臂机构故障分析与排除见表 5-1。

表 5-1　汽车起重机伸臂机构故障分析与排除

序号	故障描述	原因分析	排除方法
一	伸臂伸缩时抖动	1)伸缩臂之间摩擦面润滑情况差	将吊臂伸出后观察每节臂上滑块经过的吊臂表面,若润滑不良,可涂抹润滑脂,以减小接触面间的摩擦力。注意润滑脂一定要涂抹在滑块经过的吊臂表面上,上部和下部的接触面尤其重要,并要形成一定厚度的油膜层。当由于天气等因素形成油膜困难时,可在吊臂接触面上施加黏度大的齿轮油
		 涂抹润滑脂	
		2)滑块磨损或安装的位置不正确	检查伸缩臂间滑块磨损情况,若滑块已磨损,应在滑块下通过加调整垫片来弥补轻度磨损引起的滑块偏斜,若严重磨损则应更换新滑块 若滑块因固定螺栓断裂或松动使安装的位置不正确,则应调整
		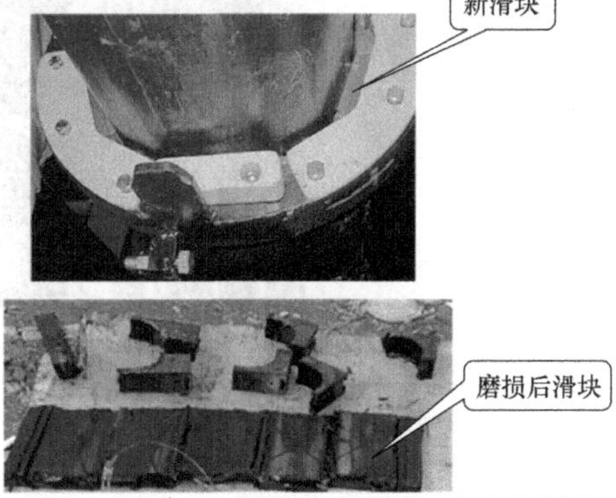 	

（续）

<table>
<tr><th>序号</th><th>故障描述</th><th>原因分析</th><th>排除方法</th></tr>
<tr><td rowspan="7">一</td><td rowspan="7">伸臂伸缩时抖动</td><td>3）伸缩缸上的托滚有故障</td><td>从观察孔观察伸缩缸缸筒底部的支承情况，看导向部分是否松动，滚轮轴是否脱落等（注意：观察时臂要全缩，并借助如手电筒等工具）</td></tr>
<tr><td colspan="2">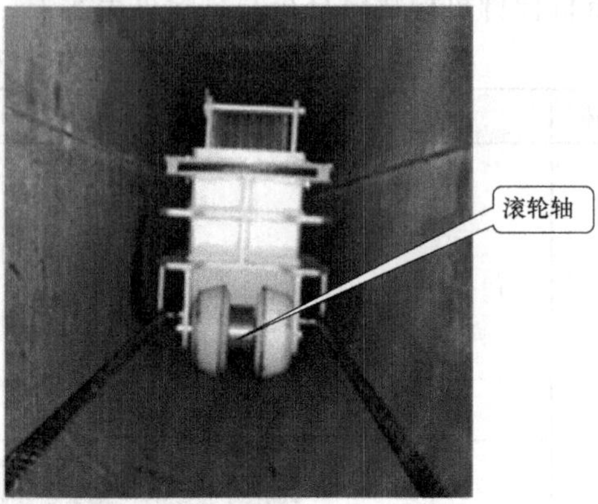
</td></tr>
<tr><td>4）粗拉索或细拉索一边长一边短，导致伸臂两侧摆动时产生抖动</td><td>调整粗拉索或细拉索的两边长度，使两边长度一致，消除摆动引起的抖动</td></tr>
<tr><td>5）细拉索松动，工作时弹动，导致伸缩时伸臂抖动</td><td>调整细拉索的松紧度，消除工作中的弹动，从而避免抖动</td></tr>
<tr><td>6）粗、细拉索长，工作时弹动，导致伸缩时伸臂抖动</td><td>调整粗、细拉索的松紧度，消除工作中的弹动，从而避免抖动</td></tr>
<tr><td colspan="2">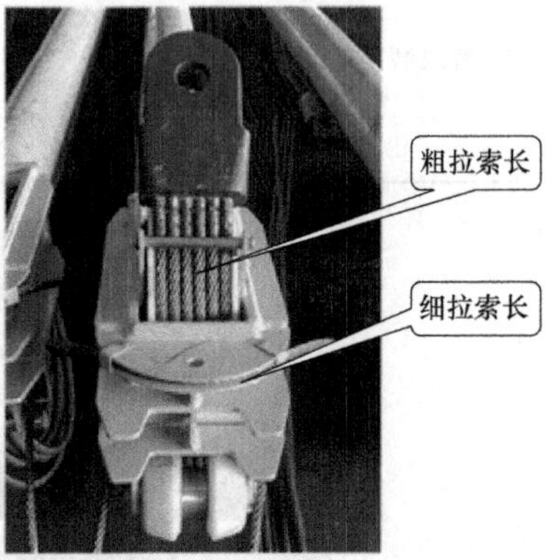
</td></tr>
<tr><td>7）支承滑块装配间隙小，增加了摩擦力，导致伸臂抖动</td><td>调整滑块的装配间隙至规定值（参考值为 2mm）</td></tr>
</table>

（续）

<table>
<tr><th>序号</th><th>故障描述</th><th colspan="2">原因分析</th><th>排除方法</th></tr>
<tr><td rowspan="8">一</td><td rowspan="8">伸臂伸缩时抖动</td><td colspan="3">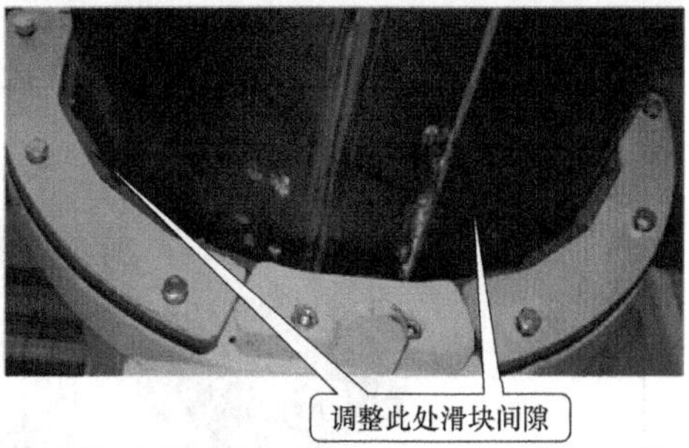
</td></tr>
<tr><td colspan="2">8）滑块脱落卡滞，导致摩擦力增大，伸臂抖动</td><td>清理脱落滑块，并均匀涂抹润滑脂</td></tr>
<tr><td rowspan="2">9）伸缩缸故障</td><td>伸缩缸活塞缸套过紧，导致振动</td><td>更换或修整伸缩缸活塞缸套</td></tr>
<tr><td>伸缩缸缸杆或缸筒变形，造成伸臂抖动</td><td>更换伸缩缸缸筒、缸杆或伸缩缸</td></tr>
<tr><td colspan="3">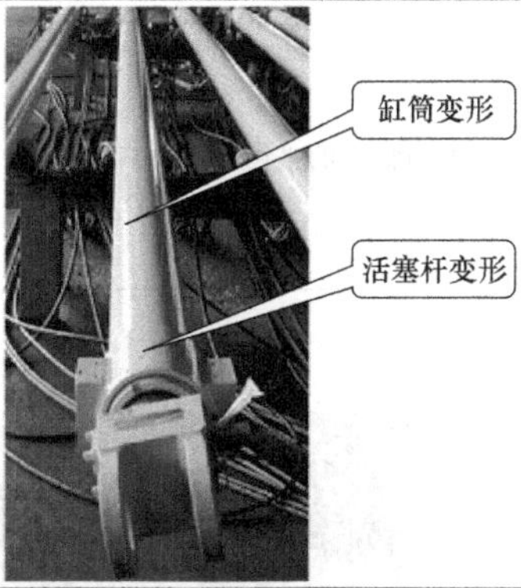
</td></tr>
<tr><td colspan="2">10）臂筒变形，平面度超差，导致支承滑块与臂筒摩擦面运动时，时松时紧，造成伸臂抖动</td><td>更换臂筒或矫正至平面度公差范围内</td></tr>
<tr><td colspan="2">11）臂筒和臂尾拼焊后变形，装入下节臂筒内造成对角别劲，导致伸臂伸缩时抖动</td><td>矫正或更换臂尾</td></tr>
<tr><td colspan="3">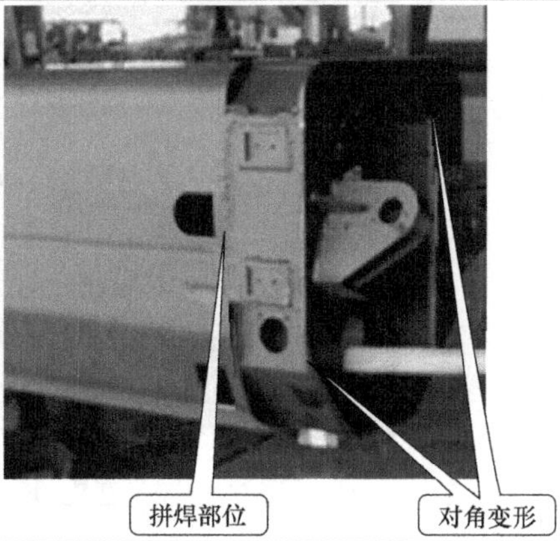
</td></tr>
</table>

（续）

<table>
<tr><th>序号</th><th>故障描述</th><th>原因分析</th><th>排除方法</th></tr>
<tr><td rowspan="4">一</td><td rowspan="4">伸臂伸缩时抖动</td><td>12)臂内轴、挡板或螺栓等物脱落，使两臂筒间出现磨压等现象，导致伸臂在工作中抖动</td><td>清除臂内脱落的轴、挡板或螺栓等异物，并进行修复</td></tr>
<tr><td colspan="2">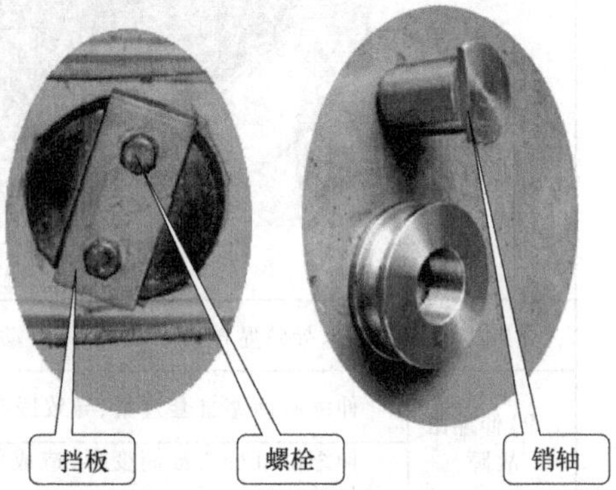
</td></tr>
<tr><td>13)伸缩缸上的平衡阀弹簧有故障</td><td>检查一节臂（也称基本臂）尾部与伸缩缸相连的平衡阀弹簧，因为动作频繁，弹簧疲劳也会产生抖动，应更换或修理弹簧；如果当时没有合适的弹簧，可在弹簧支座上加一定厚度的垫片</td></tr>
<tr><td colspan="2">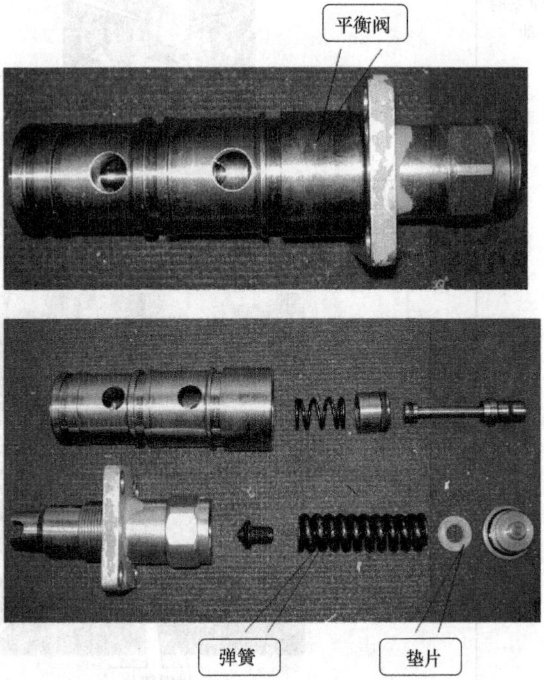
</td></tr>
</table>

（续）

<table>
<tr><th>序号</th><th>故障描述</th><th colspan="2">原因分析</th><th>排除方法</th></tr>
<tr><td>一</td><td>伸臂伸缩时抖动</td><td colspan="2">14）平衡阀中单向阀弹簧损坏或有异物，似卡非卡造成流量时大时小，导致伸臂抖动</td><td>更换平衡阀中已损坏的单向阀弹簧或清理异物</td></tr>
<tr><td rowspan="8">二</td><td rowspan="8">伸缩臂不能回缩</td><td colspan="2">1）平衡阀或油管内有空气，产生了障碍</td><td>进油管有泄漏，致使空气进入，可先排除泄漏（要特别观察伸缩缸小腔进油管上的接头、法兰等连接处），然后反复扳动操纵杆或操纵手柄，使气体顺回油排出；若是由于油变质产生气体，应更换液压油</td></tr>
<tr><td colspan="2">2）平衡阀不能打开</td><td>先缓慢地拧松从平衡阀至液压缸下腔管道上的螺栓接头，让油从间隙中慢慢流出，便可使伸缩臂受自重力而慢慢回缩，然后拆下平衡阀进行清洗，并检查控制油路进油口小孔，一般是因此孔堵塞而引起故障</td></tr>
<tr><td colspan="3">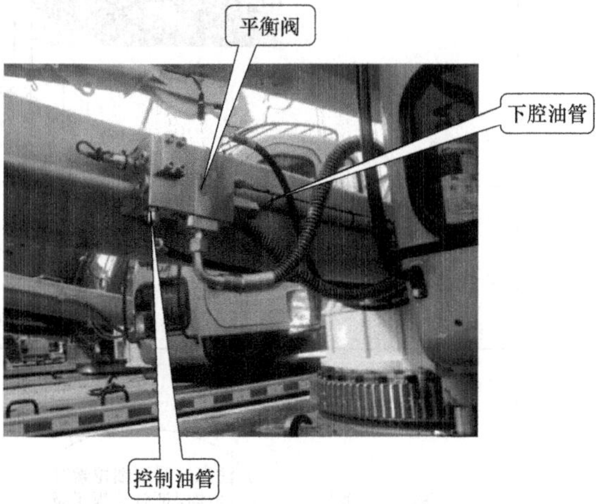</td></tr>
<tr><td colspan="2">3）四、五节臂或三、四节臂同时不能回缩：四、五节臂或三、四节臂回缩细拉索断裂，掉出导向轮后卡住</td><td>更换细拉索</td></tr>
<tr><td colspan="2">4）四节臂或五节臂不能回缩：四节臂或五节臂回缩时细拉索掉出导向轮、细拉索断裂或细拉索从拉索螺杆套中脱落</td><td>更换四节臂或五节臂回缩细拉索</td></tr>
<tr><td rowspan="3">5）伸缩到中长伸时，伸臂回缩不动，并有异响和振动感</td><td>末节臂不正</td><td>调整末节壁位置</td></tr>
<tr><td>伸缩缸变形及缸头导向架变形</td><td>更换伸缩缸及导向架</td></tr>
<tr><td>伸缩缸缸筒轴孔与臂尾连接轴间隙过大、调整垫脱落等导致伸缩缸摆动，造成缸头导向轮架歪斜，工作中与末节臂尾干涉</td><td>安装垫片，调整伸缩缸缸筒轴孔与臂尾连接轴间隙</td></tr>
</table>

（续）

<table>
<tr><th>序号</th><th>故障描述</th><th>原因分析</th><th>排除方法</th></tr>
<tr><td rowspan="3">二</td><td rowspan="3">伸缩臂不能回缩</td><td>6)伸缩缸缸底部连接的导向轮架中的两根粗拉索一侧长一侧短，导致伸缩缸及导向轮架拉偏一侧与末节臂尾内侧干涉，碰撞变形卡住，造成伸臂在中长伸时伸缩不动作</td><td>调整导向轮架中的两根粗拉索长度，使两边长度相等</td></tr>
<tr><td>7)伸缩缸变形卡住：伸缩缸内的芯管损坏不过油，导致伸缩不动作</td><td>更换伸缩缸</td></tr>
<tr><td colspan="2">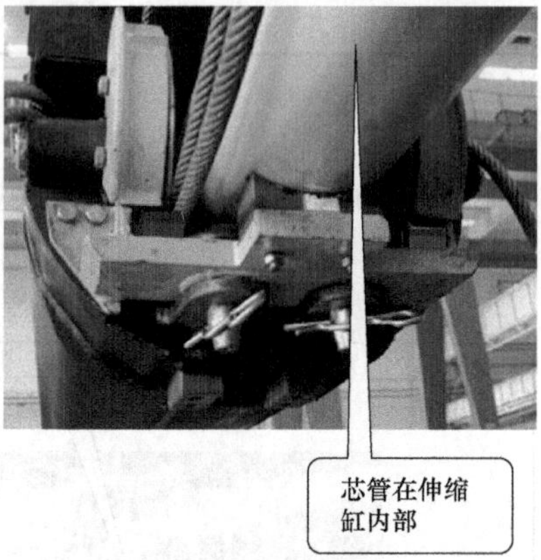
</td></tr>
<tr><td rowspan="2">三</td><td rowspan="2">三、四、五节臂回缩不同步</td><td>绳排机构中的细拉索松驰，四、五节臂细拉索的运动与伸缩缸不同步</td><td>1)检查并紧固五节臂头部的两个细拉索紧固螺母
2)检查并紧固四节臂侧面的两个细拉索紧固螺母</td></tr>
<tr><td colspan="2">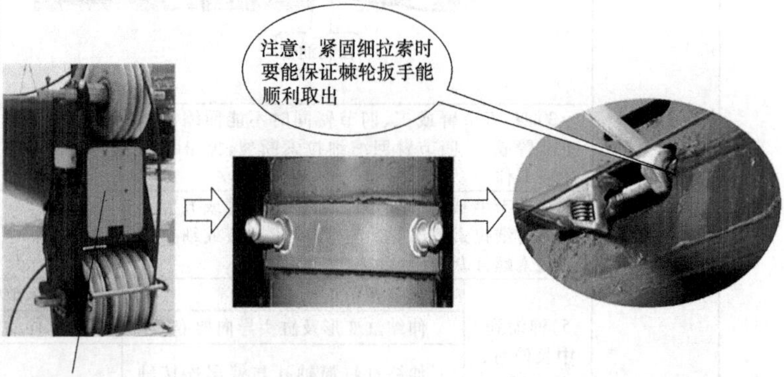

拆除臂头盖板 紧固臂头细拉索 紧固侧面细拉索</td></tr>
</table>

（续）

<table>
<tr><th>序号</th><th>故障描述</th><th colspan="2">原因分析</th><th>排除方法</th></tr>
<tr><td rowspan="9">四</td><td rowspan="9">伸臂细拉索掉出导向轮（细拉索掉道）</td><td rowspan="3">1）安装间隙故障</td><td>五节臂回缩细拉索在臂尾两侧的导向轮支座内挡处过松，即内挡尺寸过宽</td><td>调整臂尾两侧的导向轮支座内挡尺寸至规定要求</td></tr>
<tr><td>细拉索装在伸缩缸底部的导向轮架两侧的细拉索板内挡距较小</td><td>调整伸缩缸底部的导向轮架两侧的细拉索板内挡距至规定要求</td></tr>
<tr><td>五节臂臂头内细拉索固定调整座两侧孔径大，导致细拉索工作时，不是以直线爬出臂尾导向轮 U 形槽</td><td>修整五节臂臂头内细拉索固定调整座两侧孔径尺寸</td></tr>
<tr><td rowspan="2">2）对称度误差</td><td>导向轮轴架孔与臂筒轴线不垂直</td><td>加工导向轮轴架孔尺寸，使其与臂筒轴线垂直</td></tr>
<tr><td>导向轮轴架两侧与臂筒轴线不对称</td><td>更换导向轮轴架</td></tr>
<tr><td colspan="3">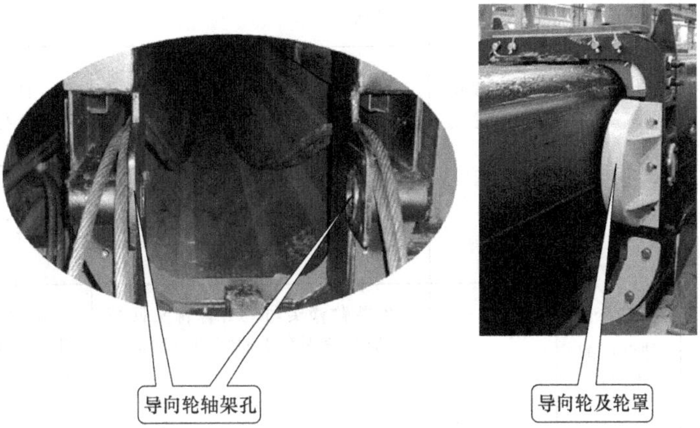
</td></tr>
<tr><td colspan="2">3）细拉索没紧固到位，在工作中产生跳动，弹出导向轮 U 形槽</td><td>紧固细拉索</td></tr>
<tr><td colspan="2">4）装配中，细拉索没装直，一边绳长、一边绳短，导致细拉索铁套在伸臂伸缩时拉歪，使铁套一侧与臂尾导向轮和轮罩干涉，造成细拉索掉出导向轮 U 形槽</td><td>调整细拉索，使细拉索两侧的长度一致</td></tr>
<tr><td colspan="2">5）伸缩缸导向轮架中细拉索挡板脱落，导致细拉索掉出伸缩缸导向轮架下方半轮 U 形槽外</td><td>更换细拉索挡板</td></tr>
</table>

（续）

序号	故障描述	原因分析		排除方法
四	伸臂细拉索掉出导向轮（细拉索掉道）			
五	伸臂回缩不到位	1）三节臂吊臂	三节臂臂头与二节臂臂头回缩不到位，原因在于三节臂回缩细拉索过松	调紧三节臂回缩细拉索到三节臂与二节臂回缩到位为止，并把拉索螺杆锁母拧紧到位
			二节臂臂头与一节臂臂头回缩到位后弹出，原因在于三节臂回缩细拉索调整过紧	把三节臂回缩细拉索松至二节臂与一节臂回缩到位
			伸缩臂回缩到位后，三节臂弹出，原因在于伸臂用粗拉索短或伸缩缸长	更换粗拉索或伸缩缸
		2）四节臂吊臂	四节臂臂头与三节臂臂头回缩不到位，原因在于回缩四节臂的细拉索过松	调整回缩四节臂的细拉索，使四节臂臂头与三节臂臂头回缩到位
			三节臂臂头与二节臂臂头回缩不到位，原因在于回缩三节臂的细拉索过松	调整回缩三节臂的细拉索，使三节臂臂头与二节臂臂头回缩到位
			二节臂臂头与一节臂臂头回缩不到位，原因在于回缩三节臂的细拉索调整过紧	调松三节臂回收细拉索，使二节臂臂头与一节臂臂头回缩到位
			三节臂与二节臂回缩后反弹，原因在于粗拉索Ⅰ短或伸缩缸长	更换粗拉索Ⅰ或伸缩缸
			四节臂与三节臂回缩后反弹，原因在于粗拉索Ⅱ短	更换粗拉索Ⅱ

（续）

序号	故障描述	原因分析		排除方法
五	伸臂回缩不到位	3）五节臂吊臂	五节臂与四节臂臂头回缩不到位，原因在于回缩五节臂的细拉索Ⅱ调整过松	调紧回缩五节臂的细拉索Ⅱ，使五节臂回缩到位
			四节臂与三节臂臂头回缩不到位，原因在于回缩四节臂细拉索Ⅰ调整过松	调紧回缩四节臂的细拉索Ⅰ，使四节臂回缩到位
			三节臂与二节臂回缩不到位，原因在于三节臂细拉索Ⅰ调整过紧	调松回缩三节臂的细拉索Ⅰ，使三节臂回缩到位
			伸臂回缩到位后，五节臂反弹出四节臂臂头，原因在于粗拉索Ⅱ短	更换一件合格的粗拉索Ⅱ，使五节臂回缩到位
			伸臂回缩到位后，四节臂反弹出三节臂臂头，原因在于粗拉索Ⅰ短	更换一件合格的粗拉索Ⅰ，使四节臂回缩到位
			以上所有回缩不到位的现象也有可能是由于以下两个方面的原因所造成： ①伸臂滑块脱落，卡在伸臂尾部，导致伸臂回缩不到位 ②伸臂内挡板、护绳板、托绳架等件脱落，卡在臂尾部，导致伸臂回缩不到位	清理脱落的滑块、内挡板、护绳板和托绳架等件

复习思考题

1. 伸臂机构的种类有哪些？
2. 粗拉索的维修装配方法及注意事项有哪些？
3. 根据图 5-13 描述三节臂伸缩机构工作原理。
4. 根据图 5-14 描述四节臂伸缩机构（伸出）工作原理。
5. 根据图 5-16 描述五节臂伸缩机构（伸出）工作原理。
6. 伸臂伸缩时抖动故障的产生原因及排除方法有哪些？
7. 伸臂不能回缩故障的产生原因及排除方法有哪些？
8. 三、四、五节臂回缩不同步故障的产生原因及排除方法有哪些？
9. 伸臂细拉索掉道故障的产生原因及排除方法有哪些？
10. 伸臂回缩不到位故障的产生原因及排除方法有哪些？

第6章 工程机械修理工（汽车起重机）模拟试卷样例

6.1 初级工模拟试卷样例

一、判断题（每题1分，共30分）

1. 曲轴轴承异响是一种沉重发闷的金属敲击声，当转速或负载突然变化时，响声明显，发动机本身有明显抖动现象。（ ）

2. 圆柱度误差是径向不同截面最大半径与最小半径之差。（ ）

3. 装配发动机曲轴时，为了保证形成良好的油膜，应尽量减小轴颈与轴瓦的间隙。（ ）

4. 发动机活塞环敲击异响与转速有必然联系。（ ）

5. 汽车离合器盖与压盘松动不会有异响发生。（ ）

6. 汽车传动轴万向节叉排列不当，必然使万向节传动装置产生异响。（ ）

7. 汽车差速器的响声只有在转弯时才能听到。（ ）

8. 电控单元不能控制燃油泵的泵油量。（ ）

9. 柴油车废气检测是在怠速情况下进行的。（ ）

10. 柴油机手油泵的活塞与泵体，经过选配、研磨而达到高精度配合，无互换性。（ ）

11. 柴油发动机不能起动的根本原因是柴油已经进入气缸，但不能燃烧。（ ）

12. 当电控发动机出现故障，必须将蓄电池从电路中断开，用解码器进行测试。（ ）

13. 汽车传动轴的旋转轴线与惯性轴线相重合，即可达到动平衡。（ ）

14. 离合器从动盘的摩擦片磨损不均匀，可能会导致离合器静平衡的破坏。（ ）

15. 发动机曲轴轴承间隙过大，会使轴瓦的冲击负荷增大，导致轴瓦损坏。（ ）

16. 长效防锈防冻液一般两年更换一次。（　）

17. 曲柄连杆机构的作用是进行能量的转换。（　）

18. 飞轮的主要作用是储存部分做功行程时输入曲轴的动能，用以克服辅助行程中的阻力，使曲轴继续均匀旋转。（　）

19. 车轮制动器的制动蹄片与制动鼓间隙越小，制动效果越好。（　）

20. 发动机异响是由曲柄连杆机构和配气机构磨损造成松旷以及调整不当引起的。（　）

21. 高强度螺栓是靠很高的螺栓预紧力在连接间产生的摩擦来传递力的。（　）

22. 发动机活塞销发出异响，若急加速，响声尖锐，进行断火试验，声响减弱，则为活塞销折断。（　）

23. 在发动机机油加注口处倾听，可判断曲轴连杆轴承是否有异响。（　）

24. 汽车传动轴万向节轴承壳压得过紧是万向传动装置产生异响的原因之一。（　）

25. 汽车传动轴中间支承轴承散架必然造成万向传动装置异响。（　）

26. 磁力探伤是一种简单、迅速、较准确的探伤方式，因此所有的金属材料均可采用此法检查隐伤。（　）

27. 淬火是将工件加热到临界温度以上，保温一定时间后在水、盐水或油等冷却介质中快速冷却的工艺过程。（　）

28. 发动机电控系统中 ECU 如果损坏是无法修理的。（　）

29. 齿轮传动安装时齿侧间隙越小，传动精度越高，所以齿侧间隙越小越好。（　）

30. 溢流阀是液压控制系统中压力控制阀的一种，是一种过载保护装置。（　）

二、单项选择题（每题 1 分，共 40 分）

1. 用百分表检测气门杆直线度时，将气门杆转动一周，百分表摆差（　）即为直线度误差。

A. 最大值　　B. 最小值　　C. 一半　　D. 两倍

2. 将钢加热到某一温度保温一定时间，然后在静止空气中冷却的热处理方法称为（　）。

A. 淬火　　B. 回火　　C. 退火　　D. 正火

3. 变速器中某常啮合齿轮副只更换了一个齿轮，可导致（　）。

A. 异响　　B. 挂不上档　　C. 脱档　　D. 换档困难

4. 汽车重载上坡时，发动机运转无力，同时可嗅到焦糊味，此故障可能是（　）。

A. 制动阻滞　　B. 离合器打滑

C. 离合器分离不彻底　　D. 变速器脱档

5. 传动轴严重凹陷，会导致汽车在高速行驶中（　　）。

A. 异响　　B. 振动　　C. 异响和振动　　D. 车速不稳

6. 汽车主减速器（　　）损坏，可引起汽车在转弯时产生异响，而在直线行驶时没有异响。

A. 锥齿轮　　B. 行星齿轮　　C. 圆柱齿轮　　D. 轴承

7. 电控发动机系统中，用来检测进气压力的是（　　）。

A. 进气温度　　B. 进气压力　　C. 曲轴位置　　D. 空气流量

8. 电控燃油系统中，燃油压力通过（　　）存放了发动机各种工况的最佳喷油持续时间。

A. 电控单元　　B. 执行器

C. 温度传感器　　D. 压力调节器

9. 两级调速器的柴油机的（　　）转速由人工控制。

A. 怠速　　B. 低速　　C. 中间　　D. 高速

10. 调速器是当柴油发动机的负荷改变时，自动改变（　　），以便维持发动机的稳定运转。

A. 喷油泵供油量　　B. 燃油泵供油量

C. 发动机转速　　D. 节气门位置

11. 柴油发动机不能起动的现象表现为：利用起动机起动时（　　）；排气管没有烟排出。

A. 听不到爆发声　　B. 可听到不连续爆发声

C. 发动机运转不均匀　　D. 发动机运转无力

12. 柴油发动机起动困难的现象表现为：起动时可听到（　　）；同时排气管有少量排烟。

A. 不连续爆发声　　B. 连续爆发声

C. 不连续的敲缸声　　D. 连续的敲缸声

13. 柴油发动机起动困难，应从（　　）、燃油雾化、压缩终了时气缸压力温度等方面查找原因。

A. 喷油时刻　　B. 手油泵

C. 燃油输送　　D. 喷油泵万向节

14. 冷却系统实现大循环的主要部件是（　　）。

A. 散热器　　B. 水泵　　C. 节温器　　D. 风扇

15. 汽车发动机中使用的机油泵的工作原理是（　　）。

A. 利用容积变化　　B. 利用压力变化

C. 利用压强变化　　D. 利用流量变化

16. 紧固气缸盖螺栓的顺序为（　　）。

A. 自左向右依次均匀拧紧
B. 自中间向两端依次均匀拧紧
C. 自中间向两端交叉一次拧紧
D. 自中间向两端交叉均匀分三次拧紧

17. 汽车传动系统中十字轴万向节传动装置，它允许相邻两轴的最大交角为（　　）。

A. 15°~20°　　B. 20°~30°　　C. 20°~25°　　D. 10°~15°

18. 转向盘自由转动量的调整，主要是检查与调整（　　）。

A. 转向盘　　B. 转向器
C. 转向横拉杆　　D. 转向传动轴花键间隙

19. 前束的调整是靠改变（　　）来实现的。

A. 万向节　　B. 前轮　　C. 横拉杆长度　　D. 轮胎气压

20. 蓄电池电解液中含有杂质，会使蓄电池（　　）。

A. 自行放电　　B. 自行充电　　C. 电压高　　D. 电压低

21. 飞轮的主要作用是（　　）。

A. 存储动能　　B. 进行旋转
C. 保证动平衡　　D. 连接传动系统

22. 汽车离合器从动盘钢片破裂会造成（　　）异响。

A. 离合器　　B. 变速器　　C. 传动轴　　D. 驱动桥

23. 汽车万向传动装置异响的明显现象之一是汽车（　　）时，车身发抖并有撞击声。

A. 起步　　B. 匀速行驶　　C. 低速行驶　　D. 变速

24. 当汽车主减速器（　　）折断时，可引起汽车在行驶中突然出现强烈而有节奏的金属敲击声。

A. 锥齿轮轮齿　　B. 行星齿轮轮齿　　C. 半轴齿轮轮齿　　D. 半轴花键

25. 柴油机不能起动，首先应从（　　）方面查找原因。

A. 空气供给　　B. 燃料输送　　C. 燃料雾化　　D. 喷油时刻

26. 任何一种热处理工艺都由（　　）三个阶段所组成。

A. 熔化-冷却-保温　　B. 加热-保温-冷却
C. 加热-熔化-冷却　　D. 加热-熔化-保温

27. 齿轮热处理工序包括正火、（　　）和淬火及低温回火。

A. 渗碳　　B. 回火　　C. 表面淬火　　D. 正火

28. 气缸体的正常磨损规律是活塞的（　　）磨损较大。

A. 上死点处　　B. 下死点处
C. 上死点和下死点处　　D. A、B、C 都不对

29. 缸体上下平面在（　　）易产生凸起。

A. 左侧部位　B. 右侧部位　C. 中间轴承孔　D. 螺孔周围

30. 在发动机修理作业中，由于拆装不当或螺纹在工作中磨损造成螺纹损坏的均可采用（　　）修理。

A. 焊接法　B. 环氧树脂黏结法

C. 锡焊法　D. 镶套法

31. 发动机每百公里一般正常的机油消耗量为（　　）。

A. 0.1~0.2L　B. 0.1~0.3L　C. 0.1~0.4L　D. 0.1~0.5L

32. 汽车使用中，如常出现散热器液体沸腾，应先检查（　　）是否失效。

A. 水泵　B. 节温器　C. 散热器　D. 水道

33. 汽车修理工艺卡一般是依据（　　）分类的。

A. 零件材料　B. 工艺　C. 不同工种或性质　D. 修理方法

34. 发动机竣工验收时，发动机最大功率、最大扭矩不得低于原设计标定值的（）。

A. 80%　B. 85%　C. 90%　D. 95%

35. 如排气管排蓝烟，机油口也脉动冒烟，说明故障是（　　）。

A. 机油泵压油多　B. 滤清器损坏

C. 气门导管不密封　D. 气缸活塞组磨损过大

36. 发动机怠速运转时，踏下离合器踏板少许，若此时发响，一般为（）响。

A. 摩擦片　B. 分离轴承　C. 分离叉　D. 回位弹簧

37. 前轮定位不正确，前束和外倾角调整不当会使（　　）。

A. 轮胎严重磨损　B. 汽车不能行驶

C. 汽车不能转向　D. 汽车摆动

38. 轮胎的胎面一侧磨损严重，主要原因是（　　）。

A. 前束过大　B. 前束过小　C. 前轮外倾不准　D. 主销内倾

39. 前桥梁弯扭变形会造成（　　）发生变化。

A. 发动机动力性　B. 变速器挂档　C. 离合器的接合　D. 前轮定位

40. 横拉杆臂与转向节臂的连接松旷会产生（　　）。

A. 前束不准　B. 前轮摆振　C. 前轮外倾角不准　D. 主销内倾

三、多项选择题（每题2分，共20分）

1. 发动机（　　）可导致气缸壁拉伤。

A. 缸壁不能建立油膜　B. 活塞顶积炭过多

C. 机油中含有杂质　D. 气缸活塞间隙大

2. 汽车使用中，如果（　　）可导致半轴套管折断。

A. 超载　　　　B. 高速行驶
C. 紧急制动　　　　D. 内外轮毂轴承松动

3. 万向节传动装置发出异响的原因有（　　）。
A. 万向节叉等速排列破坏
B. 传动轴变形
C. 中间支承轴承内圈过盈配合松旷
D. 中间支承轴承内圈过盈配合过紧

4. 手动变速器异响产生的原因有（　　）。
A. 润滑油过多　　　　B. 各轴的轴承间隙过大或损坏
C. 变速器壳体变形　　　　D. 润滑油太稀、过少或变质

5. 汽车离合器压盘及飞轮表面烧蚀的原因有（　　）。
A. 打滑　　　　B. 分离不彻底
C. 动平衡破坏　　　　D. 踏板自由行程过大

6. 为提高零件表面硬度，可对零件表面进行热处理，属于热处理工艺的有（　　）。
A. 表面淬火　　B. 渗碳　　C. 氮化　　D. 喷丸

7. 膜片弹簧离合器的膜片弹簧可起（　　）的作用。
A. 压紧机构　　B. 分离机构　　C. 分离杠杆　　D. 分离套

8. 能进行远距离传动的机构是（　　）。
A. 带传动　　B. 螺旋传动　　C. 齿轮传动　　D. 链传动

9. 引起车辆行驶跑偏的原因有（　　）。
A. 转向轮定位不正确　　　　B. 转向拉杆变形
C. 一侧制动拖滞　　　　D. 车轮动平衡差

10. 轴与齿轮之间的连接包括（　　）。
A. 花键　　B. 焊接　　C. 键　　D. 螺栓

四、简答题（每题 5 分，共 10 分）

1. 气缸体的磨损规律是什么？什么原因？
2. 引起转向轮侧滑的原因和控制指标是什么？

6.2　初级工技能试题　底盘及上车部分的检查与调整

1. 考核内容
1）离合器操纵的检查与调整。
2）桥制动蹄片间隙的调整。
3）前、后悬架骑马螺栓的紧固。

4）前桥前束调整。

5）轮胎螺栓的检查与紧固。

6）伸缩机构细拉索的调整。

7）伸臂滑块垫片的调整。

8）安全装置的检查。

9）润滑脂加注。

2. 考核规定说明

1）若违章操作该项目则终止考试。

2）考核采用百分制，60分为及格。

3）考核方式说明：该项目为实际操作，以操作过程和评分标准进行评分。

4）技能考试说明：该项目主要测试考生底盘及上车部分的检查与调整的操作规范性和熟练程度。

3. 考核时限

1）准备时间：30min。

2）操作时间：90min。

3）从正式操作开始计时。

4）考试时，提前完成操作不加分，超时10min取消考试资格。

4. 评分记录表

工程机械修理工（汽车起重机）初级工技能考核评分表见表6-1。

表6-1 工程机械修理工（汽车起重机）初级工技能考核评分表

序号	考核项目	考核内容及要求	配分	评分标准	检测结果	扣分	得分	备注
1	离合器操纵的检查与调整	1)检查与调整步骤正确 2)排气前加入制动液，液面高度须达到油杯的4/5左右 3)操作需两人配合进行	10	1)步骤不正确扣2分，扣完为止 2)制动液面高度不符合要求扣3分 3)单人操作扣2分				
2	桥制动蹄片间隙的调整	1)调整步骤正确 2)摩擦蹄片与制动鼓间隙为0.25~0.5mm	10	1)步骤不正确扣2分，扣完为止 2)间隙不在规定范围内扣5分				
3	前、后悬架骑马螺栓的紧固	1)步骤正确 2)前桥拧紧力矩参考值为500~550N·m	10	1)步骤不正确扣2分，扣完为止 2)拧紧力矩不符合规定值扣3分				
4	前桥前束调整	1)调整步骤正确 2)前束调整尺寸为8~12mm 3)前束调整达到技术要求后，必须拧紧锁紧螺栓	10	1)步骤不正确扣2分，扣完为止 2)前束调整尺寸不正确扣5分 3)锁紧螺栓未拧紧扣3分				

（续）

序号	考核项目	考核内容及要求	配分	评分标准	检测结果	扣分	得分	备注
5	轮胎螺栓的检查与紧固	1）检查与调整步骤正确 2）紧固轮胎的螺栓必须对角进行，拧紧力矩为600~660N·m	10	1）步骤不正确扣 2 分，扣完为止 2）未对角紧固轮胎螺栓扣 2 分，未达到力矩要求扣 5 分				
6	伸缩机构细拉索的调整	1）调整步骤正确 2）当吊臂全部缩回时，吊臂臂头与臂头之间的间隙小于 1~2mm	10	1）步骤不正确扣 2 分，扣完为止 2）间隙不符合要求扣 3 分				
7	伸臂滑块垫片的调整	1）调整步骤正确 2）滑块与吊臂之间间隙为 2mm 3）上、下滑块同时调整 4）在吊臂与滑块之间涂抹润滑脂	10	1）步骤不正确扣 2 分，扣完为止 2）滑块与吊臂间隙不符合要求扣 3 分 3）上、下滑块未同时调整扣 2 分 4）吊臂与滑块之间未涂抹润滑脂扣 2 分				
8	安全装置的检查	1）检查步骤正确 2）力矩限制器精度在±5%的误差范围内 3）高度限位器、卸荷阀及三圈保护器工作正常	10	1）步骤不正确扣 2 分，扣完为止 2）力矩限制器精度超差扣 5 分 3）高度限位器、卸荷阀及三圈保护器有一项不正常扣 2 分，扣完为止				
9	润滑脂加注	1）步骤正确 2）各保养部位需加注足量润滑脂	10	1）步骤不正确扣 2 分，扣完为止 2）一处未加注扣 2 分，一处未足量加注扣 1 分，扣完为止				
10	安全文明生产	安全操作、文明生产	10	每违反一项扣 5 分，扣完为止				
合计			100					

考评员：　　　　　　　　　　　　　　　　年　月　日

6.3　中级工模拟试卷样例

一、判断题（每题 1 分，共 30 分）

1. 装配活塞连杆组完毕后，若扳动连杆，应感到没有阻力。（　）
2. 装配活塞环时，镀铬环必须装在第一道环槽内。（　）
3. 安装锥面活塞环时，有标志的一面应向下。（　）

4. 发动机冷磨合是指发动机在室温下用其他动力带动运转的过程，热磨合是指发动机本身产生动力使发动机运转的过程。（ ）

5. 液力变矩器的作用相当于离合器。（ ）

6. 在车轮打滑时，以转向角和汽车车速来判断车身侧向力的大小。（ ）

7. 制动压力调节器的功用是接收 ECU 的指令，通过电磁阀的动作来实现车轮制动器制动压力的自动调节。（ ）

8. 柴油机的调整特性有点火提前角调整和速度调整。（ ）

9. 汽车动力性指标包括汽车的最高时速、汽车的加速时间和汽车的最大爬坡度。（ ）

10. 汽车制动侧滑是指制动时汽车的某轴发生纵向移动。（ ）

11. 汽车的稳态转向特性分为不足转向特性、中性转向特性和过度转向特性。（ ）

12. 二进制数只用 1 和 2 两个数字表示。（ ）

13. 非门逻辑门的输入端、输出端关系相反。（ ）

14. 脉冲波形具有突变间断性的特点。（ ）

15. 汽车电路是单线制，各电器相互并联，继电器和开关一般并联在电路中。（ ）

16. 大部分用电设备都经过熔断器，受熔断器的保护。（ ）

17. 零件在内力作用下，其尺寸和形状改变的现象称为变形。（ ）

18. 疲劳磨损初始裂纹首先发生在零件表面。（ ）

19. 氧传感器装在进气管中，测量实际混合气的空燃比较理论空燃比偏离的程度。（ ）

20. 波形分为周期性波形和非周期性波形。（ ）

21. 汽车起重机主臂起重量的特性曲线，是表示起重量随幅度改变的曲线。（ ）

22. 起吊重物时，钢丝绳与垂直线所形成的夹角越大，钢丝绳受力也越大。（ ）

23. 工作幅度是指起重钩中心的垂线到回转中心的水平距离。（ ）

24. 滑轮的材料可以采用灰铸铁、球墨铸铁、铸钢、钢板、尼龙制成。（ ）

25. 液压传动最基本的技术参数是工作液的工作压力和流量。（ ）

26. 平衡阀与被控制件之间采用刚性连接，且间距尽量短。（ ）

27. 更换吊钩时，如难以采购到锻钩，也可以使用铸造吊钩代替使用。（ ）

28. 起升机构有平衡阀，其制动器可以是常开式的。（ ）

29. 汽车起重机在行驶过程中，上车操纵室也可以乘座人员。（　　）

30. 汽车起重机作业时只要打了支腿，也允许部分轮胎不离地。（　　）

二、单项选择题（每题 1 分，共 30 分）

1. 力矩的国际单位是（　　）。

A. kg · m　　B. kgf · m　　C. N · m　　D. t · m

2. 机械设备事故，一般分为（　　）。

A. 小事故、中事故、大事故

B. 一般事故、大事故、重大事故

C. 小事故、大事故、重大事故

D. 一般事故、中事故、大事故

3. 衡量工程机械维修质量和工作质量的尺度是（　　）。

A. 工程机械维修质量标准

B. 全面完成生产产值指标

C. 工程机械维修返工率

D. 定额

4. 吊运物体时，为保证吊运过程中物体的稳定性，应使（　　）。

A. 吊钩吊点与被吊物重心尽可能近些

B. 吊钩吊点与被吊物重心尽可能远些

C. 吊钩吊点与被吊物重心在同一铅垂线上

D. 被吊物重心低些

5. 关于作用力与反作用力的说法正确的是（　　）。

A. 作用力与反作用力作用在同一物体上

B. 作用力与反作用力分别作用在两个相互作用的物体上

C. 作用力与反作用力可以看成一平衡力系而相互抵消

D. 作用力与反作用力不一定作用在一条作用线上

6. 主要受力构件产生（　　）变形，使工作机构不能正常地安全运行时，如不能修复，应报废。

A. 塑性　　B. 弹性　　C. 拉伸　　D. 压缩

7. 构件的许用应力［σ］是保证构件安全工作的（　　）。

A. 最高工作应力　　B. 最低工作应力

C. 平均工作应力　　D. 最低破坏应力

8. 10.9 级螺栓的屈服强度的下限值为（　　）。

A. 640MPa　　B. 800MPa　　C. 900MPa　　D. 1000MPa

9. 起重机吊钩一般采用（　　）。

A. 铸铁　　B. 铸钢

C. 棒料加热弯曲成形　　D. 锻件

10. 热轧钢材表面通常有一层氧化皮，应进行（　　）预处理，并进行防锈处理。

A. 淬火　　B. 回火　　C. 打磨　　D. 除锈喷丸

11. 以下四种材料中，（　）的焊接性最好。

A. 低碳钢　　B. 中碳钢　　C. 高碳钢　　D. 铸铁

12. 已知两个力 F_1、F_2，$F_1 = 300\text{N}$、$F_2 = 400\text{N}$，且 F_1 与 F_2 的夹角为 90°，合力 R 的大小为（　　）。

A. 100N　　B. 450N　　C. 500N　　D. 700N

13. 钢丝绳在放出最大工作长度后，卷筒上至少要保留（　　）钢丝绳。

A. 2 圈　　B. 3 圈　　C. 4 圈　　D. 5 圈

14. 轮胎式起重机起重量大于（　　）的应装设力矩限制器。

A. 8t　　B. 12t　　C. 16t　　D. 25t

15. 下面属于压力控制阀的是（　　）。

A. 节流阀　　B. 调速阀　　C. 换向阀　　D. 溢流阀

16. 平衡阀是（　　）元件，防止工作机构在负载作用下产生超速运动，并保证负载可靠停留在空中。

A. 执行　　B. 控制　　C. 动力　　D. 辅助

17. 液压传动系统由动力源、执行元件、控制元件、辅助元件和（　　）组成。

A. 液压泵　　B. 多路换向阀　　C. 工作介质　　D. 液压油箱

18. 液压系统中溢流阀的调定值（　　）。

A. 低于满载时的工作压力　　B. 不能超过额定压力

C. 低于泵的出口压力　　D. 不能超过泵的最大压力值

19. 液压系统工作时，液压油箱内的最高油温不得超过（　　）。

A. 80℃　　B. 70℃　　C. 65℃　　D. 90℃

20. 液压系统中油温上升过快，应检查泵是否发生故障、油污染超标及（　　）。

A. 滤清器堵塞　　B. 油量不足　　C. 溢流阀失灵　　D. 密封损坏

21. 与滑轮组倍率相等的是（　　）。

A. 滑轮数　　B. 支承吊物所用的钢丝绳根数

C. 动滑轮数　　D. 定滑轮数

22. 液压油的使用周期是（　　）。

A. 半年　　B. 一年　　C. 两年　　D. 三年

23. 液压汽车起重机的液压系统工作压力，取决于（　　）。

A. 泵的转数　　B. 阀开启程度
C. 外负荷　　D. 溢流阀的压力

24. 平衡阀是（　　）。
A. 由一个顺序阀和一个单向阀并联而成的
B. 由一个顺序阀和一个单向阀串联而成的
C. 由一个顺序阀和一个双向阀并联而成的
D. 由一个顺序阀和一个双向阀串联而成的

25. 吊钩、吊钩螺母及防护装置（　　）检查一次。
A. 每天　　B. 一周　　C. 一个月　　D. 两个月

26. 起重机的维修周期用其实际工作时间来确定。“实际工作时间”一般用（　　）的工作时间来衡量。
A. 发动机　　B. 液压马达　　C. 液压泵　　D. 取力器

27. 重物悬停在空中时，吊臂自动回缩，经检查平衡阀一切正常，需检查（　　）原因。
A. 吊重太大　　B. 油压力太大
C. 接头漏油　　D. 伸缩缸内漏过大

28. 起重机卷扬系统将重物吊半空进行长时间安装作业时，其锁紧依靠（　　）来保证。
A. 起升平衡阀　　B. 液压马达　　C. 主油路换向阀　　D. 制动器

29. 螺栓性能等级是按螺栓（　　）进行划分的。
A. 疲劳强度　　B. 屈服强度　　C. 抗拉强度　　D. 紧固力矩

30. 卷筒臂厚磨损达原臂厚的（　　）应予报废 。
A. 5%　　B. 10%　　C. 15%　　D. 20%

三、多项选择题（每题 2 分，共 20 分）

1. 在企业的经营活动中，（　　）是职业道德功能的表现。
A. 激励作用　　B. 决策能力　　C. 规范行为　　D. 遵纪守法

2. 职业纪律有着明确的（　　）和一定的（　　）等特点。
A. 宽容性　　B. 强制性　　C. 自主性　　D. 规定性

3. 螺纹的牙型通常有（　　）。
A. 三角形　　B. 梯形　　C. 锯齿形　　D. 半圆形

4. 在装配图中，下列（　　）属于“技术要求”表达的内容。
A. 密封、润滑要求　　B. 零件尺寸公差的要求
C. 调试、维护要求　　D. 试验或检验方法的要求

5. 工艺过程卡编写包含（　　）内容。
A. 工序　　B. 设备　　C. 工艺装备　　D. 工时

6. 回火的目的是（　　）。

A. 消除工件淬火时产生的残留应力，防止变形和开裂

B. 提高工件的硬度、强度、塑性和韧性，达到使用性能要求

C. 稳定组织与尺寸，保证精度

D. 改善和提高加工性能

7. 表面粗糙度选取的原则是（　　）。

A. 工作表面比非工作表面的表面粗糙度值小

B. 摩擦表面比非摩擦表面的表面粗糙度值小

C. 对间隙配合，配合间隙越小，表面粗糙度应越小；对过盈配合，为保证连接得牢固可靠，载荷越小，要求表面粗糙度值越小

D. 受周期性载荷的表面及可能会发生应力集中的内圆角、凹槽处表面粗糙度值应较小

8. 资料检索的途径有（　　）。

A. 著作　　B. 题名　　C. 主题　　D. 引文

9. 影响零件磨损的基本因素有（　　）。

A. 表面加工质量　　B. 材料质量　　C. 润滑质量　　D. 配合性质

10. 车辆的使用环境温度在-12℃以上地区四季通用的中、重负荷齿轮油是（　　）；-25℃以上地区四季通用的中、重负荷齿轮油是（　　）。

A. 90W　　B. 80W/90　　C. 80W　　D. 85W/90

四、简答题（每题5分，共20分）

1. 滑轮组的作用有哪些？滑轮组的倍率与起重载荷有何关系？

2. 试分析液压系统油压过低的原因和排除方法。

3. 试分析造成汽车起重机倾翻的主要原因。

4. 试分析起重臂伸缩振动的原因及排除方法。

6.4 中级工技能试题：汽车起重机专用底盘维修

1. 考核内容

1）下车钥匙开关无法正常断电故障的分析与排除。

2）差速锁灯常亮故障的分析与排除。

3）牌照灯不亮故障的分析与排除。

4）制动跑偏故障的分析与排除。

5）行车制动或解除制动滞后故障的分析与排除。

6）驻车制动或解除制动滞后故障的分析与排除。

2. 考核规定说明

1）若违章操作该项目则终止考试。

2）考核采用百分制，60 分为及格。

3）考核方式说明：该项目为实际操作，以操作过程和评分标准进行评分。

4）技能考试说明：该项目主要测试考生汽车起重机专用底盘维修的规范性和熟练程度。

3. 考核时限

1）准备时间：30min。

2）操作时间：120min。

3）从正式操作开始计时。

4）考试时，提前完成操作不加分，超时 10min 取消考试资格。

4. 评分记录表

工程机械修理工（汽车起重机）中级工技能考核评分表见表 6-2。

表 6-2　工程机械修理工（汽车起重机）中级工技能考核评分表

序号	考核项目	故障判断与排除	配分	评分标准	检测结果	扣分	得分	备注
1	下车钥匙开关无法正常断电	1)故障判断:中心回转体钥匙开关线路短路 2)故障排除:对车辆无法断电现象进行确认;检查电源继电器等线路;查找短路部位;恢复线路	15	1)未判断出故障点,扣 8 分 2)未排除故障,扣 7 分				
2	差速锁灯常亮	1)故障判断:在大梁线束处短路,差速阀连电 2)故障排除:对差速检测开关进行短路的判断;对差速操纵开关进行工作正常性判断;分开短路线	15	1)未判断出故障点,扣 8 分 2)未排除故障,扣 7 分				
3	牌照灯不亮	1)故障判断:示廓灯短路 2)故障排除:起动上车进行故障确认;对行车灯信号电路进行检查;找出故障点,确认维修成功	10	1)未判断出故障点,扣 6 分 2)未排除故障,扣 4 分				
4	制动跑偏	1)故障判断:轮胎气压不足或左右两轮制动间隙不一致 2)故障排除:检测轮胎气压;解除驻车制动,盘轮胎检查是否有制动现象;搬动制动气室推杆,检查蹄隙是否偏大;调整蹄隙,并用塞尺检测蹄隙	10	1)未判断出故障点,扣 6 分 2)未排除故障,扣 4 分				

（续）

序号	考核项目	故障判断与排除	配分	评 分 标 准	检测结果	扣分	得分	备注
5	行车制动或解除制动滞后	1)故障判断:脚制动阀的21、22口制动回路堵塞或脚继动阀1、2的控制口4制动回路堵塞 2)故障排除:制动总泵的工作是否正常;踩制动踏板盘轮胎,确定哪一回路不正常;继动阀出气口工作是否正常;查出回路中的堵塞物	20	1)未判断出故障点,扣12分 2)未排除故障,扣8分				
6	驻车制动或解除制动滞后	1)故障判断:手制动阀的出气口2制动回路堵塞 2)故障排除:驻车制动气室供气是否正常;手继动阀的出气口工作是否正常;手制动总泵控制口的压力是否正常	20	1)未判断出故障点,扣12分 2)未排除故障,扣8分				
7	安全文明生产	安全操作、文明生产	10	每违反一项扣5分,扣完为止				
	合计		100					

考评员：　　　　　　　　　　　　　　　　　　　　　　年　月　日

6.5 高级工模拟试卷样例

一、判断题（每题1分，共30分）

1. 子午线轮胎的规格可用“断面宽R轮辋直径”来表示。（　）

2. 车辆半轴齿轮与行星齿轮工作面斑点面积不得超过齿面的25%。（　）

3. 制动主缸的作用是将由制动踏板输入的机械推力转变成制动力。（　）

4. 安装发动机气缸垫时，应将光滑的一面朝向气缸体。（　）

5. 带有制动防抱死系统的车辆能适应各种路面对制动力的要求，不会产生制动跑偏。（　）

6. 主销内倾角的作用是保持车辆直线行驶的稳定性，并使转向轻便。（　）

7. 变速器的作用是使发动机与传动系平稳结合或彻底分离，便于起步和换档，并防止传动系超过承载能力。（　）

8. 车辆左、右车轮制动力不一致会造成行驶跑偏。（　）

9. 变量泵的压力切断功能是当泵工作压力达到最高压力时，泵的排量摆到最小排量，该功能属于流量控制回路。（　）

10. 滑阀阀芯的环形槽可降低阀芯的“卡死现象”，但同时会增大滑阀的内泄漏量。（　）

11. 任何有电流通过的闭合电路里，都要发生能量的转换。把电能转换为其他形式的能，称为电能。（　）

12. 闭式系统采用变量双泵直接控制执行元件的运动方向，没有换向控制阀，因而不属于换向回路。（　）

13. 液压油的黏性是指其运动时所产生的内摩擦力，因此，静止液压油没有的黏度为零。（　）

14. 液压系统中进入液压缸的油液压力越大，运动速度越高。（　）

15. 电流的实际方向习惯上指电子运动的方向。（　）

16. 铅蓄电池的单格负极板比正极板多一片。（　）

17. 断路器断开后不会自动复位，需人工按下复位按钮才能复位。（　）

18. 选用断路器时，其额定电流值应等于或稍大于该电路中所用电器的总功率除以电源的电压。（　）

19. 继电器是当输入量（激励量）的变化达到规定要求时，在电气输出电路中，使被控量发生预定的阶跃变化的开关电器。（　）

20. CAN 是控制器局域网络的简称。（　）

21. 总成装配以基础零件为基础，按一定顺序在它上面装入其他零件、部件及辅助总成。（　）

22. 在工程机械使用中疲劳断裂是零件失效的主要原因。（　）

23. 如果发动机在 12s 内未能启动，应将钥匙拧回到接通电源位置，检查系统无故障后，过 2min 后再进行第 2 次启动。（　）

24. 钢丝绳安装绳夹时，绳夹间距一般为 10 倍的钢丝绳直径。（　）

25. 起重机吊钩用高度限位器的调整必须在空载下进行。（　）

26. 轮式起重机变幅机构应装有限速和防超载的安全装置。（　）

27. 轮式起重机回转机构的制动器多布置在低速轴上。（　）

28. 空载、臂架长而仰角大，同时起重机又迎面受风，有可能使臂架倒向后方，使起重机倾翻。（　）

29. 风力一旦超过 7 级，就应停止作业，把所吊重物放置地面，松开吊钩。臂架全部缩回，并放置于吊臂支架上，关闭发动机。（　）

30. 应根据载荷的不同要求，按照起重性能表选择适当的钢丝绳倍率，选择过小的倍率会导致单绳拉力超载，选择过大的倍率会导致吊钩降不到地面，同时只能获得较低的重物起升速度。（　）

二、单项选择题（每题 1 分，共 30 分）

1. 职业道德是一种（　　）的约束机制。

A. 强制性　　B. 自发性　　C. 随意性　　D. 非强制性

2. 正火的主要应用范围不包括（　　）。

A. 低碳钢　　B. 中碳钢　　C. 高碳钢　　D. 铸铁

3. 用（　　）材料制成的零件有隐伤时（如裂纹等），不能用磁力探伤法进行检测。

A. 铸铁　　B. 铸铝　　C. 碳钢　　D. 铁镍合金

4. 钢材中（　　）的质量分数超过0.04%时，易使制成品产生冷脆性。

A. 硫　　B. 磷　　C. 锰　　D. 铬

5. 当车辆左转向时，由于差速器的作用，左右两侧驱动轮转速不同，那么力矩的分配是（　　）。

A. 左轮大于右轮　　B. 右轮大于左轮　　C. 均分给左、右轮　　D. 大小不定

6.（　　）是车辆动力性的总指标。

A. 最高车速　　B. 加速性能　　C. 平均速度　　D. 加速时间

7. 在紧急制动时，（　　）最危险。

A. 前轮先于后轮抱死　　B. 后轮先于前轮抱死

C. 前后轮滑移率很小时　　D. 车轮将要抱死时

8. 变速器挂入传动比小于1的档位时，变速器实现（　　）。

A. 减速增扭　　B. 增扭增速　　C. 增速减扭　　D. 减速减扭

9. 装有电子控制ABS的车辆在紧急制动时，其（　　）。

A. 制动距离长，但稳定性好　　B. 制动距离短，但容易跑偏

C. 制动距离短，不易侧滑　　D. 在光滑路面上易侧滑

10. 将两个调整压力分别是10MPa和15MPa的溢流阀并联在液压泵的出口，则液压泵的出口保护压力为（　）。

A. 10MPa　　B. 15MPa　　C. 25MPa　　D. 5MPa

11. 对于压力设定值为8MPa定值减压阀，若减压阀入口压力分别为5MPa、10MPa、15MPa，则减压阀的出口压力值为（　　）。

A. 5MPa、10MPa、15MPa　　B. 8MPa、10MPa、15MPa

C. 8MPa、8MPa、8MPa　　D. 5MPa、8MPa、8MPa

12. 液压系统中，实现执行元件的启动和停止的回路，属于（　）。

A. 压力控制回路　　B. 速度控制回路

C. 方向控制回路　　D. 其他控制回路

13. 根据液压控制阀分类，工程机械应用的平衡阀、球阀分别属于（　　）。

A. 压力控制阀、压力调节阀　　B. 压力控制阀、方向控制阀

C. 流量控制阀、方向控制阀　　D. 流量控制阀、压力控制阀

14. 开式变量泵、闭式变量泵均带压力切断溢流阀，该溢流阀的作用分别是

（　　）。

A. 定压阀、定压阀　　B. 定压阀、溢流阀

C. 溢流阀、溢流阀　　D. 溢流阀、定压阀

15. 充气式蓄能器可以充入（　　）。

A. 氮气　　B. 氧气

C. 氢气　　D. 以上气体都可以

16. 由于继电器触头熔焊，可导致继电器（　　）。

A. 继电器衔铁吸合不上　　B. 断电后触点仍然吸合

C. 线圈被烧坏　　D. 以上故障均有可能

17. 若测量二极管电阻为 0，说明二极管（　　）。

A. 被击穿　　B. 被烧坏

C. 正常　　D. 无法判断好坏

18. 电路中任意两点的（　　），称为这两点之间的电压。

A. 电流差　　B. 电位差　　C. 电能差　　D. 电阻差

19. （　　）是一种开放式的协议，只定义了如何实现，而没有定义实现什么，应用比较广泛。

A. CAN OPEN　　B. CAN 1939　　C. PROFI-BUS　　D. INTERBUS

20. （　　）是用于车辆 ABS 的传感器。

A. 车速传感器　　B. 轮速传感器

C. 转速传感器　　D. 高度传感器

21. 冬季使用蓄电池，应注意使其（　　），以免因电解液密度过低而导致结冰，造成极板损坏、壳体破裂，但应在不致结冰的前提下，尽量采用较低密度的电解液；应注意冬季蓄电池的保温。

A. 完全放电后再充电　　B. 经常处于放电状态

C. 经常处于充电状态　　D. 完全放电

22. 进行起重作业时，下列操作中错误的是（　　）。

A. 吊钩下落时，必须在卷筒上保留至少 4 圈以上的钢丝绳

B. 起臂时工作半径减小，允许起重物体的重量则可以增加

C. 接通取力装置前，确认上下车各操纵手柄均处于中位

D. 在支腿结束操作之后，应迅速将选择操作杆扳回中位

23. 起重机的主要受力结构件断面腐蚀达原厚度的（　　）时，应修理或报废。

A. 5%　　B. 10%　　C. 15%　　D. 20%

24. 起重机的动载试验负荷应为额定起重量的（　　）。

A. 100%　　B. 110%　　C. 120%　　D. 125%

25. 起重机卷扬系统将重物吊半空进行长时间安装作业时，其锁紧依靠（　　）来保证。

A. 起升平衡阀　B. 液压马达　C. 主油路换向阀　D. 制动器

26. 起重钩表面出现裂纹时应（　　）。

A. 焊接修补　B. 继续使用

C. 报废更新　D. 检测后确定

27. 卷筒绳槽磨损后允许车削修复，但加工后的筒壁厚度不得低于标准厚度的（　　）。

A. 60%　B. 70%　C. 80%　D. 90%

28. 起重机工作环境温度在（　　），在此环境温度外会影响起重机寿命及作业安全。

A. −15～40℃　B. −25～35℃　C. −15～35℃　D. −25～40℃

29. 在（　　）状态，用全自动力矩限制器的主臂长度显示值，确认主臂长度确实在规定范围内。

A. 吊臂全伸、带载　B. 吊臂全缩、空载

C. 吊臂全缩、带载　D. 吊臂在任意长度、空载

30. 起重机滑轮的槽径应比钢丝绳的直径大（　　）。

A. 1～2.5mm　B. 2.5～5mm　C. 5～8mm　D. 10～15mm

三、多项选择题（每题1分，共30分）

1. 在齿轮泵出油口并联溢流阀的某一液压系统，现因压力过高导致齿轮泵损坏，其原因可能有（　　）。

A. 溢流阀的调压弹簧压力调整过高

B. 齿轮泵至溢流阀之间液压管路不畅或堵塞

C. 溢流阀的回油管路不畅或堵塞

D. 溢流阀的弹簧断裂

2. 关于卸荷回路的特点，说法正确的是（　　）。

A. 卸荷回路减少动力消耗，降低液压系统发热

B. 卸荷回路下工作时，泵在低压状态下运行

C. 可采用合适的中位机能控制阀来实现

D. 可采用先导式溢流阀的控制口与油箱接通实现

3. 液压系统的“爬行现象”的原因可能有（　　）。

A. 液压油的有效体积弹性模量（即所谓刚度）变大

B. 液压缸缸筒内圆被拉毛拉伤导致摩擦力变化

C. 液压缸因重力作用导致活塞杆的挠性变形

D. 液压马达的最低稳定转速过低

4. 滑阀容易实现多种滑阀机能，不同的滑阀机能的区别一般是（　　）。
A. 阀体油道尺寸　　B. 阀芯台肩结构
C. 阀芯径向尺寸　　D. 阀芯径向通孔个数
5. 关于液压油的性能，说法正确的有（　　）。
A. 液压油的闪点越高，高温环境下的安全性越高
B. 液压油的倾点越高，低温下越不容易凝固
C. 液压油的黏度随温度的增高而降低
D. 液压油的相容性指对密封材料的影响，减少密封材料的软化和硬化
6. 关于变量马达的排量，以下说法正确的是（　　）。
A. 马达排量变大，则负载速度增大
B. 马达排量变大，则马达工作压力提高
C. 马达排量变大，则负载速度降低
D. 马达排量变大，则马达工作压力降低
7. 先导式溢流阀系统压力波动可能的原因有（　　）。
A. 油液中混入一定的空气
B. 外负载压力随环境而波动
C. 先导式溢流阀主阀芯的阻尼孔过大，阻尼效果不好
D. 先导式溢流阀先导阀的阀芯、阀座接触不良
8. 以下属于液压辅助元件的有（　　）。
A. 液压油箱　　B. 液压油散热器　　C. 压力表　　D. 球阀
9. 以下属于过滤器的安全保护措施的是（　　）。
A. 更换过滤器材料　　B. 设置旁通的单向阀
C. 设置压差指示器　　D. 设置多级过滤
10. 关于先导式溢流阀的特点，说法正确的有（　　）。
A. 先导式溢流阀适合在大流量、高压的液压系统中使用
B. 先导式溢流阀的压力调整比直动式要省力，需要的力矩更小
C. 先导式溢流阀的先导阀弹簧比主阀芯的弹簧要硬
D. 先导式溢流阀更容易作为卸荷溢流阀使用
11. 车辆电器设备特点包括（　　）。
A. 低压电　　B. 直流电　　C. 单线制　　D. 正极搭铁
12. 霍尔式电子油门的主要优点是（　　）。
A. 可接受的输入电压范围大，不易损坏
B. 非接触式，不容易磨损
C. 霍尔式电子油门的输出信号可编程控制，使用范围广
D. 输出信号不可调节，符合标准、通用性好

13. 铅酸蓄电池极板硫化的故障现象是（ ）。
A. 极板上生成一层白色的粗晶粒硫酸铅，正常充电时不能转化为活性物质
B. 电池容量明显不足
C. 充电时，电压上升极慢
D. 充电时，电解液温度迅速升高
14. 汽车交流发电机的主要工作特性有（ ）。
A. 输出特性 B. 空载特性 C. 带载特性 D. 外特性
15. 安全用电不正确的做法有（ ）。
A. 用铜丝代替熔丝
B. 电气装置由专业电工进行安装或修理
C. 用水冲洗电气设备
D. 电气设备运行时进行维修
16. 起动机的主要技术性能包括（ ）。
A. 寿命 B. 操作频率 C. 接通和分断能力 D. 保护特性
17. 工程机械上使用的直流继电器的主要性能参数包括（ ）。
A. 额定电压和工作电流 B. 吸合电压或电流
C. 释放电压或电流 D. 触点负荷
18. 工程机械上常用的压力传感器的输出信号有（ ）。
A. 电压信号 B. 电流信号 C. 脉冲信号 D. 数字信号
19. 在控制电路中，继电器被用来（ ）。
A. 改变控制电路状态，以实现既定的控制程序
B. 实现小电流控制大电流的功能
C. 快速自动计数
D. 提供一定的保护功能
20. 现场总线的优点包括（ ）。
A. 信息集成度高
B. 开放性、互操作性、互换性高，但可集成性低
C. 系统可靠性高、可维护性好
D. 实时性好、成本低
21. 常用二极管类型有（ ）。
A. 普通二极管 B. 整流二极管 C. 闪光器 D. 稳压器
22. 熔断器的作用：当电路（ ）时，它能自动地切断电路从而保护线路和设备的安全。
A. 过载 B. 断路 C. 短路 D. 开路
23. 工程起重机械包括（ ）。

A. 自行式起重机　　B. 塔式起重机
C. 桅杆起重机　　D. 斗式运输机

24. 对于回转支承的使用及其保养维护，下列说法正确的是（　　）。
A. 它既是起重机整个旋转部分的支承装置，又是上车和底盘的连接部件
B. 用于连接的回转螺栓，可使用普通螺栓
C. 使用中应注意噪声的变化和回转阻力矩的变化，如有不正常的现象立即拆检
D. 齿面应每工作 10 天清除一次杂物，并重新涂上润滑物
E. 运转 100h，应全面检查螺栓的拧紧力矩，以后每 500h 全面检查一次

25. 关于支腿系统的伸缩操作注意事项，正确的说法有（　　）。
A. 伸出水平支腿前一定要拔出支腿插销锁
B. 选用与地面相适应的木垫板将起重机支平，使转向轴轮胎离开地面处于悬空状态
C. 起重机原则上应呈水平状态支设在水平而坚实的地面上，万一不得不在松软或倾斜的地面打支腿时，也一定要用与地面相适应的木垫板将起重机支平
D. 起重机支好后，必须确认每个支腿盘确实都与地面保持接触，并且没有地塌路陷的危险
E. 在活动支腿没有完全伸出（半伸或全伸）到位的情况下可以支设起重机

26. 对于副臂的安装，下列说法正确的有（　　）。
A. 在副钩与副臂顶端接触状态下可以进行升降臂操作
B. 拔出位于主臂侧面的副臂固定销后，不允许操作起重机和起重机行走
C. 在安装和收存副臂时，严禁向前摆出和向后折回副臂的动作过快
D. 在安装和收存副臂前，要确保足够的作业空间
E. 一定要使支腿伸出符合规定要求

27. 若（　　），则应报废。
A. 吊钩表面有裂纹及破口
B. 吊钩开口度（见主、副钩标牌）超过所标尺寸的 15%
C. 危险截面磨损达原尺寸的 10%
D. 吊钩扭转变形小于 10°
E. 吊钩的钩尾和螺纹部分等危险截面及钩筋有塑性变形

28. 起吊能力的计算和判断错误将会导致事故的发生，需要考虑的内容有（　　）。
A. 重物吊离地面后，幅度会增大，应予注意
B. 起重量、臂长、幅度及倍率须对应
C. 允许采用插值法计算起重量
D. 禁止起重机倾斜度大于 1.5°时吊重回转

29. 起重机起重作业需要涉及（　　）组成。

A. 起升机构　　B. 变幅机构　　C. 变速机构

D. 回转机构　　E. 安全控制装置　F. 动力传动装置

30. 关于主起重臂伸缩操作的说法正确的有（　　）。

A. 在伸缩吊臂时，吊钩会随之升降。因此在进行吊臂伸缩操作的同时，要操纵起升机构操作杆，以降低吊钩高度

B. 在伸出吊臂并经过一定的时间等待后，因液压油温变化会引起吊臂稍微伸缩

C. 自然伸缩量除了与液压油温变化有关以外，还受到吊臂伸缩状态、主臂仰角、润滑状态等因素的影响而有所变化

D. 为了避免吊臂的自然缩回，应留意不要使液压油温上升过高，吊臂发生自然回缩时，应适当进行伸缩操作来恢复所需长度

E. 可以带载伸缩

四、计算题（每题 5 分，共 10 分）

1. 已知变幅缸缸筒内径 $D=215\text{mm}$，活塞杆外径 $d=170\text{mm}$，液压缸行程 $L=3000\text{mm}$，系统压力 $p=20\text{MPa}$，使用排量 $V=80\text{cm}^3/\text{r}$ 的泵供油，当泵转速 $n=2000\text{r/min}$ 时，忽略泵的效率，求：

1）伸长缸的推力 F_1。

2）缩回缸的推力 F_2。

3）液压缸全伸所需时间 t_1。

4）液压缸全缩所需时间 t_2。

2. 用八倍率的滑轮组起吊 24000kg 的重物（吊具合计质量 1000kg），已知：钢丝绳直径为 $\phi16\text{mm}$，破断力为 172kN，卷筒底径（第一层绳中径）$D=400\text{mm}$，卷扬减速比 $i=30$，马达排量 $V=107\text{cm}^3/\text{r}$，忽略滑轮效率和马达效率，求：

1）钢丝绳安全系数 n。

2）使用第四层钢丝绳时卷扬的输出扭矩 M_1 和输入扭矩 M_2。

3）马达两端的压差 Δp。

6.6 高级工技能试题：汽车起重机液压电气系统维修

1. 考核内容

1）上车油门失效故障的分析与排除。

2）主卷扬过卷不卸荷故障的分析与排除。

3）上车无回转动作故障的分析与排除。

4）主卷扬机构无法下落故障的分析与排除。

5）回转无动作故障的分析与排除。

6）主卷与伸缩/变幅联动故障的分析与排除。

7）主卷扬无动作故障的分析与排除。

8）伸缩机构、变幅机构均无动作故障的分析与排除。

9）主卷扬无下落故障的分析与排除。

2. 考核规定说明

1）若违章操作该项目则终止考试。

2）考核采用百分制，60 分为及格。

3）考核方式说明：该项目为实际操作，以操作过程和评分标准进行评分。

4）技能考试说明：该项目主要测试考生汽车起重机液压电气系统维修的操作规范性和熟练程度。

3. 考核时限

1）准备时间：30min。

2）操作时间：210min。

3）从正式操作开始计时。

4）考试时，提前完成操作不加分，超时 10min 取消考试资格。

4. 评分记录表

工程机械修理工（汽车起重机）高级工技能考核评分表见表 6-3。

表 6-3　工程机械修理工（汽车起重机）高级工技能考核评分表

序号	考核项目	故障判断与排除	配分	评分标准	检测结果	扣分	得分	备注
1	上车油门失效	1)故障判断:线路故障 2)故障排除:首先对故障现象进行试车确认;查找上车油门的信号;查找出断路的点;恢复线路;重新起动、试车确认	10	1)未判断出故障点,扣 6 分 2)未排除故障,扣 4 分				
2	主卷扬过卷不卸荷	1)故障判断:力矩限制器卸荷解除开关短路 2)故障排除:对主卷扬过卷不卸荷动作确认;判断卸荷电磁阀的状态;排除短路部位	10	1)未判断出故障点,扣 6 分 2)未排除故障,扣 4 分				
3	上车无回转动作	1)故障判断:回转电磁阀损坏 2)故障排除:对故障动作进行确认;检查电磁阀的电路;更换电磁阀头;对排除的故障进行确认	10	1)未判断出故障点,扣 6 分 2)未排除故障,扣 4 分				

（续）

序号	考核项目	故障判断与排除	配分	评分标准	检测结果	扣分	得分	备注
4	主卷扬机构无法下落	1）故障判断：主卷马达下落口补油单向阀卡滞 2）故障排除：检查主卷扬故障现象，采用压力表测量液压系统无法建压，则非制动器和平衡阀故障，更换二次溢流阀故障现象仍旧，检查卷扬平衡阀处单向阀，单向阀球阀卡滞	10	1）未判断出故障点，扣6分 2）未排除故障，扣4分				
5	回转无动作	1）故障判断：回转阀梭阀阀芯孔堵塞 2）故障排除：压力表测量回转工作压力，采用压力表测量液压系统无法减压，则非回转制动器问题，检查下车多路阀，手摸回转阀进油管路，则判定为回转阀溢流阀开启，判定为溢流阀的梭阀跑油	10	1）未判断出故障点，扣6分 2）未排除故障，扣4分				
6	主卷与伸缩/变幅联动	1）故障判断：先导阀伸缩、变幅联单向阀卡滞 2）故障排除 ①判定为先导阀单向阀卡滞，未实现应有功能 ②恢复单向阀	8	1）未判断出故障点，扣5分 2）未排除故障，扣3分				
7	主卷扬无动作	1）故障判断：制动器开启油路堵塞，致使制动器无法开启 2）故障排除：判定为制动器无法开启，故障点为管路堵塞	8	1）未判断出故障点，扣5分 2）未排除故障，扣3分				
8	伸缩机构、变幅机构均无动作	1）故障判断：液压主阀合流阀阀杆卡死无法复位，处于常通状态 2）故障排除：检查整车故障现象，采用压力表测量液压系统为无法建压，判定为合流阀阀卡滞或分流阀分流，当卷扬憋压时故障消除，则判断故障点为合流阀问题	12	1）未判断出故障点，扣8分 2）未排除故障，扣4分				

（续）

序号	考核项目	故障判断与排除	配分	评分标准	检测结果	扣分	得分	备注
9	主卷扬无下落	1）故障判断：平衡阀控制油路堵塞 2）故障排除：判定为平衡阀无法开启，故障点为先导控制油路堵塞	12	1）未判断出故障点，扣8分 2）未排除故障，扣4分				
10	安全文明生产	安全操作、文明生产	10	每违反一项扣5分，扣完为止				
合计			100					

考评员：　　　　　　　　　　　　　　　　　　　　年　月　日

6.7 模拟试卷样例参考答案

初级工模拟试卷样例参考答案

一、判断题（每题1分，共30分）

1. √　2. ×　3. √　4. √　5. ×　6. ×　7. ×　8. ×　9. ×　10. √　11. ×　12. ×　13. √　14. √　15. √　16. √　17. √　18. √　19. ×　20. ×　21. √　22. √　23. ×　24. √　25. √　26. ×　27. √　28. √　29. ×　30. √

二、单项选择题（每题1分，共40分）

1. C　2. D　3. A　4. B　5. C　6. B　7. B　8. A　9. C　10. A　11. A　12. A　13. A　14. C　15. A　16. D　17. A　18. B　19. C　20. A　21. A　22. A　23. A　24. A　25. B　26. B　27. A　28. C　29. D　30. A　31. D　32. B　33. C　34. C　35. D　36. B　37. A　38. C　39. D　40. B

三、多项选择题（每题2分，共20分）

1. AC　2. AD　3. AC　4. BCD　5. AB　6. ABC　7. AC　8. AD　9. ABC　10. AC

四、简答题（每题5分，共10分）

1. 气缸体的磨损规律是什么？什么原因？

答：气缸体的磨损规律是活塞的上死点和下死点处的磨损较大，形成较明显的台阶。原因是活塞在到达上死点附近时，气环受到燃气的压力并以很高的压力比压向气缸。摩擦面的相对滑动接近为零，润滑油难以形成保护膜，致使气缸表面的磨损程度加大，形成台阶。气缸的中部润滑条件较好，磨损较小不易形成台阶。气缸油环在下部的润滑环境也非常恶劣，磨损也相对较大。

2. 引起转向轮侧滑的原因和控制指标是什么？

答：转向轮侧滑是指转向轮外倾角与转向轮前束综合作用的结果，理想的情况：转向轮外倾角引起的外张力的反作用力（内侧力或内侧滑）与转向轮前束产生的内向力的反作用力（外侧力或外侧滑）相互抵消，保持转向轮正直方向行驶。但是，转向轮外倾角和前束值在使用过程中要发生变化，当两参数的平衡被破坏时，转向轮就不可能是纯粹的向正前方滚动，而会产生向外侧滑或向内侧滑。

侧滑量是指汽车沿直线行驶位移量为1km时，前轮（转向轮）的横向位移量。转向轮的侧滑将影响汽车直线行驶的稳定性，所以通常运用动态检测法进行检测。也就是使汽车以一定的行驶速度通过侧滑实验台，从而测量转向轮的横向侧滑量。机动车转向轮的横向侧滑量应不大于5m/km。

中级工模拟试卷样例参考答案

一、判断题（每题1分，共30分）

1. ×　2. √　3. ×　4. √　5. √　6. ×　7. √　8. ×　9. √　10. ×　11. √　12. ×　13. √　14. √　15. √　16. √　17. ×　18. ×　19. ×　20. √　21. √　22. √　23. √　24. √　25. √　26. √　27. ×　28. ×　29. ×　30. ×

二、单项选择题（每题1分，共30分）

1. C　2. B　3. A　4. C　5. B　6. A　7. A　8. C　9. C　10. D　11. A　12. C　13. B　14. C　15. D　16. B　17. C　18. D　19. A　20. B　21. B　22. B　23. C　24. A　25. C　26. D　27. D　28. D　29. C　30. D

三、多选题（每题2分，共20分）

1. ACD　2. DB　3. ABC　4. ACD　5. ABCD　6. ACD　7. ABD　8. ABCD　9. ABCD　10. DB

四、简答题（每题5分，共20分）

1. 滑轮组的作用有哪些？滑轮组的倍率与起重载荷有何关系？

答：滑轮组既可以省力，又可以改变力的方向，而且可以作为减速或增速装置。与起升载荷的关系：起重量较大时，宜采用较大倍率的滑轮组，以减少钢丝绳的拉力；起重量较小时，宜采用较小倍率的滑轮组，以减少钢丝绳的穿绕次数，提高工作效率。

2. 试分析液压系统油压过低的原因和排除方法。

答：

1）油箱油量不足或吸油管堵塞，检查油箱油量和回路情况。

2）溢流阀开启压力过低，应调整溢流阀开启压力。

3）液压泵损坏或内泄严重，检修或更换液压泵。

4）液压回路和回油回路串通，检修回路，特别注意中心旋转接头。

5）压力表指示失灵，更换压力表。

3. 试分析造成汽车起重机倾翻的主要原因。

答：

1）作业场地地面不符合要求。

2）风速过大。

3）起吊重物作业时违反操作规程。

4）起升和行走时，没按规定进行。

5）作业时没按规定控制好工作幅度。

6）力矩限制器、水平仪等安全装置失灵。

7）违规操作操纵手柄、调整支腿等。

4. 试分析起重臂伸缩振动的原因及排除方法。

答：

1）起重臂结构不合格，起重臂箱体的滑动表面与滑块之间的润滑不充分，应涂抹润滑脂；滑块的表面变形太大或损坏，应更换有缺陷的滑块；起重臂滑动表面损坏，应更换有缺陷的吊臂节或研磨损坏了的表面。

2）平衡阀阻尼堵死，检查处理平衡阀。

3）滑动部分摩擦阻力过大。

高级工模拟试卷样例参考答案

一、判断题（每题 1 分，共 30 分）

1. √　2. √　3. ×　4. √　5. ×　6. √　7. ×　8. ×　9. ×　10. ×　11. √　12. ×　13. ×√　14. ×　15. ×　16. √　17. √　18. √　19. √　20. √　21. √　22. √　23. √　24. ×　25. √　26. √　27. ×　28. √　29. ×　30. √

二、单项选择题（每题 1 分，共 30 分）

1. D　2. C　3. B　4. B　5. C　6. C　7. B　8. C　9. C　10. A　11. D　12. C　13. B　14. C　15. A　16. B　17. A　18. B　19. A　20. B　21. C　22. A　23. B　24. B　25. D　26. C　27. C　28. D　29. B　30. A

三、多项选择题（每题 1 分，共 30 分）

1. ABC　2. ACD　3. BC　4. BD　5. ACD　6. BC　7. ABCD　8. ABC　9. BC　10. ABCD　11. ABC　12. BC　13. ABD　14. ABD　15. ACD　16. ABCD　17. ABCD　18. ABD　19. ABD　20. ACD　21. ABD　22. AC　23. ABC　24. ACDE　25. ACD　26. BCDE　27. ABCE　28. AB　29. ABDEF　30. BCD

四、计算题（每题 5 分，共 10 分）

1. 解：1）伸长部分受力面积 $A_1=\pi\ D^2/4=\pi 215^2\div 4\text{mm}^2=36305\text{mm}^2$

$$F_1=pA_1=20\times 36305\text{kN}=726\text{kN}$$

2）缩回部分受力面积 $A_2=\pi(D^2-d^2)/4=\pi(215^2-170^2)\div 4\text{mm}^2=13607\text{mm}^2$

$$F_2=pA_2=20\times 13607\text{kN}=272\text{kN}$$

3）泵提供的流量 $q=nV=2000\times 80\text{L/min}=160\text{L/min}$

$$t_1=A_1L/q=(36305\times 3000)\div(160\times 10^6\div 60)\text{s}=40.8\text{s}$$

4）$t_2=A_2L/q=(13607\times 3000)\div(160\times 10^6\div 60)\text{s}=15.3\text{s}$

2. 解：1）单绳拉力 $T=(24000+1000)\times 9.8\div 8\text{kN}=30.63\text{kN}$

$$n=172\div 30.63=5.62$$

2）$M_1=T(D/2+3d)=30.63\times(400/2+3\times 16)\ \text{N}\cdot\text{m}=7596\text{N}\cdot\text{m}$

$$M_2=M_1/i=7596/30\text{N}\cdot\text{m}=253\text{N}\cdot\text{m}$$

3）$\Delta p=10M_2/(1.59V)=10\times 253\div(1.59\times 107)\text{MPa}=14.9\text{MPa}$

参 考 文 献

[1] 谭延平，田留宗，谭喜文．汽车起重机日常使用与维护［M］．北京：机械工业出版社，2010.

[2] 张明军．工程机械装配与调试工（汽车起重机）［M］．北京：机械工业出版社，2016.

[3] 张明军．工程机械液电一体化技术［M］．北京：机械工业出版社，2016.